Mehrphasige Polymersysteme

(Modifizierung, Verstärkung, Graftcopolymere, Blockcopolymere)

Vorträge

Gehalten auf der Vortragstagung der Gesellschaft
Deutscher Chemiker, Fachgruppe „Makromolekulare
Chemie" und der Deutschen Physikalischen Gesellschaft,
Fachausschuß "Physik der Hochpolymeren"
in Bad Nauheim vom 29. März bis 2. April 1976

Herausgegeben von

Prof. Dr. E. W. FISCHER — Mainz
Prof. Dr. F. HORST MÜLLER — Marburg
Dr. H. H. KAUSCH — Lausanne

Mit 195 Abbildungen und 24 Tabellen

SPRINGER-VERLAG BERLIN HEIDELBERG GMBH 1977

ISBN 978-3-662-16042-8   ISBN 978-3-7985-1803-2 (eBook)
DOI 10.1007/978-3-7985-1803-2

INHALT

Dieser Ausgabe ist eine Mitteilung des Verlages beigefügt

PROGRESS IN COLLOID AND POLYMER SCIENCE

Fortschrittsberichte über Kolloide und Polymere

Supplements to "Colloid and Polymer Science" · *Continuation of „Kolloid-Beihefte"*

Vol. 62   1977

Progr. Colloid & Polymer Sci. **62**, 1–5 (1977)
© 1977 Dr. Dietrich Steinkopff Verlag GmbH & Co. KG, Darmstadt
ISSN 0340-255 X

Lectures during the conference of Fachausschuss "Physik
der Hochpolymeren" of Deutsche Physikalische Gesellschaft
in Bad Nauheim March 29–April 2, 1976

The significance of the contiguity parameter in heterogeneous systems

P. H. Lindenmeyer and *R. L. McCullough*

With 3 figures

(Received June 29, 1976)

Introduction

Whenever one considers the mechanical properties of a heterogeneous material, the problem arises as to how to properly distribute the stress (strain) over the various regions. This problem arises whether the regions are caused by chemical differences in material as in a composite or a block co-polymer, or by differences in phase or structure as in a semi-crystalline polymer, or even when one has a mixture of anisotropic regions with the same phase and composition. In all these cases one can only make exact calculations for the heterogeneous system from known properties of its individual components by making one of two assumptions. Either one assumes that all regions undergo the same strain or else one assumes that all regions are subjected to the same stress. Both of these assumptions have in common the fact that in principle they cannot be strictly correct since the assumption of homogeneous strain requires a discontinuity in the stress whereas the assumption of homogeneous stress requires a discontinuity in the strain. The proper distribution of stress lies somewhere between these two extremes. It is the purpose of this paper to explore the significance of the contiguity parameter in a generalized equation of the type proposed by *Tsai* and *Halpin* as a means of interpolating the distribution of stress (strain) between these two extremes.

The Tsai-Halpin equation

The Tsai-Halpin equation was originally proposed (1) as a way of predicting the distribution of stress in a composite of discontinuous fibers. Here the contiguity parameter, ξ, could be identified with the length to diameter ratio of the fiber, a continuous fiber required $\xi = \infty$ which corresponds to the assumption of homogeneous strain whereas a spherical particle has a $\xi = 1$ which does not differ greatly from a $\xi = 0$ which represents the constant stress case.

Halpin and *Kardos* (2) have applied this equation to the estimation of the elastic moduli of semi-crystalline polymers where the parameter is taken as a measure of the morphology (i.e. the length to width ratio of a polymer crystal in the direction of the chain). In all these cases it has been tacitly assumed that either the materials are isotropic or that only the modulus in the direction of the fiber or polymer chain need be considered. In a recent paper (3) we have shown how these same general principles can be applied to an exact calculation of the elastic moduli of semi-crystalline polyethylene using all nine of the theoretical moduli of the polyethylene crystals and allowing for the orientation of the aniso-tropic crystals. In that paper we introduced the following arbitrary relationship as a convenient means of estimating the value of a mechanical property P, of phase α, with an average orientation characterized by f.

$$P_\alpha(f) = \frac{P_\alpha^R(f)\, P_\alpha^V(f)\, [1 + \xi_p]}{P_\alpha^V(f) + \xi_p P_\alpha^R(f)} \qquad [1]$$

The term $P_\alpha^R(f)$ represents the value of the property P averaged over the various regions using the assumption of homogeneous stress (Reuss Average) and $P_\alpha^V(f)$ represents the corresponding average using the assumption of homogeneous strain (Voigt Average). The quantity ξ_p is a contiguity parameter associated with the stress (or strain) distribution; the subscript, P, indicates that the particular choice for ξ_p may depend upon the property, P, under consideration.

As in the case of the Tsai-Halpin relationship, a value of $\xi_p = 0$ yields the Reuss average (constant stress). A value of $\xi_p \to \infty$ yields the Voigt average (constant strain). Intermediate values of ξ_p generate averages between these extremes. In the case that the Voigt and Reuss averages are equivalent (e. g. for $f = 1$), $P_\alpha(f)$ is independent of ξ_p. With this modification, the Tsai-Halpin relationship takes on the following form:

$$P(f) = P_\alpha(f)[(1 + \xi_p \chi V_\beta)/(1 - \chi V_\beta)] \qquad [2]$$

where V_β is the volume fraction of the β-phase and

$$\chi = [P_\beta(f) - P_\alpha(f)]/[P_\beta(f) + \xi_p P_\alpha(f)] \qquad [3]$$

with $P_\beta(f) \geq P_\alpha(f)$ and defined as in equation [1].

These relationships provide arbitrary, but nonetheless useful, means by which a wide range of micromechanical models can be employed to analyze the behavior of partially crystalline polymers. For example, values of ξ_p associated with specific micromechanical models can be estimated (4) as illustrated in figure 1. One may ask what advantage this particular model for the distribution of stress has over the other models which have been proposed. Since at the present time the origin of these relationships are arbitrary rather than fundamental, their principle justification must be their usefulness as well as their generality. They involve only a single parameter and can be used to express the results of all other models (see fig. 1) and are applicable to aniso-tropic as well as isotropic materials.

The contiguity factor

In all of these cases the contiguity factor, ξ, is interpreted as a characteristic of the internal stress (strain) distribution. In the case of a fibrous composite, ξ is approximated by the length to diameter ratio of the fiber (1). In a semicrystalline polymer it has been taken (2) as

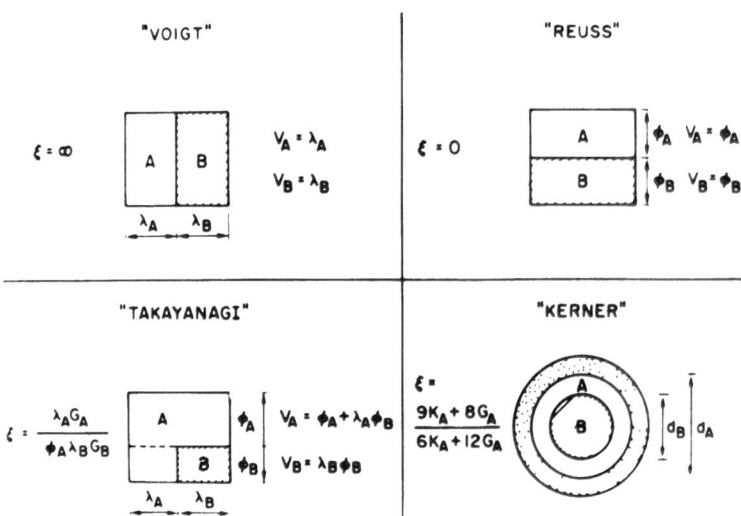

Fig. 1. The relationship between four well known models and the contiguity parameter ξ

the ratio between the crystal thickness in the chain direction and the width perpendicular to this direction. Note that a lamellar crystal would have $\xi \ll 1$. In both of the above examples it is clear that these ratios would only be approximations to the true value of the contiguity factor since adhesion of the fiber to the matrix and connectivity of the crystal to the amorphous regions would also play a role. In fact the major advantage of the contiguity parameter is that it lumps together in a single parameter all the factors which influence the distribution of stress (strain) in a heterogeneous system – the size, shape, and packing geometry of the various regions as well as their connectivity and adhesion. In other words the contiguity parameter, ξ, is a quantitative measure of all the features which have been called morphology and which play any role in the resulting physical properties.

With the present high level of interest in the practical exploration of polymeric blends and block copolymers with phase separation it occurred to us that this contiguity parameter might have important practical application as a means of expressing the morphology of multiphase systems in a quantitative manner.

Applications

In principle if one knows or can measure the physical properties a polymeric blend as well as the properties of its components then one can calculate the appropriate ξ_p using the equations given in the previous section. In practice this is best accomplished graphically after solving the equations using ξ_p as a parameter. Figure 2 shows a typical example of two isotropic materials. The straight line connecting the values for the two pure components represents the homogeneous strain or Voigt average – sometimes called the rule of mixtures – while the lower line represents the Reuss or homogeneous stress average. Between we see various dotted lines representing values of ξ between 0 and ∞. Clearly if a particular heterogeneous material has a high contiguity then there is little that one can do to vary morphology to further improve the property. On the other hand if the value of ξ is low then one can estimate the amount of improvement which is potentially possible by changing the morphology. Note that in the isotropic case shown in figure 2 the line corresponding to $\xi = 1$ would be very near the Reuss or $\xi = 0$ line. This is not the case when one considers the averages obtained for an anisotropic material as a function of the orientation parameter f, as shown in figure 3. The example shown in this figure is for the Young's modulus of crystalline polyethylene and illustrates the results of averaging over a heterogeneous material composed of a single anisotropic phase and a particular orientation distribution.

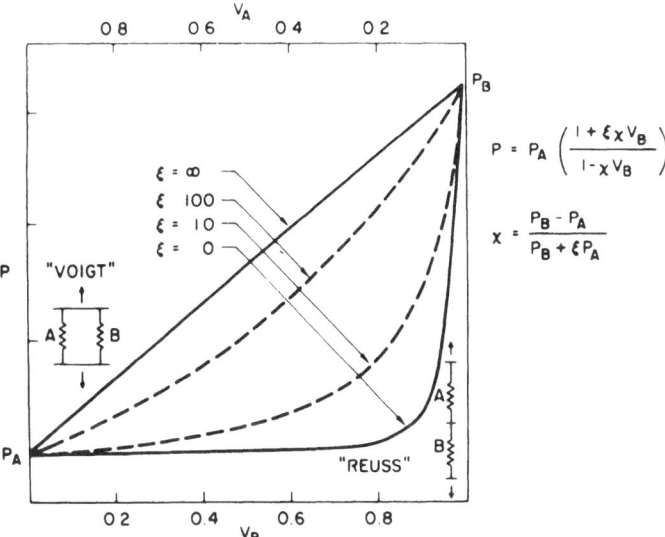

Fig. 2. The use of the Tsai-Halpin relationship for interpolating between the two extreme models, homogeneous strain (*Voigt*) and homogeneous stress (*Reuss*)

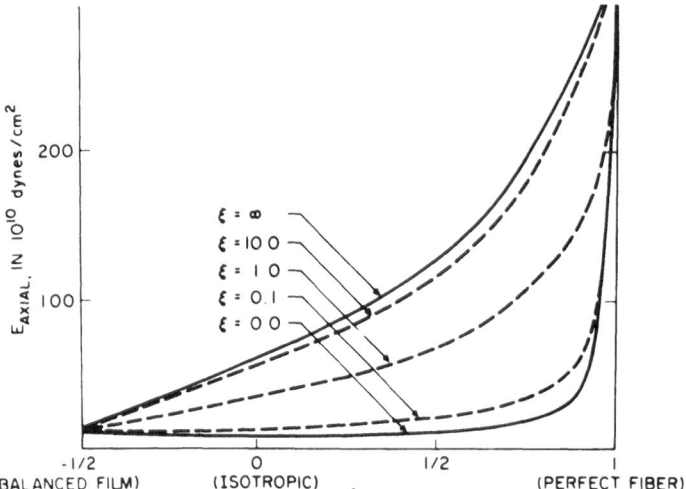

Fig. 3. The use of the contiguity parameter for interpolating between the Voigt and Reuss averages for the Young modulus in crystalline polyethylene as a function of the orientation factor f (see reference (3))

One must use extreme care in averaging over the tensor quantities involved in applying these equations to anisotropic regions and for details concerning figure 3 we refer to our original paper (3). For our purposes here we meanly wish to illustrate that a contiguity of unity ($\xi = 1$) for the anisotropic case – in contrast to the isotropic – represents almost an exactly equal division between the upper (Voigt) average and the lower (Reuss) average. Furthermore, figure 3 illustrates clearly the difference between orientation and contiguity. Increasing the orientation factor f, increases the Young's modulus as is well known, however even when $f = 0$ a substantial increase is possible if the contiguity could be changed from $0 \rightarrow \infty$. The potential of increasing the physical properties of a heterogeneous material composed of a single anisotropic phase by changing its morphology (i.e. contiguity) has not been generally recognised. Figure 3 clearly illustrates the increase in properties which could be achieved in an unoriented polyethylene ($f = 0$) if the contiguity increased from $0 \rightarrow \infty$, i.e., if for example polyethylene crystals were needle-like in the chain direction instead of lamella-like.

Using this principle of increasing the properties by changing the morphology (i.e. contiguity) of anisotropic regions in an overall unoriented (i.e. isotropic) material we can indulge some very exciting speculation. All polymers are anisotropic if considered on a small enough scale since the properties along the chain are quite different from there perpendicular to it. Furthermore it is equally clear that the physical properties obtained from all unoriented polymers and from all but a very few oriented one are at or near their lower or Reuss average. For example, few polymer approach their theoretical strength. It follows therefore that it should be possible to increase the physical properties of most polymers without overall orientation by changing the molecular morphology (i.e. contiguity between molecules). It has been established in several laboratories that one can indeed increase contiguity by ultra orientation. Our point is that increased contiguity can increase properties even if there is no overall orientation.

The final point that can be made in this speculation about molecular contiguity is that obviously the molecular conformation required to increase contiguity is a more extended rather than a coiled conformation. Although the coiled conformation is undoubtably the most thermodynamically stable from above the melting temperature this is no longer true when the polymer is a solid. The persistance of coiled conformations (low molecular contiguity) in polymeric solids (including folded chain crystals) is due to kinetics. Thus polymeric solids with more extended chains and hence higher molecular contiguities are the thermodynamically favored form and such solids need not have a high degree of orientation. How one might achieve such increased contiguity by manipulating the molecular conformation is the subject of considerable commercial interest.

Summary

The contiguity parameter in a generalization of the Tsai-Halpin equation is suggested as a useful quantitative measurement of the influence of morphology (i.e. size, shape, packing geometry) of heterogeneous regions on mechanical properties.

Zusammenfassung

Der Contiguity-Parameter in einer Verallgemeinerung der Tsai-Halpin-Gleichung wird als sinnvolles quantitatives Maß für den Einfluß der Morphologie (d.h. Größe, Gestalt, Packungsgeometrie) heterogener Bereiche auf die mechanischen Eigenschaften vorgeschlagen.

References

1) *Ashton, J. E., J. C. Halpin, P. H. Petit*, Primer on Composite Materials Analysis (Stamford, Conn. 1969).

2) *Halpin, J. C., J. L. Kardos*, J. Appl. Phys. **43**, 2235 (1972).

3) *McCullough, R. L., C. T. Wu, J. C. Seferis, P. H. Lindenmeyer*, Poly. Eng. Sci. **16**, 000 (1976).

4) *McCullough, R. L.*, Concepts of Fiber-Resin Composites (New York 1971).

Authors' address:

R. L. McCullough
Department of Chemical Engineering,
University of Delaware
Newark, Delaware 19711
(USA)

P. H. Lindenmeyer
165 Lee Street
Seattle, WA 98109
(USA)

Progr. Colloid & Polymer Sci. **62**, 6–8 (1977)
ISSN 0340-255 X

Lectures during the conference of Fachausschuss "Physik
der Hochpolymeren" of Deutsche Physikalische Gesellschaft
in Bad Nauheim March 29–April 2, 1976

Universität Saarbrücken, Fachbereich Werkstoffphysik, Saarbrücken (Germany)

Deformation mechanisms of "Hard" elastic fibres (1)

M. Miles, J. Petermann, and *H. Gleiter*

With 7 figures

(Received June 18, 1976)

The structure and deformation of 'hard' elastic fibres of linear polyethylene were investigated by means of mechanical testing and transmission electron microscopy. Samples for mechanical testing and transmission electron microscopy (5) were drawn at 20 cm/sec from a molten film at 165 °C and annealed for 2 hours at 128 °C. These observations were compared with the predictions of the models so far proposed for the deformation of 'hard' elastic fibres (2–4). The initial structure (shown in a phase contrast micrograph in figure 1) consists of stacked lamellae. Based on this structure, *Clark* (2) has proposed a model in which the lamellae shear reversibly parallel to the chain direction on deformation and *Sprague* (3) has suggested that the lamellae bend elastically like leaf-springs. Both models require fixed interlamellar tie-points to trans-

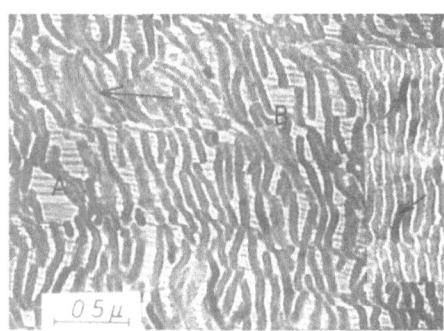

Fig. 2. A strained polyethylene 'hard' fibre showing complete separation of lamellae interconnected by fibrils. The arrow indicates the straining direction. (Strain approximately 100%). The insert shows deformed lamellae large sections of which are in Bragg orientation (arrowed black regions) indicating little elastic bending in the sense of the 'leaf-spring' model

mit the force, resulting in a honeycomb structure on deformation.

Figure 2 is a micrograph of a strained fibre and shows that such a honeycomb structure with interlamellar tie-points does not exist, rather the lamellae separate by a translation and are interconnected only by fibrils.

Figure 3a shows a strained 'hard' fibre and figure 3b shows the same area on destraining, which results in the gaps between the lamellae closing; the fibrils always remain straight, and therefore under tension. This indicates that it is the fibrils which generate and transmit the restoring force which gives the 'hard' fibre its peculiar 'elastic' property.

Figure 4 shows stress-strain curves recorded at different temperatures. Two regions can be distinguished: an initial 'S' shaped region and a plateau region whose stress level increases with decreasing temperature and with increas-

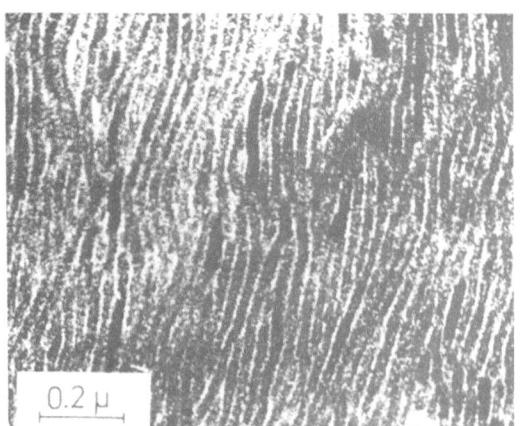

Fig. 1. Phase-contrast micrograph showing initial stacked-lamellar structure of a polyethylene 'hard' fibre. The darker regions are crystalline and the brighter amorphous

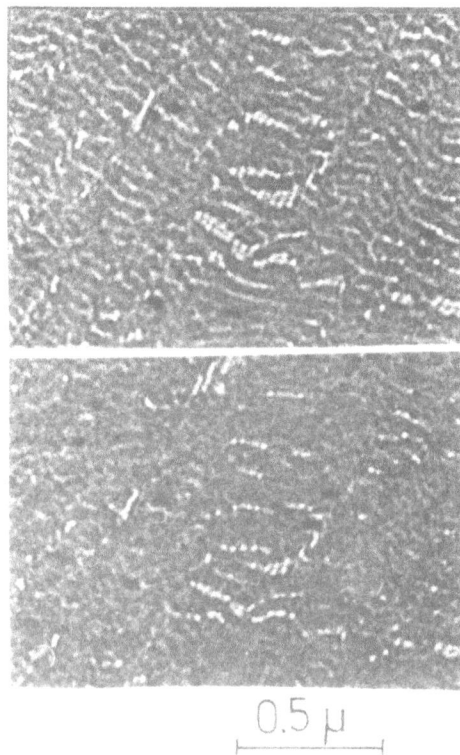

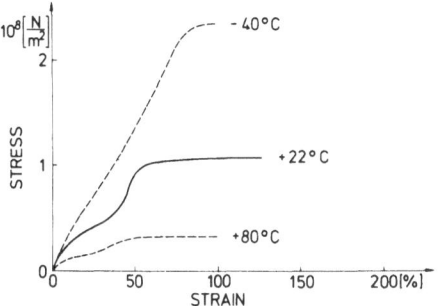

Fig. 3. (a) A strained polyethylene 'hard' fibre showing lamellar separation and straight interlamellar fibrils. (b) The same area on destraining showing the closing of the cracks with the interlamellar fibrils becoming shorter but remaining straight

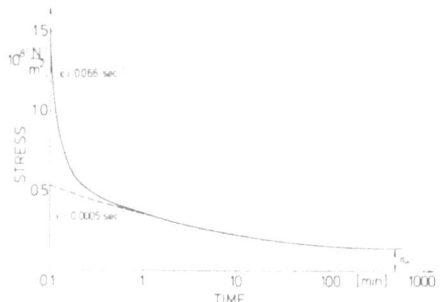

Fig. 5. Stress-relaxation curves of polyethylene 'hard' fibres strained at 22 °C to over 50% at strain rates of 0.066 sec^{-1} and 0.0005 sec^{-1}

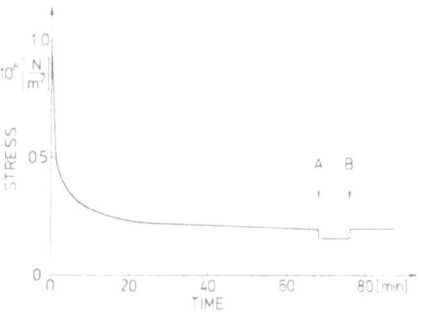

Fig. 6. Stress relaxation curve for straining of a polyethylene 'hard' fibre at 22 °C in air and methanol. The curve shows the effect of a methanol environment (between arrows) on the residual stress level

ing strain rate. Figure 5 shows stress relaxation curves for fibres strained 50% at different strain rates. The fibres relax to the same time-independent stress value irrespective of the plateau level. This indicates that the deformational stress consists of one component that depends on temperature, strain rate, and time,

and one component that is independent of these parameters. As the reversible shear and 'leaf-spring' models are static models, they do not predict the former dynamical component.

Figure 6 shows that the time-independent component of stress could be (reversibly) decreased during immersion in a suitable liquid. This indicates that at least part of the tension in the fibrils was due to surface energy which in turn was affected by the surrounding medium.

Figure 7 is a dark field micrograph of a strained 'hard' fibre that had been annealed at room temperature for a month. The bright spots in the interlamellar fibrils indicate crystals perfect enough to diffract electrons strongly, and since these were not observed immediately after straining some thermally activated rearrangement of molecules has occurred, suggesting an entropy effect is also involved in the restoring force. This is supported by DTA measurements (4).

Fig. 4. Stress-strain curves for the straining in air at 0.0005 sec^{-1} of a polyethylene 'hard' fibre at − 40 °C, + 22 °C, and + 80 °C

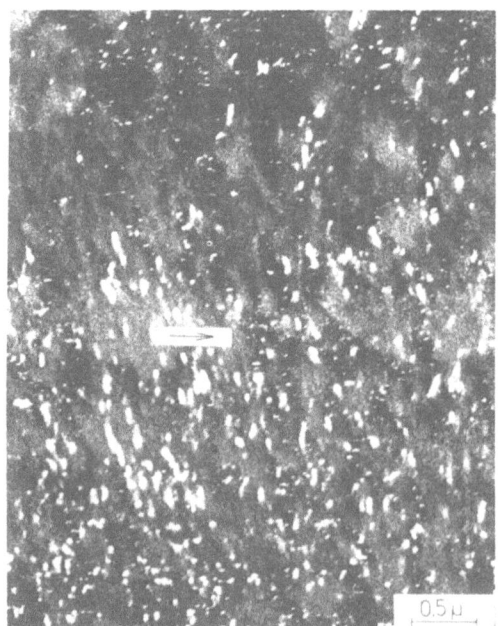

Fig. 7. A dark-field (200) and (110) micrograph of a polyethylene 'hard' fibre annealed at room temperature for four weeks. The morphology corresponds to that shown in figure 2. The white and grey areas are lamellae with and without Bragg orientation with respect to the electron beam. The black areas represent the regions between the separated lamellae. Bright spots may be seen within the black areas indicating that at least portions of the fibrils are crystalline. This was not found to be so immediately after extension

The model can be summarized as follows: the plateau stress is the stress needed to pull out fibrils from the lamellae, and, since this is expected to be thermally activated, the plateau stress level will depend on temperature and strain rate. The true retractive force is proposed to be mostly free-energy controlled and thus to depend less on these parameters and this agrees with observations.

Acknowledgments

The financial support of the Bruno Brück Stiftung and the Deutsche Forschungsgemeinschaft is gratefully acknowledged. *M. J. Miles* wishes also to express his appreciation to the Alexander von Humboldt-Stiftung for its support.

References

1) *Miles, M., J. Petermann, H. Gleiter*, J. Macromol. Sci.-Phys. B 12 (4) 549–560 (1976).
2) *Clark, E. S.*, Structure and Properties of Polymer Films edited by *R. W. Lenz* and *R. S. Stein* (New York 1974).
3) *Sprague, B. S.*, J. Macromol. Sci.-Phys. **88**, 157 (1973).
4) *Göritz, D., F. H. Müller*, Colloid & Polymer Sci. **253**, 844 (1975).

Authors' address:

M. Miles, J. Petermann, and *H. Gleiter*
Universität Saarbrücken,
Fachbereich Werkstoffphysik
D-6600 Saarbrücken

Progr. Colloid & Polymer Sci. **62**, 9–15 (1977)
© 1977 Dr. Dietrich Steinkopff Verlag GmbH & Co. KG, Darmstadt
ISSN 0340-255 X

Vorgetragen auf der Frühjahrstagung des Fachausschusses Physik
der Hochpolymeren in der Deutschen Physikalischen Gesellschaft
in Bad Nauheim vom 29. März bis 2. April 1976

Institut für Physikalische Chemie der Universität Mainz

Charakterisierung der Lamellarstruktur von lösungskristallisiertem Polyäthylen durch kombinierte Raman- und Röntgenkleinwinkelstreuexperimente

G. R. Strobl und *R. Eckel*

Mit 5 Abbildungen und 2 Tabellen

(Eingegangen am 12. April 1976)

1. Einleitung

Allgemein steht man bei dem Versuch, die makroskopischen Eigenschaften von Polyäthylen, oder allgemein von teilkristallinen, polymeren Festkörpern, auf einer molekularen Basis verstehen zu lernen, zunächst vor der Aufgabe, den molekularen Aufbau und die Kopplung der Lamellen, welche als Grundelemente die Struktur im mikroskopischen Bereich bestimmen, so genau wie möglich zu ermitteln. Als besonders aussagestarke Methode erwies sich dabei die Röntgenkleinwinkelstreuung. Sie ergab klar, daß die Kettenrückfaltung an den Lamellenoberflächen nicht kristallographisch regelmäßig erfolgt, sondern innerhalb einer fehlgeordneten Oberflächenschicht, deren Dichte in etwa derjenigen einer unterkühlten Schmelze gleicht (vgl. Zitat 1 und die dort angeführte Literatur). Dieser Befund findet seinen Ausdruck im bekannten Zweiphasenmodell (2, 3), demzufolge jede Lamelle jeweils aus einem kristallinen Kern und amorphen Deckschichten an den beiden Oberflächen aufgebaut sein soll.

Einen neuen, zusätzlichen Weg zur Charakterisierung der Lamellarstruktur eröffnete in jüngerer Zeit die Ramanspektroskopie. Er beruht auf der Untersuchung einer ausgezeichneten Bandenfolge, den longitudinalakustischen (abgekürzt LA-) Schwingungen. Diese Bandenfolge wurde zuerst von *Shimanouchi* und *Mizushima* (4) im niederfrequenten Ramanspektrum von *n*-Alkanen gefunden und später auch an Polyäthylen (5) beobachtet. In einem kontinuumsmechanischen Bild handelt es sich dabei um Schwingungen der Lamellen von der Art stehender longitudinal-akustischer Wellen mit Knotenebenen parallel zu den Lamellenoberflächen. Ihre Frequenzen werden durch die elastischen Eigenschaften der Einzellamellen, deren Dicke und durch die zwischenlamellare Kopplung bestimmt. In einer allgemeineren Sicht kann deshalb gesagt werden, daß die LA-Schwingungen geeignet sind, den mikroskopischen Verlauf des Elastizitätsmoduls durch ein Lamellenpaket hindurch abzutasten.

Bei kombinierter Anwendung der Röntgenkleinwinkel- und der Ramanstreuung ergibt sich somit die Möglichkeit der gleichzeitigen Charakterisierung der Lamellarstruktur aus zwei verschiedenen Blickrichtungen, einmal im Hinblick auf den Verlauf der Dichte und zum anderen bezüglich des Verlaufs des mikroskopischen Elastizitätsmoduls. Im folgenden soll über eine derartige Untersuchung an einer lösungskristallisierten Probe von linearem Polyäthylen berichtet werden. Die Arbeit hatte zum Ziel, die derzeitige Vorstellung vom molekularen Aufbau der Lamellen zu überprüfen und, wenn möglich und erforderlich, zu verschärfen.

2. Experimentelles

Die Untersuchungen wurden an einem linearen Polyäthylen, Lupolen 6001 L, mit einem mittleren Molekulargewicht von $M = 20\,000$ vorgenommen. Die Probe wurde aus einer verdünnten Xyllösung bei 84,5 °C isotherm kristallisiert, dann in einem auf die Temperatur von flüssigem Stickstoff abgekühlten Achatmörser pulverisiert und abschließend 24 Stunden bei 100 °C im Vakuum getempert. Auf diese Art wurde ein feinkörniges, isotropes Präparat erhalten, wie es für Röntgenstreuexperimente, denen absolute Streuintensitäten entnommen werden sollen, erforderlich ist.

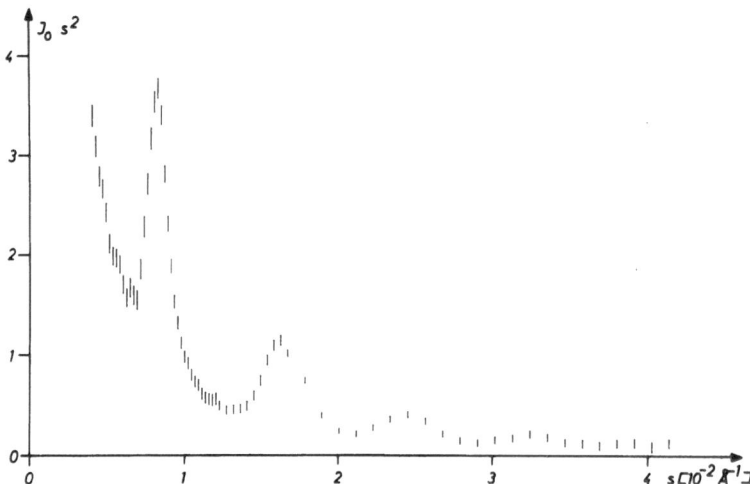

Abb. 1. Entschmierte Röntgenkleinwinkelstreukurve, gemessen an einer lösungskristallisierten Probe von linearem Polyäthylen (Lupolen 6001 L, $M = 20000$). Streuintensität $I_0 s^2$ in willkürlichen Einheiten

Zur Messung der Röntgenkleinwinkelstreuung wurde eine Kratky-Kammer mit Zählrohrregistrierung bei Verwendung von Cu-K$_\alpha$-Strahlung herangezogen. Die Aufnahme des Ramanspektrums erfolgte mit Hilfe eines Tripelmonochromators (Coderg T 800) bei Benutzung eines Argon-Ionenlasers als Lichtquelle.

3. Röntgenkleinwinkelstreuung

Abbildung 1 gibt die Röntgenkleinwinkelstreukurve wieder, wie sie nach Anwendung eines numerischen Verfahrens zur Korrektur der durch das Spaltkollimationssystem der Kratky-Kammer bedingten Verzerrungen (6) erhalten wurde. Aus den Meßwerten lassen sich nach einer Ermittlung der Primärstrahlintensität mit Hilfe des von *Kratky* eingeführten Eichpräparats (7) absolute Streuintensitäten ableiten (8).

Die weitere Auswertung erfolgte nach der in früheren Arbeiten (1, 9) erläuterten Art und Weise. Wie man sieht, bildet sich die Lamellarstruktur in einer Folge von Kleinwinkel-

reflexen ab, welche bis zur vierten Ordnung sichtbar sind. Der Anstieg zu kleinen Winkeln hin rührt von den Hohlräumen zwischen den Pulverkörnern her. Diese Hohlraumstreuung kann abgetrennt werden, wenn unterstellt wird, daß im untersuchten Bereich das für ein Zweiphasensystem, hier realisiert durch Pulverkörner und dazwischenliegende Löcher, allgemein zu erwartende asymptotische Gesetz $I_0 s^2 \sim 1/s^2$ (10) gültig ist. Nach Abtrennung dieser Komponente lassen sich für alle Reflexe die integralen Intensitäten ermitteln und daraus die interessierenden Strukturfaktoren B_l des aus jeweils zwei aufeinanderliegenden Deckschichten aufgebauten Fehlordnungsbereichs ableiten. Die Strukturfaktoren B_l stehen in einem Fourier-Zusammenhang mit dem Elektronendichteprofil $\Delta\eta(z)$ des Fehlordnungsbereichs:

$$B_l = \int \Delta\eta(z) \cdot \cos \frac{2\pi l z}{L} \, dz \qquad [1]$$

(die Koordinate z läuft hier senkrecht zur Lamellenoberfläche; $\Delta\eta$ ist als Elektronendichteunterschied

Tab. 1. Reflexlagen s_l, Strukturfaktoren B_l^2 der fehlgeordneten Zwischenschicht und Elektronendichtefluktuation $\langle\Delta\eta^2\rangle$, entnommen der Streukurve von Abbildung 1

l	1	2	3	4	
s_l	$0,83 \cdot 10^{-2}$	$1,66 \cdot 10^{-2}$	$2,49 \cdot 10^{-2}$	$3,31 \cdot 10^{-2}$	Å^{-1}
B_l^2	$1,09 \pm 0,03$	$0,66 \pm 0,04$	$0,33 \pm 0,05$	$0,15 \pm 0,06$	$\left(\dfrac{\text{Elektronen}}{\text{Å}^2}\right)^2$

$$\langle\Delta\eta^2\rangle = (0,98 \pm 0,04) \cdot 10^{-3} \left(\frac{\text{Mol Elektronen}}{\text{cm}^3}\right)^2$$

Tab. 2. Vergleich zwischen gemessenen und den für ein Zweiphasenmodell ($d=24$ Å, $\varkappa=1,105$ Elektronen/Å^2) errechneten Strukturfaktoren

	$B_0^2 = \varkappa^2$	B_1^2	B_2^2	B_3^2	$B_4^2 \left(\dfrac{\text{El.}^2}{\text{Å}^2} \right)$
gemessen		$1,09 \pm 0,03$	$0,66 \pm 0,04$	$0,33 \pm 0,05$	$0,15 \pm 0,06$
berechnet	$1,22$	$1,07$	$0,69$	$0,31$	$0,07$

$\Delta\eta(z) = \eta(z) - \eta_c$ bezogen auf die Elektronendichte η_c im kristallinen Kern definiert).

Das Meßergebnis, die Reflexlagen s_l und die für B_l^2 erhaltenen Werte, erscheint in Tabelle 1. Zusätzlich ist der Wert für eine weitere integrale Meßgröße von Bedeutung, die aus der Gesamtstreuintensität ableitbare Elektronendichtefluktuation $\langle \Delta\eta^2 \rangle$, angegeben.

Die Langperiode beträgt $L = 120$ Å. Die gemessenen Strukturfaktoren lassen sich sehr befriedigend durch ein rechteckförmiges Dichteprofil, wie es für das Zweiphasenmodell folgt,

$$\Delta\eta(z) = \eta_c - \eta_a \qquad |z| < d/2$$
$$\Delta\eta(z) = 0 \qquad |z| > d/2 \qquad [2]$$

wiedergeben (η_a bezeichnet hier die Elektronendichte in dem aus zwei aufeinanderliegenden Deckschichten der Dicke $d/2$ zusammengesetzten Fehlordnungsbereich). Für ein solches Profil ergeben sich die Strukturfaktoren als

$$B_l^2 = \varkappa^2 \cdot \sin^2(\pi dl/L)/(\pi dl/L)^2 , \qquad [3]$$

wo L die Langperiode und

$$\varkappa = d \cdot (\eta_c - \eta_a) \qquad [4]$$

den Elektronendichtedefekt pro Flächeneinheit der Doppelschicht beschreiben.

Wählt man $\varkappa = 1,105$ Elektronen/Å^2 und $d = 24$ Å, so erhält man Strukturfaktorwerte in guter Übereinstimmung mit den Meßwerten. Der Vergleich wird in Tabelle 2 gezogen. Zum gleichen Wert für d gelangt man, wenn man ein Zweiphasenmodell von vornherein ansetzt und seine beiden Parameter, d und $\eta_c - \eta_a$, aus Gl. [4] und der dann für die Elektronendichtefluktuation $\langle \Delta\eta^2 \rangle$ gültigen Beziehung

$$\langle \Delta\eta^2 \rangle = (\eta_c - \eta_a)^2 \cdot \alpha(1 - \alpha) \qquad [5]$$

ermittelt, wo $\alpha = (L - d)/L$ die Kristallinität beschreibt. Bezüglich der Elektronendichtedifferenz $\eta_c - \eta_a$ wird man auf beiden Wegen zu einem Wert

$$\eta_c - \eta_a = 7,8 \cdot 10^{-2} \text{ Molelektronen/cm}^3$$

geführt, welcher einem Dichteunterschied

$$\varrho_c - \varrho_a = 0,140 \text{ g/cm}^3$$

entspricht. Für die Dichte der fehlgeordneten Bereiche folgt so ein Wert $\varrho_a = 0,860$ g/cm^3 ($\varrho_c = 1,000$ g/cm^3), wie er in etwa zu erwarten wäre, wenn die Konformation der Ketten in den Deckschichten derjenigen in einer unterkühlten Schmelze gleichen würde. Das Resultat bringt somit eine neuerliche Bestätigung der Ergebnisse einer früheren Arbeit (1), wo es als starke Stütze für die Richtigkeit des Zweiphasenmodells angesehen wurde. Es stellt sich nun im Rahmen dieser Arbeit die Frage, ob und inwieweit dieses Bild auch vom Ramanstreuverhalten der Probe her bestätigt wird.

4. Ramanstreuung

4.2 Ergebnis der Messung

Abbildung 2 zeigt das Ramanspektrum, wie es für die untersuchte Probe im niederfrequenten Bereich $15 \text{ cm}^{-1} < \tilde{\nu} < 100 \text{ cm}^{-1}$ zu beobachten war. Die beiden auftretenden Banden, welche mit ihren Zentren bei $\tilde{\nu} = 24,2 \pm 0,3$ cm^{-1} und $\tilde{\nu} = 69,0 \pm 1$ cm^{-1} liegen, sind den LA-Schwingungen erster und dritter Ordnung zuzuordnen. Höhere Ordnungen der Folge waren nicht erkennbar.

4.1 Modellüberlegungen zur Auswertung

Allgemein erweist sich die für die LA-Schwingungen zu messende Frequenzfolge als charakteristisch für die elastischen Eigenschaften der Einzellamellen und ihre Kopp-

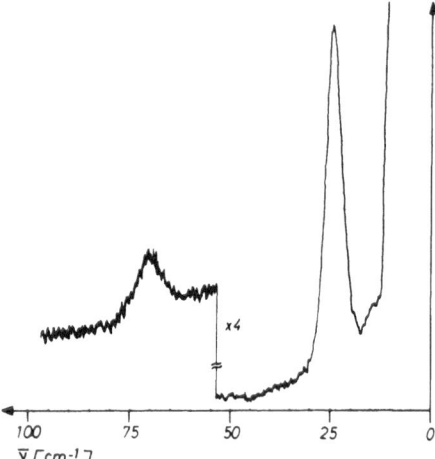

Abb. 2. Niederfrequentes Ramanspektrum mit LA-Schwingungsbanden erster und dritter Ordnung ($\bar{\nu}_1 = 24{,}2$ cm^{-1}, $\bar{\nu}_3 = 69$ cm^{-1}), gemessen an einer lösungskristallisierten Probe von linearem Polyäthylen (Lupolen 6001 L, $M = 20000$)

lung. Es ist nicht schwer, sich an Hand einfacher Modellrechnungen die Zusammenhänge klar zu machen. Dabei liegt es nahe, vom Schwingungsverhalten eines Stapels ungekoppelter, in sich homogener Lamellen auszugehen und nach den Änderungen zu fragen, die sich einmal bei Einführung einer Kopplung und zum anderen bei einer Störung der Homogenität, wie sie mit dem Übergang zu einem Zweiphasenmodell verknüpft ist, ergeben.

Abbildung 3 gibt in einer schematischen Darstellung die Form der drei niedrigsten Ordnungen der ramanaktiven LA-Schwingungen bei ungekoppelten, homogenen Lamellen wieder. Die eingezeichneten Kurven beschreiben dabei die Auslenkung y in der Richtung z senkrecht zur Lamellenoberfläche, welche, wie auch im weiteren angenommen wird, mit der Richtung der Kettenachse übereinstimmen soll.

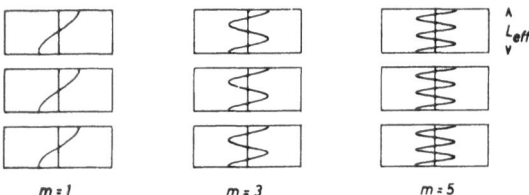

Abb. 3. LA-Schwingungen erster, dritter und fünfter Ordnung in einem Stapel ungekoppelter, homogener Lamellen der Dicke L_{eff}

Die Beschreibung baut auf einem kontinuumsmechanischen Bild auf und bleibt in ihrer Gültigkeit auf den Bereich niedrigster Frequenz $\bar{\nu} \lesssim 100$ cm^{-1} beschränkt. Hier gilt die akustische Dispersionsrelation

$$\omega = c_s k \qquad [6]$$

mit c_s als Schallgeschwindigkeit in Kettenrichtung, welche durch den Elastizitätsmodul E_c in dieser Richtung und die Dichte festgelegt ist:

$$c_s = (E_c/\varrho)^{1/2} . \qquad [7]$$

Die analytische Form der ramanaktiven LA-Schwingungen lautet

$$y \sim \sin(k_m z) \cdot \cos(\omega_m t) . \qquad [8]$$

Die Eigenwerte k_m folgen bei freien Lamellenoberflächen aus der Randbedingung

$$\frac{dy}{dz} (z = \pm L_{\text{eff}}/2) = 0 \qquad [9]$$

und ergeben sich so zu

$$k_m = \frac{m\pi}{L_{\text{eff}}} , \quad m = 1, 3, 5, \dots . \qquad [10]$$

L_{eff} gibt hier die Dicke der Lamellen an, welche sich von der Langperiode L nur geringfügig, nämlich um den Betrag des Abstands zwischen zwei benachbarten Lamellenoberflächen, unterscheidet. Wie man sieht, hat man für einen Stapel homogener, ungekoppelter Lamellen eine LA-Bandenfolge mit einem charakteristischen Frequenzverhältnis $1:3:5$ usw. zu erwarten.

Die Einführung einer Kopplung zieht Änderungen nach sich. Sie lassen sich in harmonischer Näherung erfassen, indem man die Randbedingung Gl. [9] durch

$$\frac{dy}{dz} (z = \pm L_{\text{eff}}/2) = -f \cdot y(z = \pm L_{\text{eff}}/2) \qquad [11]$$

ersetzt, wobei f eine die zwischenlamellare Wechselwirkung repräsentierende Kraftkonstante darstellt. Wie an anderer Stelle im einzelnen ausgeführt wurde (11), gelangt man so im interessanten Grenzfall einer nur schwachen zwischenlamellaren Kopplung auf die Folge von Eigenfrequenzen

$$\omega_m = c_s \left(\frac{m\pi}{L_{\text{eff}}} + \frac{2f}{\pi E_c m} \right) . \qquad [12]$$

Das Ergebnis besagt, daß sich beim Einschalten einer Kopplung alle Frequenzen erhöhen, wobei die Verschiebung unabhängig von der Lamellendicke ist und mit wachsender Ordnung schnell abnimmt. Als Folge zeigt das Frequenzverhältnis jetzt Abweichungen von der Reihe 1:3:5 .... Blickt man mit diesem Befund vor Augen auf das für die untersuchte Polyäthylenprobe erhaltene, oben angeführte Meßergebnis, das nur geringfügige Abweichungen vom Verhältnis $\bar{\nu}_1 : \bar{\nu}_3 = 1:3$ anzeigt, so läßt sich feststellen, daß die zwischenlamellare Wechselwirkung innerhalb des Stapels von Polyäthylenlamellen nur sehr schwach sein kann. Dieser Schluß kommt nicht unerwartet. Er bedeutet, daß, wenn überhaupt, so nur eine geringe Anzahl von Ketten von einer Lamelle in die nächste direkt übergehen und die beiden aufeinanderliegenden Deckschichten weitgehend getrennt sind. Die geringe Frequenzerhöhung, die bei der Grundschwingung etwa 1 cm^{-1} beträgt, liegt in einer Größenordnung, wie sie bei einer reinen van der Waals-Wechselwirkung zwischen den Oberflächen benachbarter Lamellen zu erwarten ist.

Als nächstes soll nun untersucht werden, wie sich das Schwingungsverhalten einer Lamelle ändert, wenn sie nicht mehr homogen ist, sondern sich, im Sinne eines Zweiphasensystems, aus einem kristallinen Kern und beidseitigen Deckschichten zusammensetzt. Abbildung 4 zeigt eine solche „Sandwich"-Lamelle. Als Größen, welche das Schwingungsverhalten bestimmen, treten neben den Dicken

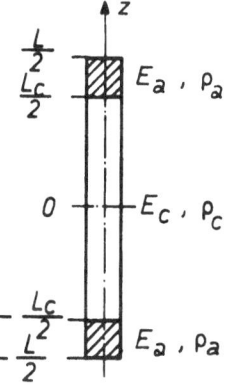

Abb. 4. „Sandwich"-Modell einer aus einem kristallinen Kern und fehlgeordneten Deckschichten zusammengesetzten Polyäthylenlamelle mit Parametern, welche die LA-Eigenfrequenzen bestimmen

L_c und $L(\approx L_{ett})$ des kristallinen Kerns und der Gesamtlamelle die Dichten und Elastizitätsmoduln der beiden Phasen, ϱ_c und E_c bzw. ϱ_a und E_a, auf. Die Größen L_c, L, ϱ_c, ϱ_a wurden durch das Röntgenkleinwinkelstreuexperiment bestimmt. Auch E_c ist bekannt. Eine kürzlich vorgenommene Analyse der LA-Schwingungsfrequenzen einiger n-Alkane führte auf $E_c = 2,9 \cdot 10^{12}$ dyn/cm² (11). Die einzig unbekannte Größe ist somit der den Deckschichten zuzuordnende Elastizitätsmodul E_a. Zu seiner Ermittlung wurden die Eigenfrequenzen $\bar{\nu}_1$ und $\bar{\nu}_3$ in Abhängigkeit von E_a errechnet. Man hat dazu die Schwingungsgleichung

$$\varrho \, \frac{\partial^2 y}{\partial t^2} = E \, \frac{\partial^2 y}{\partial z^2} \qquad [13]$$

für die Teilschichten getrennt zu lösen und neben der Randbedingung Gl. [9] die folgenden Anschlußbedingungen zu erfüllen (12):

$$y_c(z = \pm L_c/2) = y_a(z = \pm L_c/2) \qquad [14]$$

$$E_c \frac{\partial y_c}{\partial z}(z = \pm L_c/2) = E_a \frac{\partial y_a}{\partial z}(z = \pm L_c/2). \qquad [15]$$

Hierbei bezeichnen y_c und y_a die Auslenkungen im kristallinen Kern und in der Deckschicht. Man gelangt so bezüglich der Frequenzen der allein interessierenden, symmetrischen, ramanaktiven Eigenschwingungen ($y(-z) = -y(+z)$) auf eine transzendente Gleichung, die numerisch gelöst werden kann. Abbildung 5 zeigt für die ersten drei Schwingungsordnungen, welche Schwingungen mit einer, drei und fünf Knotenebenen darstellen, das Ergebnis der Frequenzberechnung, $\bar{\nu}_1$, $\bar{\nu}_3$ und $\bar{\nu}_5$ als Funktion des Verhältnisses E_a/E_c. Am rechten Rand der Zeichnung sind die experimentellen Werte, $\bar{\nu}_1 = 24,2 \pm 0,3$ cm^{-1} und $\bar{\nu}_3 = 69,0 \pm 1$ cm^{-1}, eingetragen. Vergleicht man Messung und Rechnung, gelangt man zu dem Schluß, daß der gesuchte Elastizitätsmodul E_a im Bereich $0,4 \, E_c < E_a < E_c$ liegen muß. Nur für einen Wert aus diesem Bereich werden die Meßwerte richtig wiedergegeben. Dies gilt insbesonders für die Frequenz $\bar{\nu}_3$, welche wie ersichtlich sehr empfindlich vom Verhältnis E_a/E_c abhängt. In der Rechnung war vorausgesetzt worden,

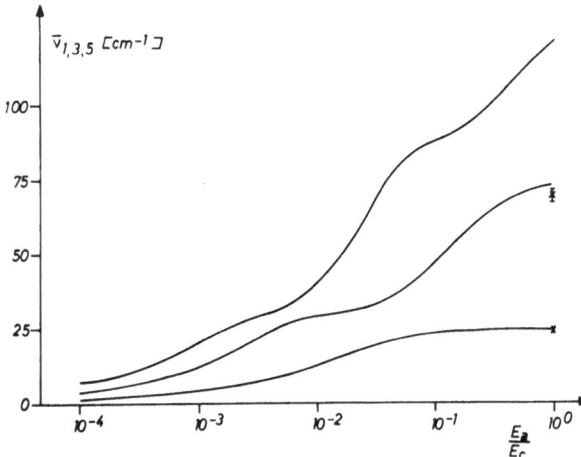

Abb. 5. Abhängigkeit der LA-Eigenfrequenzen $\bar{\nu}_1$, $\bar{\nu}_3$, $\bar{\nu}_5$ vom Verhältnis E_a/E_c, errechnet für das in Abbildung 4 gezeigte „Sandwich"-Modell mit den Parametern $L = 120$ Å, $L_c = 96$ Å, $\varrho_c = 1{,}000$ g/cm³, $\varrho_a = 0{,}860$ g/cm³ und $E_c = 2{,}9 \cdot 10^{12}$ dyn/cm². Am rechten Rand sind die experimentell erhaltenen Werte eingetragen

daß die Kettenrichtung senkrecht zur Lamellenoberfläche verläuft. Daß dies bei Einkristallen der untersuchten Art zumindest näherungsweise der Fall ist, lehren zahlreiche elektronenmikroskopische Untersuchungen, in denen praktisch nie ein Neigungswinkel zwischen der Kettenrichtung und der Oberflächennormalen festgestellt wurde, der 10 Grad überschritt. Eine mögliche Neigung in diesem Bereich würde sich jedoch nur unerheblich auf die Rechenergebnisse auswirken.

5. Diskussion

Bei einer Überprüfung des Zweiphasenmodells vom Ramanstreuexperiment her hat man sich zunächst zu fragen, welcher Wert für E_a zu erwarten wäre, wenn die Konformation der Ketten in der Deckschicht tatsächlich, wie für dieses Modell unterstellt wird, derjenigen in einer isotrop amorphen Schmelze gliche. Dabei kann es sich natürlich nicht um einen so niedrigen Elastizitätsmodul handeln, wie er typisch für die Elastomeren oberhalb der Glastemperatur ist, da für das Experiment nicht die statischen elastischen Eigenschaften bestimmend sind, sondern das Verhalten bei Frequenzen im Bereich von 10^{11} Hz eingeht. Bei diesen Frequenzen verhält sich aber ein amorpher Festkörper so, wie wenn er sich weit unterhalb der Glastemperatur im glasig er-

starrten Zustand befände (vgl. beispielsweise (13)). Dies zeigen auch unmittelbar Brillouinstreuexperimente, welche den Elastizitätsmodul bei Frequenzen im GHz-Bereich erfassen. Hier werden allgemein für amorphe Polymere Werte in der Größenordnung von 10^{10} dyn/cm² gefunden (14), und dies entspricht dem für polymere Gläser charakteristischen Wertebereich. Zwar liegen bisher für Polyäthylen selbst keine Brillouinstreuexperimente vor, doch besteht kein Grund für die Annahme eines gänzlich andersartigen Verhaltens. Man gelangt somit zu dem Schluß, daß für das Zweiphasenmodell ein Verhältnis E_a/E_c in der Größenordnung von $E_a/E_c \approx 10^{-2}$, maximal von $E_a/E_c = 10^{11}/2{,}9 \cdot 10^{12} = 3{,}4 \cdot 10^{-2}$, anzusetzen wäre. Dies liegt aber weit und deutlich außerhalb desjenigen Bereichs, in dem die Meßergebnisse im Rahmen der Fehlerbreite durch die Rechnung wiedergegeben werden können. Dem Zweiphasenmodell mit seiner Annahme von Deckschichten isotrop amorphen Charakters widerspricht somit klar der ramanspektroskopische Befund. Dem Experiment zufolge liegt der den Deckschichten zuzuordnende wirksame Elastizitätsmodul im Bereich $0{,}4\, E_c < E_a < E_c$. Ein solcher Wert ist aber nur vorstellbar, wenn die Ketten in den Deckschichten einen hohen Grad an Orientierung zeigen, vorzugsweise senkrecht zur Oberfläche gerichtet sind, der Ordnungszustand in der Deckschicht somit einen anisotropen Charakter zeigt. Offensichtlich setzt sich die Kettenrichtung des kristallinen Kerns deutlich in die Oberflächenschichten hinein fort.

Faßt man das Ergebnis der kombinierten Raman- und Röntgenkleinwinkelstreuexperimente an einer lösungskristallisierten Polyäthylenprobe zusammen, ergibt sich also das folgende Bild:

a) die Lamellen bestehen jeweils aus einem kristallinen Kern und fehlgeordneten Deckschichten reduzierter Dichte, welche etwa 12 Å dick sind;

b) der Ordnungszustand in den Deckschichten entspricht demjenigen einer anisotropen Phase mit einer stark ausgeprägten Vorzugsorientierung der Ketten in Richtung senkrecht zur Lamellenoberfläche.

Es gibt andersartige Experimente anderer Autoren, welche den hier gezogenen Schluß auf einen anisotropen Ordnungszustand in der

Deckschicht stützen. Insbesonders sind an dieser Stelle die Röntgenweitwinkelstreuexperimente von *Zalwert* zu nennen (15), in denen die Temperaturabhängigkeit sowohl der Gitterkonstanten a und b des kristallinen Kerns als auch der Position des von den Deckschichten herrührenden amorphen Halos gemessen wurde. Dabei zeigte sich eine enge Korrelation zwischen den Verläufen $a(T)$ und $d_{Halo}(T)$, insbesonders ein gleichzeitiger Knick bei etwa 50 °C, der Einsatztemperatur des α-Prozesses, welche direkt das Hineinwirken des kristallinen Kerns in die Kettenanordnung der Deckschicht anzeigt; wäre die Deckschicht isotrop amorph, so hätte sie ihre eigene, einer unterkühlten Schmelze gleichende Dynamik.

Eine weitere Bekräftigung ergibt sich aus der Analyse des NMR-Breitliniensignals, wie sie von *Bergmann* und *Nawotki* vorgenommen wurde (16). Die Linie zerfällt deutlich in drei Komponenten, welche von den Autoren Bereichen kristallinen Charakters, behinderter Beweglichkeit und flüssigkeitsartiger Bewegung zugeordnet werden. Der Anteil der letztgenannten Komponente ist nur sehr gering, hingegen entspricht der Volumanteil der Deckschicht weitgehend dem Beitrag der mittleren Komponente, welcher, ganz im Einklang mit den Schlußfolgerungen dieser Arbeit, eine anisotrope Bewegung zugesprochen wird.

Eine letzte Bemerkung soll der seit langem umstrittenen Frage nach der Lage der Glastemperatur in den fehlgeordneten Schichten von Polyäthylen gelten. Haben die fehlgeordneten Bereiche tatsächlich einen stark anisotropen Charakter, verliert die Frage nach dem Glasübergang ihre Grundlage, da dann natürlich von einem Einsetzen einer isotropen, mikrobrownschen Bewegung keine Rede mehr sein kann.

Die vorliegende Arbeit entstand im Rahmen des Sonderforschungsbereichs 41 („Chemie und Physik der Makromoleküle") unter Förderung der Deutschen Forschungsgemeinschaft.

Zusammenfassung

Geht man von einem Zweiphasenmodell aus, so lassen sich aus den Frequenzen der ramanaktiven longitudinal-akustischen Schwingungen erster und dritter Ordnung Rückschlüsse auf den Elastizitätsmodul E_a der fehlgeordneten Oberflächenschichten ziehen. Voraussetzung dafür ist die Kenntnis der Dicke und Dichte der Deckschichten; beide Werte lassen sich dem Röntgenkleinwinkelstreudiagramm entnehmen. Aus dem gemessenen Ramanspektrum folgt, daß E_a im Bereich $0,4\ E_c < E_a < E_c (E_c = 2,9 \cdot 10^{12}$ dyn/cm^2) liegen muß, was auf einen hohen Grad an Kettenorientierung in den Oberflächenschichten hinweist.

Summary

Proceeding on the assumption that a two phase model can describe the lamellar structure of polyethylene single crystals one can attribute an elastic modulus E_a to the disordered surface layers and estimate its value from the frequencies of the raman active longitudinal acoustical vibrations. The prerequisite is a knowledge of the thickness and the density of the surface layers; both parameters can be derived from the small angle X-ray scattering curve. The measured frequencies indicate that E_a falls into the range $0,4\ E_c < E_a < E_c (E_c = 2,9 \cdot 10^{12}$ dyn/cm^2 denotes the elastic modulus in the crystalline core of the lamellae). This result contradicts the usual assumption of an isotropic amorphous conformation of the chains in the surface layers and suggests an anisotropic phase with a preferred chain orientation along the surface normal.

Literatur

1) *Strobl, G. R., N. Müller,* J. Polymer Sci., Physics Ed. **11,** 1219 (1973).
2) *Fischer, E. W., G. F. Schmidt,* Angew. Chem. **74,** 551 (1962).
3) *Fischer, E. W.,* Progr. Colloid & Polymer Sci. **57,** 149 (1975).
4) *Shimanouchi, T., S. I. Mizushima,* J. Chem. Phys. **17,** 1102 (1949).
5) *Peticolas, W. L., G. W. Hibler, J. L. Lippert, A. Peterlin, H. G. Olf,* Appl. Phys. Letters **18,** 87 (1971).
6) *Strobl, G. R.,* Acta Cryst. A **26,** 367 (1970).
7) *Kratky, O., K. Pilz,* J. Colloid Interf. Sci. **21,** 24 (1966).
8) *Strobl, G. R.,* Kolloid Z. u. Z. Polymere **250,** 1039 (1972).
9) *Strobl, G. R.,* J. appl. Cryst. **6,** 365 (1973).
10) *Porod, G.,* Kolloid Z. u. Z. Polymere **124,** 83 (1951).
11) *Strobl, G. R., R. Eckel,* J. Polymer Sci., Physics Ed., in press.
12) *Olf, H. G., A. Peterlin, W. L. Peticolas,* J. Polymer Sci., Physics Ed. **12,** 359 (1974).
13) *Pechhold, W., S. Blasenbrey,* Angew. makromol. Chem. **22,** 3 (1972).
14) *Huang, Y. Y., C. H. Wang,* J. Chem. Phys. **62,** 120 (1975).
15) *Zalwert, S.,* Makromol. Chem. **131,** 205 (1970).
16) *Bergmann, K., K. Nawotki,* Kolloid Z. u. Z. Polymere **219,** 132 (1967).

Anschrift der Verfasser:

G. R. Strobl und *R. Eckel*
Institut für Physikalische Chemie der Universität Mainz
Jakob-Welder-Weg 15
D-6500 Mainz

Progr. Colloid & Polymer Sci. **62**, 16–36 (1977)
© 1977 Dr. Dietrich Steinkopff Verlag GmbH & Co. KG, Darmstadt
ISSN 0340-255 X

Lectures during the conference of Fachausschuss "Physik
der Hochpolymeren" of Deutsche Physikalische Gesellschaft
in Bad Nauheim March 29–April 2, 1976

Abteilung für Experimentelle Physik der Universität Ulm

Orientation — Strain relations in partially crystallized polymers

B. Heise, H. G. Kilian, and *M. Pietralla*

With 30 figures and 1 table

(Received July 12, 1976)

1. Introduction

By far the most important result of the physical description of the orientation of the chains in a deformed ideal molecular network is based on the defined correlation of microscopic orientation processes to macroscopic deformation parameters. Inspite of some problems in describing real molecular networks which are even not yet solved, the integral part of the average orientation of the "chain vectors" between two neighboured crosslinks can be computed approximately correct if these crosslinks are transformed "affine to the changings of the macroscopic form of the sample".

A molecular network is supposed to exist in partially crystallized polymer systems too (1–4). But from an impressive body of experimental results it is evident, that a single principle as given for the ideal network by the affine transformation condition cannot be invented to establish a complete description for oriented states in partially crystallized systems covering the total range of deformation (5–10).

Thus we arrive at the objectives of this paper to derive general orientation-strain relations employing a minimum number of transformations laws which are related to properties of the microstructure.

2. The ideal molecular network

When the ideal molecular network is deformed, it is assumed that the chain vector distribution is altered directly as the macroscopic dimensions so that an affine transformation of the average position of the coordinates of the cross-links occurs (11). For an uniaxial deformation we arrive at the well-known affine orientation density distribution-function $\varrho(\vartheta, \lambda)$ for the chain vectors

$$\varrho(\vartheta, \lambda) = \lambda^3/(1 + (\lambda^3 - 1) \cdot \sin^2\vartheta)^{\frac{3}{2}} \qquad [1]$$

$\lambda = L/L_0$ = extension ratio in draw direction,
$\quad \vartheta$ = angle between the draw direction and the chain vector.
$\varepsilon = \lambda - 1$

The average orientation of an orthogonal system related to the chain vector can conveniently be characterized by the orientation parameters f_i, which are defined by (12)

$$f_i(\lambda) = (3 \cdot \langle \cos^2\vartheta_i \rangle - 1)/2 \qquad [2]$$

ϑ_i = angle between the draw direction and the direction of an orthogonal system fixed to the chain vector
$i = c \quad$ direction of chain vector
$i = a, b$ orthogonal to chain vector.

The characteristic course of $\varrho(\vartheta, \lambda)$ and $f_i(\lambda)$ is shown in figure 1. The pictures illustrate some general features of the orientational behaviour of the chain vectors subjected to an affine uniaxial deformation:

1) The average orientation increases continuously with deformation approaching a state of high degree of uniaxial order.

2) When the affine transformation is imposed upon the network it is required that the condition $f_a = f_b$ is valid.

3) $\varrho(\vartheta, \lambda)$ is predicted to have its maximum at $\vartheta = 0$ for $\lambda > 1$.

The fibre orientation effect at high degrees of extension $(f_c \rightarrow 1)$ is associated with the existence of the molecular network. This leads

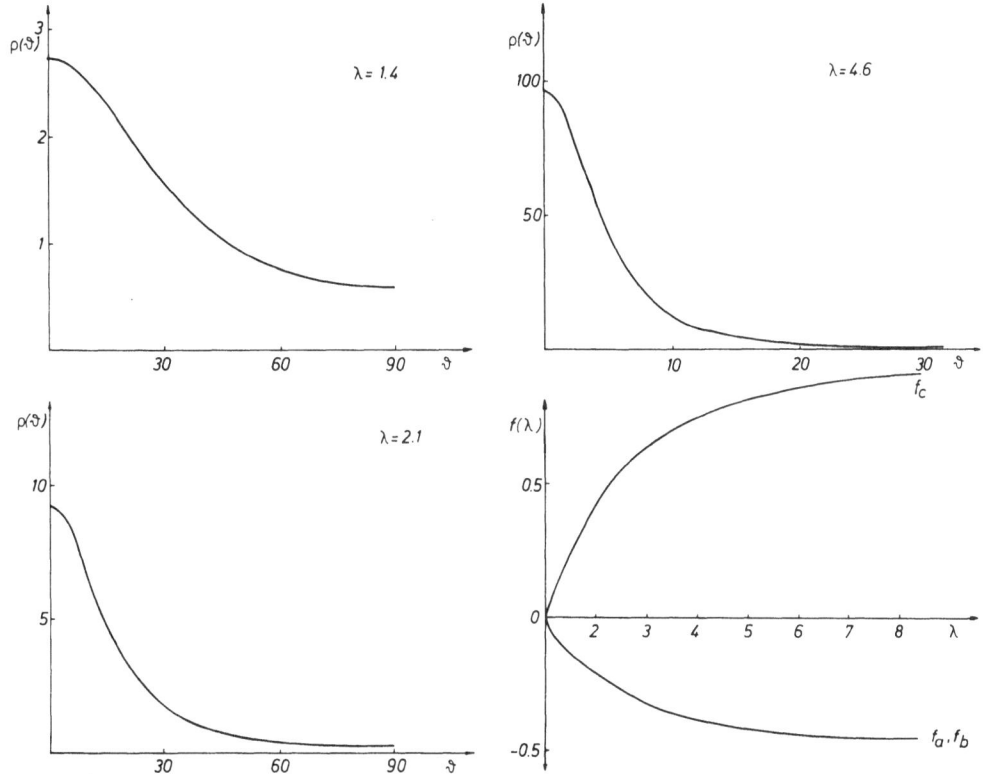

Fig. 1. Density distribution function $\varrho(\vartheta, \lambda)$ of the statistical segments for various draw ratios λ and the orientation parameter $f_i(\lambda)$ of an ideal network subjected to an affine orientation transformation caused by uniaxial elongation ($\vartheta = 0$ characterizes the stretching direction)

us to the hypothesis that the orientational parameter in uniaxial deformed partially crystallized polymer systems if based on the *existence of a crystal network* should reveal asymptotically the same topological characteristics as derived for an ideal network.

3. The crystal-network

3.1. Elastic deformations

If the extension ratio is very small the assumption may be introduced that the crystals are rigid fillers acting as *multifunctional crosslinking elements forming a molecular network which we will call "the crystal network"*. Because of clustering of the crystal lamellae in partially crystallized systems (cluster structures characterizing the "micro-structure") which are expected to show anisotropic intrinsic deformation behaviour there is need for taking larger subsystems which should correspond to the chain vectors of the ideal molecular network. If the subsystems are assumed to be the cluster themselves the size of which is in

accordance with the data derived from SAXS-measurements (13), measured low frequency elastic moduli of copolymers of ethylene can be computed as a function of the chemical composition (fig. 2) and of the temperature employing an adequate theoretical approach (14). There arise energetic contributions to the deformation force which are related to definite changings of the micro-structure at lower temperatures. From these considerations it seems not to be required that the crystals themselves take constitutively part in the processes of extremely small and sufficient slow deformations. Thus, the *elastic properties of the crystal network should be related to the conformational changes in the non-crystallized regions provided that the clusters themselves are taken to be the adequate subsystems of the partial crystallized system.*

3.2. Larger extensions

The objectives of this part are to establish a general treatment of adequate orientation-strain relations for larger extensions of a crystal

2

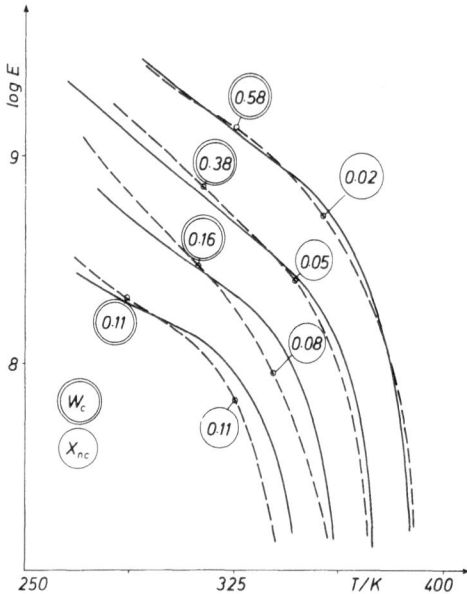

Fig. 2. Comparison between theoretical and experimental dynamic ($\nu = 11s^{-1}$) Young's-moduli of short chain branched polyethylene copolymers (chlorinated polyethylene) with randomly distributed *co*-units as a function of temperature for various compositions. The experiment is represented by solid curves. The broken lines have been calculated employing an adequate thermodynamic theory (14). The maximum degree of crystallinity (w^c) and the molar fraction of the short chain units (x_{nc}) are indicated with each curve

network. The influence of typical solid-state transformations of the lamellar shaped crystals should be taken into account. But evidence bearing on the physical nature of these processes can only be provided by observations. It appears to be useful, therefore, to review experimental results.

3.2.1 The orientation

The density-function $\varrho(\vartheta, \lambda)$ of *c*-axis of the crystals has been derived from WAXS-texture measurements taking into account rotational symmetry with respect to the draw direction (15). From general considerations it can be justified that the formulation $\theta(\vartheta, \xi, \psi) = \varrho(\vartheta) \cdot \varrho'(\xi) \cdot \varrho''(\psi)$ may be employed for a quantitative characterization of the orientation. Figures 3 and 4 show experimental results attained for low- und high-density polyethylene assuming $\varrho''(\psi) = $ const. because of the rotational symmetry with respect to the draw direction. Applying equation [2] the orientational parameter $f_i(\lambda)$ of the crystal axis *c*, *a* and *b* drawn

out in figures 5 and 6 are computed. If the molecular segments in the non-crystallized regions are sufficiently long rods allowance is given for calculating the orientational parameter of the symmetry axis from the texture which is observed for the "amorphous halo" of WAXS-experiments. The variation of this orientational parameter depending on λ can be recognized from figure 5.

In figures 3–6 the corresponding orientation function for the chain vectors of the ideal molecular network is plotted so that the following characteristics can easily be recognized:

1) The experimental function $\varrho(\vartheta, \lambda)$ reveals a pronounced maximum at $\vartheta \neq 0$ in contrast to the characteristics for an affine transformation (15, 16).

2) The orientational parameter $f_a(\lambda)$ and $f_b(\lambda)$ of the corresponding axis of the lattice cell are found to be different so that the orientational distribution of the crystals cannot reveal rotational symmetry with respect to the *c*-axis (15, 7).

3) The average orientation of the segments in the non-crystallized layers is systematically smaller than the orientation of the crystal *c*-axis (15).

Inspite of fundamental similarity of the orientational behaviour it should be noted that the average orientation of the crystal *c*-axis is obtained always to be larger than predicted for the ideal molecular network. By a direct comparison of the density functions $\varrho(\vartheta, \lambda)$ for low- and high-density polyethylene it can be demonstrated that

4) the average orientation of the crystals in uniaxial stretched samples runs through identical orientational states (i.e. the same orientation distribution at slightly different draw ratios ($1.2 \times \varepsilon_{LDPE} = \varepsilon_{HDPE}$ for identical orientation (15) (fig. 7)).

3.2.2 Structure parameter

Some typical results which demonstrate the changes of the size of the X-ray coherence regions derived from profile analysis of WAXS-interferences (18) are derived in figures 8 and 9. The lateral dimensions are reduced continuously at first while the average thickness of the crystals drops to lower values when the extension ratio exceeds $\lambda > 2$. No further

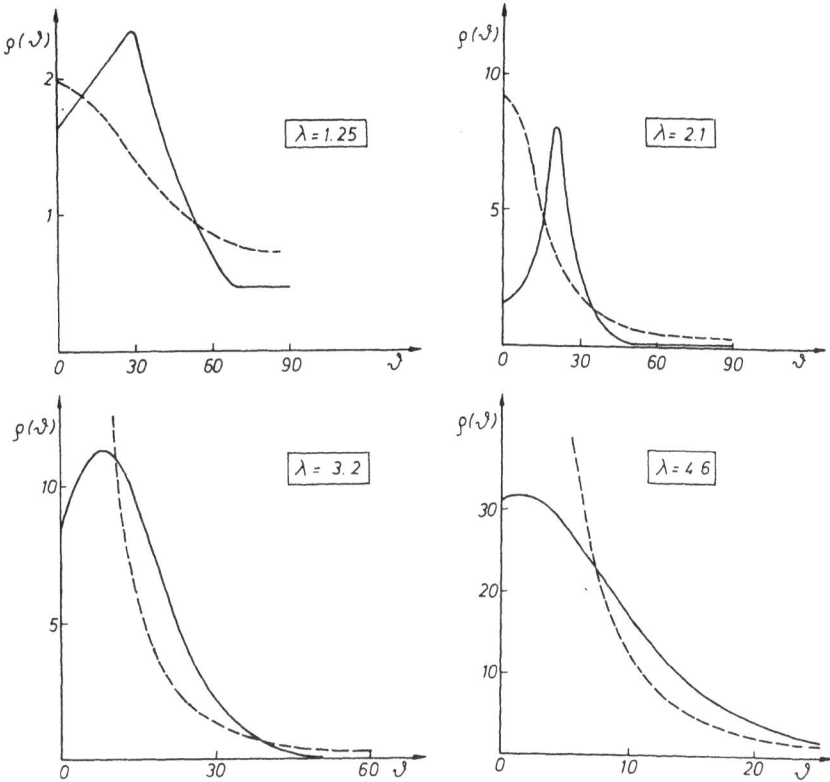

Fig. 3. Comparison between the affine density distribution function $\varrho(\vartheta)$ (dashed curves) and the density distribution function of crystallographic c-axis $\varrho(\vartheta)$ of low-density polyethylene obtained from X-Ray-experiments (15) (solid lines) for representative draw ratios λ

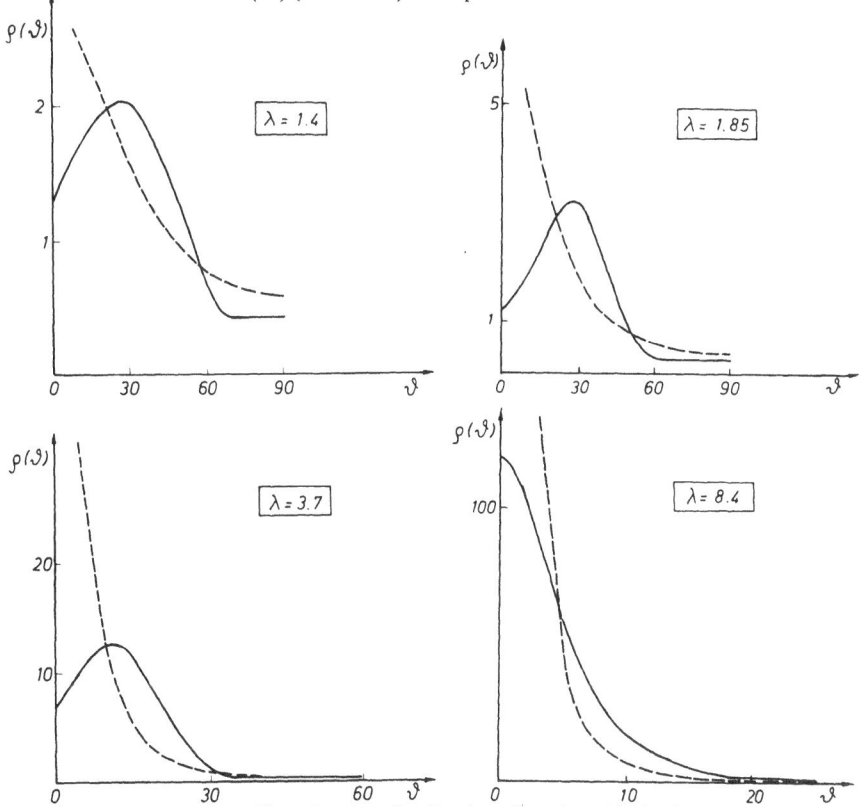

Fig. 4. Comparison between the affine density distribution function (dashed curves) and the density distribution function of crystallographic c-axis $\varrho(\vartheta)$ of high-density polyethylene obtained from X-Ray experiments (15) (solid lines) for representative draw ratios λ

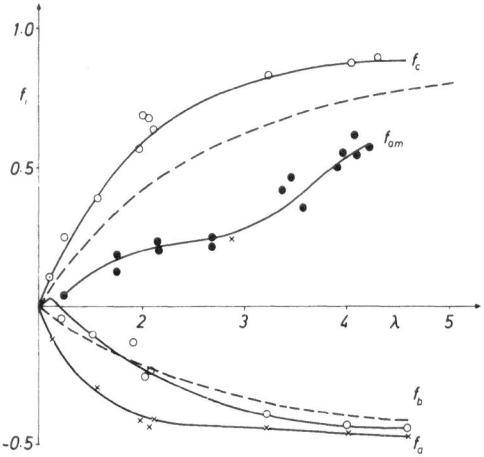

Fig. 5. Orientation parameter of the crystals f_a, f_b, f_c and the segments in the non-crystallized layers f_{am} for uniaxial stretched low-density polyethylene as a function of λ (stretching at $T = 293$ K, strain-rate $\dot{\lambda} = 0.01$ s^{-1}) (15). The orientation-behaviour of the chain vectors of an ideal network is represented by the dashed curves

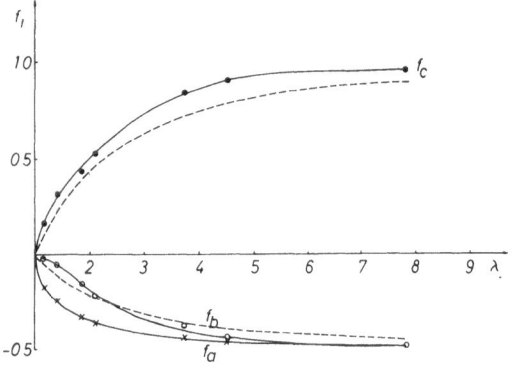

Fig. 6. Orientation parameter of the crystals f_i for high-density polyethylene (solid curves) compared with the corresponding parameter of an affine uniaxial deformation (broken lines). (Temperature of deformation $T = 353$ K, strain rate $\dot{\lambda} = 0.01$ s^{-1})

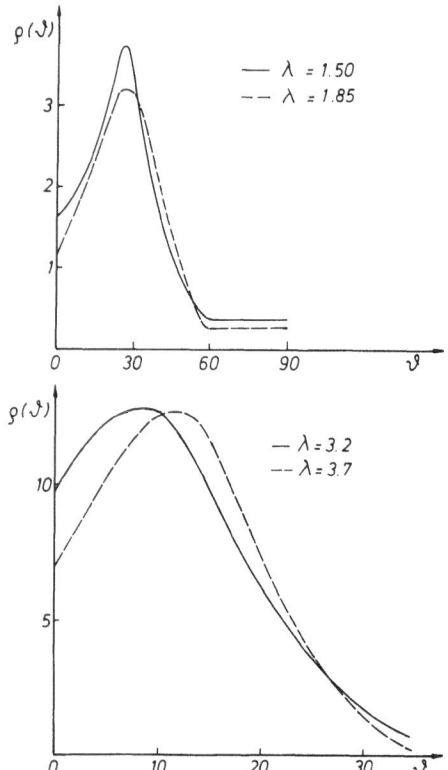

Fig. 7. Comparison between the c-axis orientation density distribution function of uniaxial stretched low- and high-density polyethylene represented by solid and broken lines resp. The degree of uniaxial deformation is indicated with each curve

changes of the size of the crystals seem to occur for an extension ratio larger than $\lambda = 3$. The limiting value of the thickness of the crystals yielded at sufficiently large deformations seems to be definitely dependent on the temperature at which the deformation experiment is performed (19).

3.2.3 Calorimetric measurements

When measuring the heat flux $\dot{Q}$ within a differential calorimeter during the drawing process (20), we recognize from figure 10 that the sample will be cooled within the first stages of deformation because of $\dot{Q} < 0$. It is impressively demonstrated there that the sign of $\dot{Q}$ will be changed approximately at $\lambda \sim 1.5$ indicating that the sample will be heated during the stretching process above this critical value.

3.2.4 The shear deformation model

It is supposed that the longitudinal thickness of the crystallites remains unchanged during these processes. The changings of the lateral dimensions of the crystals should be taken into account by the assumption that the clusters will be deformed by appropriate shear processes. The functional effect of these shear processes can be recognized from the sketch in figure 11. The problems involved in a complete description of the deformation cannot be solved at present (21–23). Thus, we shall discuss the orientation behaviour of the crystals

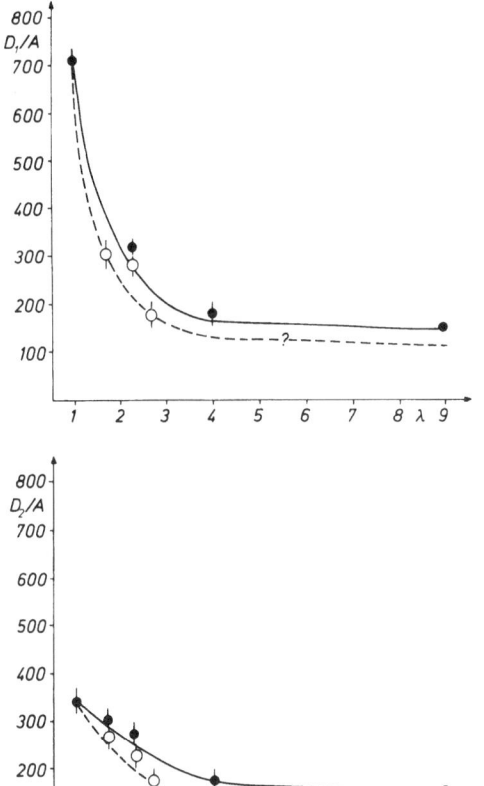

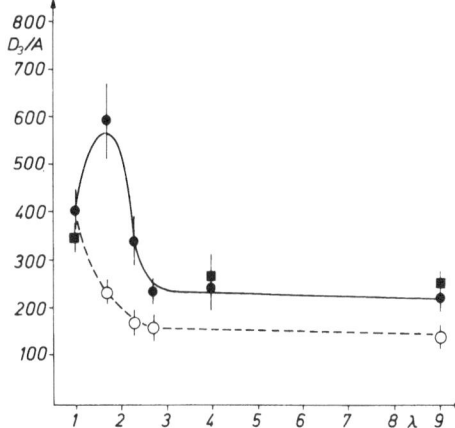

Fig. 9. Plot of the "longitudinal" principal diameter D_3 of the shape ellipsoid of the crystals designing approximately the thickness of the crystal lamellae. Solid and broken lines represent fractions of crystals the average orientation of which are different (for details see ref. (18))

Fig. 8. Plot of the "lateral" principal diameter D_1 and D_2 of the crystals characterizing the average shape of the totality of crystals in uniaxial deformed high density polyethylene samples against the deformation parameter λ. Solid and broken lines represent fractions of crystals the average orientation of which are different (for details see ref. (18))

depending on the macroscopic draw ratio in the following manner:

The cluster ensemble should undergo the shear deformating employing sliding and rotational processes of fibrils being developed during the deformation. The sliding and rotational processes can be made unique by postulating the condition of partial affinity:
$$\lambda = x'/x = q \cdot \sin\vartheta/q \sin\vartheta' = \sin\vartheta/\sin\vartheta';$$

$$q = \text{const.} \qquad [3]$$

$x', x =$ the projection in the draw direction in the final and the initial state resp.

$\vartheta', \vartheta =$ angle between the draw ratio and the crystal c-axis for the initial and the final state resp.

The validity of this simple condition implies a definite ratio of sliding and rotation processes

according to the assumption that each orientational state may be computed with constant q designating the lateral dimension of the fibrils. Moreover postulating rotational symmetry for the orientation distribution of the crystals with respect to the draw direction, we arrive at

$$\varrho(\vartheta', \lambda) \sin\vartheta' d\vartheta' = \sin\vartheta \, d\vartheta \qquad [4]$$

with $\varrho(\vartheta, 1) \equiv 1$. Therefore, the discussion is subjected to the assumption that each state of orientation can definitely be related to the original isotropic state. From [3] and [4] we derive

$$\varrho(\vartheta', \lambda) = \lambda^2 \cdot \cos\vartheta'/(1 - \lambda^2 \cdot \sin^2\vartheta')^{\frac{1}{2}}. \qquad [5]$$

For the density function $\varrho(\vartheta', \lambda)$ to be calculated from [5] the knowledge of the macroscopic variable, the extension ratio, λ has to be known only. Systematical discrepancies will be recognized by comparing experiment and theory as it is demonstrated in figures 12 and 13. But from the comparison we are led to formulate the following statement:

The integral parts of the changings in $\varrho(\vartheta', \lambda)$ will be correctly predicted by the transformation [3] within the range of extensions $1 < \lambda \leqslant 2$.

The topological meaning of [3] may be found to be stated from the observation that even the orientation parameter of the very small crystals in uniaxial deformed PVC

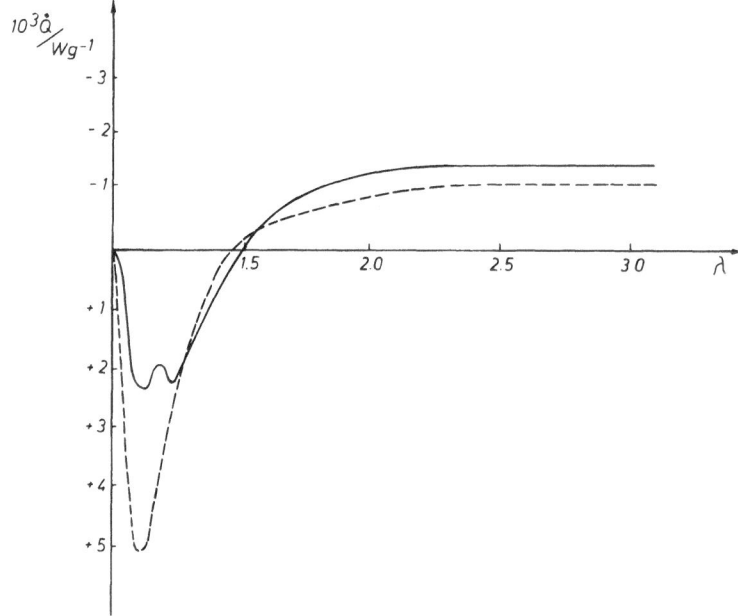

Fig. 10. Heat flux during quasi-isothermal stretching of PE-samples at a rate of $\dot{\varepsilon} \sim 2 \times 10^{-3}$ s^{-1}. In the first stages of drawing the netto-process is endotherm; heat must be added or the sample would be cooled. Beyond $\lambda \sim 2.5$ there is a constant netto heat production. --- HDPE stretched at $T_{str.} = 80$ °C; — LDPE stretched at $T_{str.} = 30$ °C. (Unpublished measurements of *G. Höhne* (20))

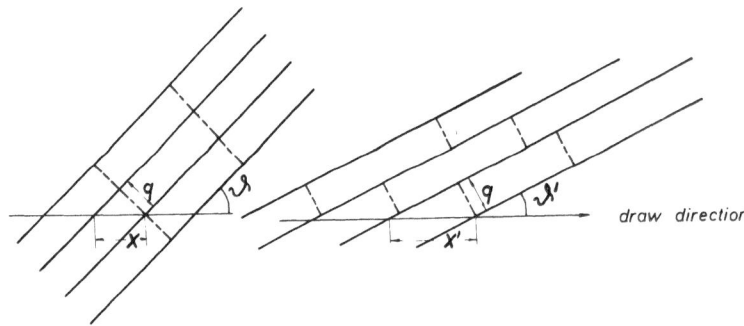

Fig. 11. Schematic diagram of stacks of lamellae resp. fibrillae for the original state and the sheared state when the deformation has been performed. The c-axis direction with respect to the draw direction is by ϑ' (see also 4b)

(degree of crystallinity about 0.05 to 0.1 (24)) is consistent with the results gained from investigations on polyethylene.

The crystallographic processes which will be employed may in fact be very complicated. An impressive model has been proposed by *M. Pietralla* (25) based on a defined sequence of $(hk0)$-(26–29) and (hkl)-twinning processes. Having in mind that the $(hk0)$-twins correspond to a rotation of the elementary cell with respect to the c-axes ((310): 55 degree; (110): 68

degree) while the (hkl)-twins turn the c-axes themselves into the draw direction (rotation around [110] direction for (111) twins: 63 degrees). The way in which these processes will be employed must be estimated by computing the experimental function $\varrho(\vartheta, \lambda)$. A representative example is demonstrated in figure 14. It should be emphasized that the $(hk0)$-twins are very important for any understanding of the deformational processes which are essential in the initial state at relatively

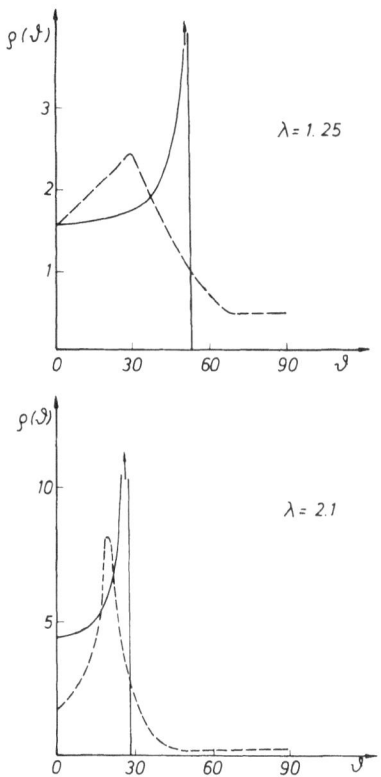

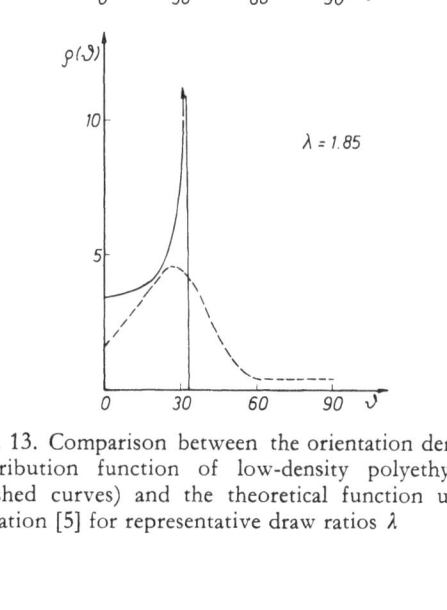

Fig. 12. Comparison between the orientation density distribution functions of high density polyethylene (dashed curves) and the theoretical function employing equation [15] for representative draw ratios λ (solid lines)

Fig. 13. Comparison between the orientation density distribution function of low-density polyethylene (dashed curves) and the theoretical function using equation [5] for representative draw ratios λ

small λ. On the other hand, considerable success has also been achieved in explaining the typical behaviour of the observed f_a and f_b as a function of the draw ratio with the aid of the twinning model (see fig. 15).

In any case using the generalized shear transformations [3] the sliding processes needed must be crystallographically allowed although employing "non-conservative steps" (30). By producing new internal surfaces when the sliding occurs, the characteristics of the heat production rate $\dot{Q}$ is negative for $λ < 1.5$ (see fig. 10). *Evidence is given by the change in sign of $\dot{Q}$ that the fundamental deformation processes in the partial crystallized uniaxial deformed samples change for $λ > 2$.*

3.2.5 The non-crystallized layers

Even if the crystallographic shear processes determine the characteristics of the orientation state in uniaxial deformed partially crystallized

samples of polyethylene in the range $1 < λ \leqslant 2$ there is nevertheless no doubt about the existence of a molecular network: This is demonstrated by the behaviour of the orientation distribution which approaches continuously a fibre structure when increasing the extension ratio.

If the fibrils developed by shear processes from the original cluster structures in the isotropic state may be considered to be the functional subsystems of the "dynamic" crystal network there should be *a defined correlation between the average orientation of the c-axis in the crystals and the symmetry axis of the segments in the non-crystallized layers for any given state of the deformed crystal network.* This can be verified by computing the observed azimutal intensity distribution of the "amorphous halo" from the density distribution function of the c-axis of the crystals $\varrho(λ, \vartheta)$. The c-axis $\varrho(\vartheta, λ)$ represents the "chain-vector" distribution of the amorphous segments so that there is need

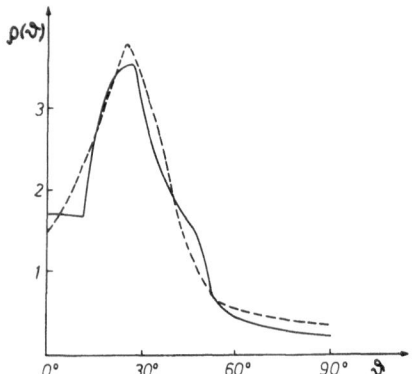

Fig. 14: Plot of theoretical and experimental $\varrho(\vartheta, \lambda)$ functions for high-density polyethylene against ϑ. Broken lines represent the experiment, solid lines have been calculated employing defined twinning processes (25)

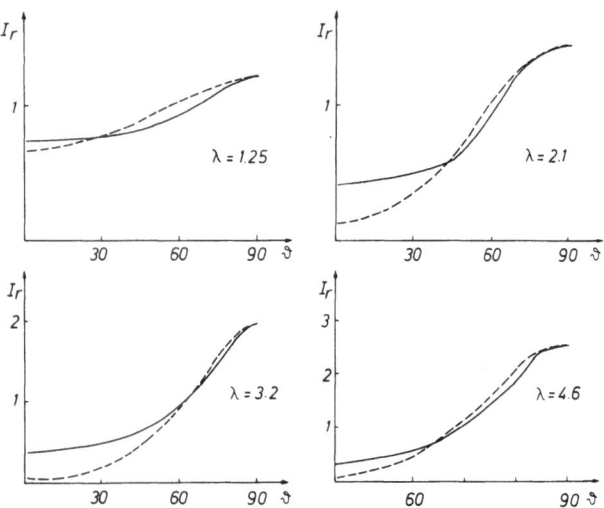

Fig. 16. Plot of the measured relative intensity $I_r(\vartheta)$ of the "segments" in the non-crystallized layers in low-density polyethylene for various draw ratios λ (solid lines). The dashed curves represent calculations (15)

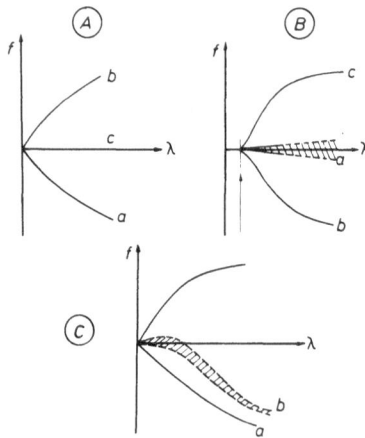

Fig. 15. Schematic plot of the orientation parameter f_i against λ: A: Contributions of the $(hk0)$-twins, B of the (hkl)-twins. The curves in C have been synthezised taking into account that both types of twinning processes are running off

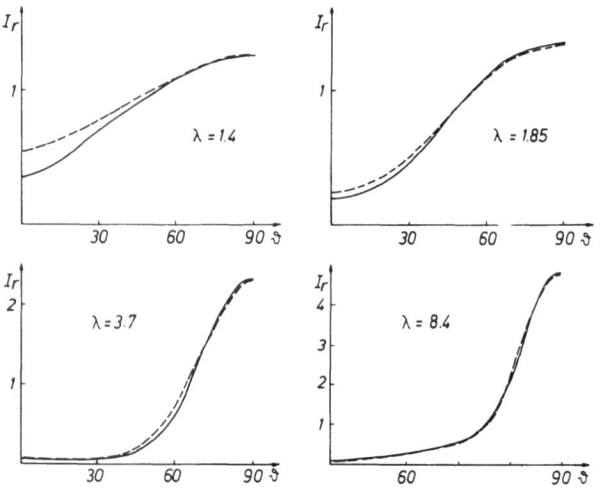

Fig. 17. Plot of the measured relative intensity I_r of the "segments" in the non-crystallized layers in high-density polyethylene against ϑ for various draw ratios λ (solid lines). The dashed curves represent calculations (15)

for taking into account additional orientational distribution of the segments around the chain vector in the non-crystallized layers only. Because of the surprisingly excellent fit of the intensity distribution demonstrated in figures 16 and 17 we may trust the dependence on the parameter σ which characterizes the additional orientational fluctuations of the segments in the non-crystallized layers according to a Gaussian distribution function. From figure 18 we would like to state that

the half-width of the orientation distribution around the chain vector within the non-crystallized layers will be continuously diminished when the extension ratio is increased indicating appropriate

changings of the molecular structure in the non-crystallized layers.

It is important to mention that the corresponding distribution of the segments in the low-density polyethylene is always larger compared with the value in high-density polyethylene (see fig. 18).

The orientational processes within the crystal network appear to be dependent on the microstructure demonstrated also by the

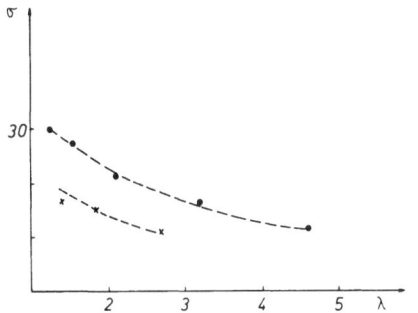

Fig. 18. Plot of the half-width σ of the Gaussian-distribution function characterizing the additional fluctuations of the segments in the non-crystallized layers related to the c-axis-orientation distribution function against the deformation parameter λ

systematically higher orientation of the crystals in low-density polyethylene compared with the orientation in deformed samples of high-density polyethylene (see fig. 5). The crystallographical deformation mechanism engaged must nevertheless be identical because the distribution functions of the c-axis can be shown to be identical when we use the transformation $\varepsilon_{HDPE} = \beta \cdot \varepsilon_{LDPE}$ with $\beta = 1.2$ (fig. 7).

There is substantial evidence for a certain antagonism of the orientation in the micro-phases, the crystals and the non-crystallized

layers which should be due the crystal network, being dependent on properties of the microstructure. Taking into consideration the results of the measurements of the anisotropy of the heat conduction (31) which reveals no difference in the orientation on parameter $f_c(\lambda)$ between the two polyethylenes of different density (see fig. 19) at the same degree of elongation, a definite correlation of the deformation behaviour of the micro-phases within uniaxially stretched, partially crystallized polymer-samples due to the crystal network might be suspected.

3.3 Deformation melting

The imposed deformation by shearing the fibrils as considered in the preceeding chapters cannot have the same importance in the range of large elongations $\lambda > \lambda_s = 2$ as in the range of deformation $\lambda \leqslant \lambda_s$; for employing this model it is substantially difficult to calculate an observed increase of the density function in the range of $\vartheta = 0$ (see figs. 5 and 6). *Thus we are led to the assumption that a new process must come in to improve the orientation of the crystals at $\lambda > \lambda_s$ the mechanism of which should be substantially different from the solid-state deformations discussed hitherto. From an impressive body of experimental evidence on uniaxially stretched polyethylene (18, 32) we would like to suggest that*

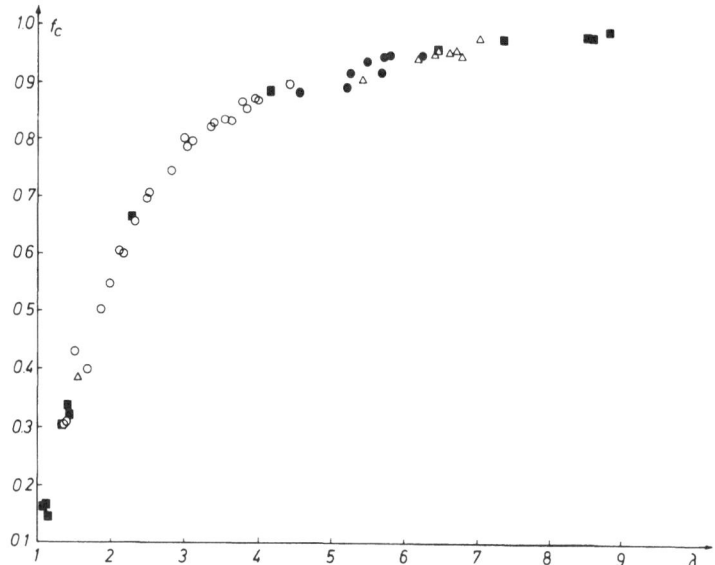

Fig. 19. Orientation parameter f_c of the crystals obtained from measurement of the anisotropy of heat conduction (25). ○ LDPE ($T_{\mathrm{str.}} = 31\ °\mathrm{C}$, $w_c = 0.43$); ● LDPE ($T_{\mathrm{str.}} = 85\ °\mathrm{C}$, $w_c = 0.43$); ■ HDPE ($T_{\mathrm{str.}} = 85\ °\mathrm{C}$, $w_c = 0.82$); △ MDPE ($T_{\mathrm{str.}} = 65\ °\mathrm{C}$, $w_c = 0.69$, Ziegler-Natta Type PE); $T_{\mathrm{str.}}$: stretching temperature

melting and recrystallization of certain crystals occur in the range $\lambda > \lambda_s$.

Before discussing the effects of this process on transformation of the density function $\varrho(\vartheta, \lambda)$ we have to explore the physical reasons which may be responsible for the "deformational melting- and recrystallization" process.

We would like to focus our interests on the substantials. The melting temperature T_M of the crystals can be deduced from the general equation

$$T_M = \Delta h / \Delta s = (h^m - h^c)/s^m - s^c) \qquad [6]$$

$\Delta h = h^m - h^c$ = melting enthalpy
$\Delta s = s^m - s^c$ = melting entropy
m, c = designating melt and crystals resp.

If the deformational melting should occur at $T_d < T_M(\lambda = 1)$ we have to ask for the physical reasons which might be responsible for any deformation-induced melting process at the same temperature T_d.

It is easily demonstrated that the reversibly stored elastic energy in the microphases stipulates a thermic stabilization. From the expression for the quasi static elastically stored energy W in the Hookian range

$$W = E \cdot \varepsilon^2 / 2 \qquad [7]$$

we realize that the difference $W^m - W^c = \Delta W$ is equal to

$$\Delta W = \frac{1}{2} (E_m \varepsilon_m^2 - E_c \varepsilon_c^2) \qquad [8]$$

E_c = average Young's modulus of the crystals for a uniaxial microscopic deformation
E_m = Young's modulus of the non-crystallized layers representative of a type of a rubber elastic system for a uniaxial deformation
ε_i = $\Delta L_i / L_i$ = strain of the corresponding microphase.

Employing the model of constant stress (33)

$$\sigma_m = \sigma_c \qquad [9]$$

as well as the inequality $E_m \ll E_c$ which is usually valid (33) we arrive at the approximative relation

$$\Delta W \cong W^m > 0. \qquad [10]$$

The thermically stabilizing effect for the crystal is evidently due to the fact that the

major part of the elastic deformation energy will be stored in the weak non-crystallized layers thus increasing $\Delta h = \Delta h_0 + W_m$ (Δh_0 for $\lambda = 1$).

When the orientation of the segments in the amorphous layers is improved due to the stretching process, T_M of the crystallites is promoted to higher values because of the reduced melting entropy (34).

To shorten the discussion we enumerate the effects which might contribute to the depression of the melting temperature:

a) *Additional internal surfaces* continuously produced during the deformation in the range $\lambda > \lambda_s$.

b) *Defects* within the crystals the concentration of which is observed to increase with λ within the same range of deformations.

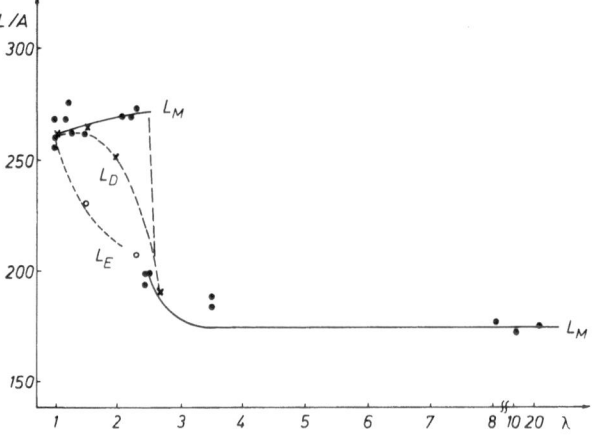

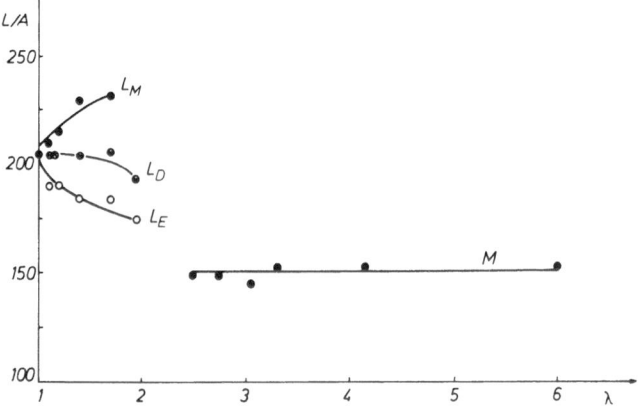

Fig. 20. Plot of the equatorial long period L_E, the meridional long period L_M and the diagonal long period L_D for uniaxial stretched a) polyethylene (HDPE) (from ref. 32a); b) polypropylene (from ref. 32b), against the deformation parameter λ

c) *Changings of the internal properties* of the non-crystallized regions inducing an energetical bargain by appropriate dense crystalline-like packing of the segments that compensates the entropy-stabilizing contribution on account of the improved orientation of the segments.

d) *Conformational energetic contributions* which must be expected if the trans-configuration for example is the state of rotational isomery of lowest energy (35).

It appears to be important to realize that the reduction of the long period of uniaxial "cold-stretched" polypropylene at λ ∼2–3 seems to occur in the same range of macroscopic extension ratio as reported for polyethylene (36) (see fig. 20). Because of a difference in the molecular structure of the non-crystallized layers in polyethylene and polypropylene, the conformational energetic contributions of both these polymers should be different (probably even with respect to the sign). Thus, the melting point depression should be developed from the effects a, b, and c.

When some of the crystallites have become unstable allowance may be given for any local cooperative reorganization and orientation. On account of the improved properties in the non-crystallized layers the thickness of the crystal lamellae being nucleated afterwards can be substantially lower than the thickness of the original crystals.

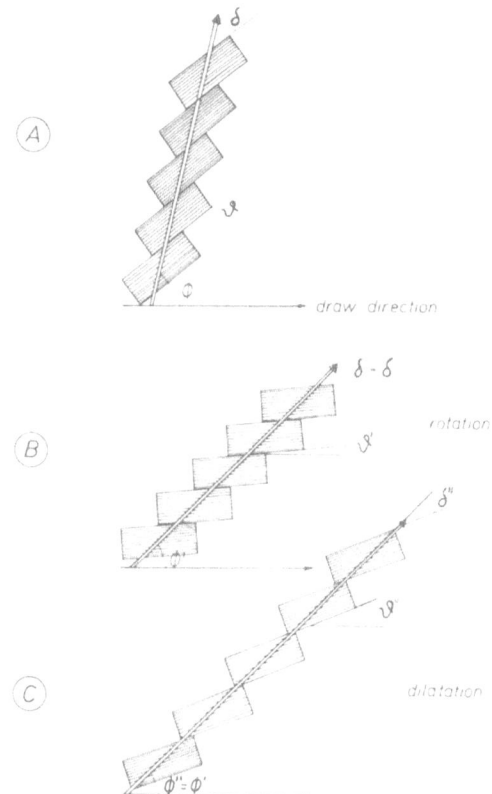

Fig. 21. Schematic diagram of the transformation of a sheared stack of crystals deformed by shearing A into a new position C. The "chain vector" of the crystal network is schematically marked by an arrow. The affine transformation of the crystal network demands a defined rotation and dilatation of the chain vector as indicated in part B and C of the figure

3.4 Deformation for λ > λₛ

When the mechanisms employed in the range of the shear processes are bailed out these must be changed substantially. We suppose that the influence of the super-network on the deformation should become more and more important because of the opportunity of employing local deformation-induced melting and recrystallization. The objective of this section is to give a mathematical representation of corresponding modifications of the deformation principles.

The super-network is expected to be characterized by the chain vectors which are assigned to the subsystems of deformation within the partially crystallized polymer systems. Stacks of local "parallel" crystals give an instructive model of these subsystems (see fig. 21). On account of the shear processes which should govern the deformation up to

$\lambda_s \cong 2$ we have to be aware that the orientation of the c-axes in the stacks should probably be larger compared with the orientation of the orientation of the chain vector (see fig. 21). We arrive, therefore, at the following definition

$$\phi = \vartheta + \delta \qquad [11]$$

ϕ = angle of the chain vector with the draw direction
ϑ = angle of the c-axes with the draw direction.

The angle δ is an "internal" parameter which relates to the relative orientation of the chain vectors and the c-axes in the stack. We have to explore the deformation behaviour of $\delta(\lambda)$ now on the bases of the knowledge of $\varrho(\vartheta, \lambda)$ and $f_i(\lambda)$.

Limiting the range where shear processes are dominant, we are led to define

$$\lambda = (x_s/x) \cdot (x'/x_s) = \lambda_s \cdot \lambda_a \qquad [12]$$

x_s = maximum value of the projection in the draw direction of the sample employing the condition of partial affinity due to shearing ($\lambda = \lambda_s$).

x' = projection in draw direction of the sample with the ratio of elongation λ

x = original projection in draw direction.

The total deformation may, therefore, be considered to consist at least of two contributions characterized by λ_s and λ_a. For the second step, the transformation should be valid

$$\varrho(\vartheta', \lambda_s, \lambda_a)\sin\vartheta'd\vartheta' = \varrho_s(\vartheta, \lambda_s)\sin\vartheta d\vartheta \qquad [13]$$

$\varrho_s(\vartheta, \lambda_s)$ = density distribution function calculated from [5] for the maximum extension λ_s.

When taking into account relation [11] we derive from [13]

$$\varrho(\phi' - \delta', \lambda_s, \lambda_a)$$
$$= \varrho_s(\phi - \delta) \frac{\sin\phi \cdot \cos\delta - \cos\phi \cdot \sin\delta}{\sin\phi'\cos\delta' - \cos\phi'\sin\delta'}$$
$$\cdot \frac{d(\phi - \delta)}{d(\phi' - \delta')} . \qquad [14]$$

In accordance with the considerations presented above the transformation of the super-network should be postulated to satisfy the ideal condition of affinity for $\lambda > \lambda_s$.

We have therefore

$$\varrho_a(\vartheta, \lambda_a) = \frac{\sin\phi d\phi}{\sin\phi'd\phi'}$$
$$= \lambda_a^3(1 + (\lambda_a^3 - 1)\sin^2\phi')^{-\frac{3}{2}} . \qquad [15]$$

In order to arrive at a quantitative description explicit assumptions defining $\delta(\lambda)$ are required. As is obvious, the limiting value $\delta = 0$ should be attained for extremely large deformations. Introducing this condition, [14] can be cast into the following form

$$\varrho(\vartheta', \lambda_a, \lambda_s)$$
$$= \varrho_s(\phi - \delta, \lambda_s) \left\{ \varrho_a(\vartheta, \lambda_a) - \frac{d\delta}{d\phi} \right\}$$
$$(\cos\vartheta - \sin\vartheta ctg\phi).$$

Satisfying success has been achieved in fitting the observed density functions of uniaxial deformed polyethylene by using the empirical normalized equation

$$\varrho(\vartheta', \lambda_a, \lambda_s) = \varrho_a(\vartheta', \lambda_a) \cdot \varrho_s(\vartheta', \lambda_s) \cdot N \qquad [19]$$

N = normalizing factor

as demonstrated in figure 22. In turning to [18] we have to ask for the conditions to satisfy the empirical relation [19]. On taking

$$\vartheta' \cong \phi - \delta = \vartheta \qquad [20]$$

where ϕ must be calculated from

$$\phi = \text{arctg}(\lambda_a^{3/2} \cdot \text{tg}\vartheta'). \qquad [21]$$

We obtain the identity $\varrho_s(\vartheta', \lambda_s) = \varrho_s(\vartheta, \lambda_s)$.

From [20] and [21] the data listed in table 1 can easily be computed. From these data it appears to be permissible to neglect $d\delta/d\phi$ with respect to ϱ_a for sufficiently large deformations ($\lambda_a \gg 1$).

Table 1.

ϑ'	δ	ϕ	θ
1	9	10	.9
5	38	42	.89
10	51	61	.88
20	55	75	.85

$\lambda' = 8.4$; $\lambda_s = 1.75$; $\lambda_a = 4.8$

The subsidiary condition

$$\theta = \cos\vartheta - \sin\vartheta \cdot ctg\phi \cong 1 \qquad [22]$$

is simultaneously satisfied within the limits of this approximation as demonstrated in the fourth column of table 1.

Most important of all, the density distribution functions of the highly stretched samples agree with those calculated with the aid of equation [19]. This is a remarkable achievement, particularly in view of the apparent complexity of the crystal network in partially crystallized polymer samples. *The affine transformation* of the super-network is made possible because of the "total aligning of the c-axes" in the direction of the chain vector mainly due to the melting and recrystallization at very high deformations. The aligning effect is related to the necessary "dilatation of the chain vector" compared with its original length (see fig. 21).

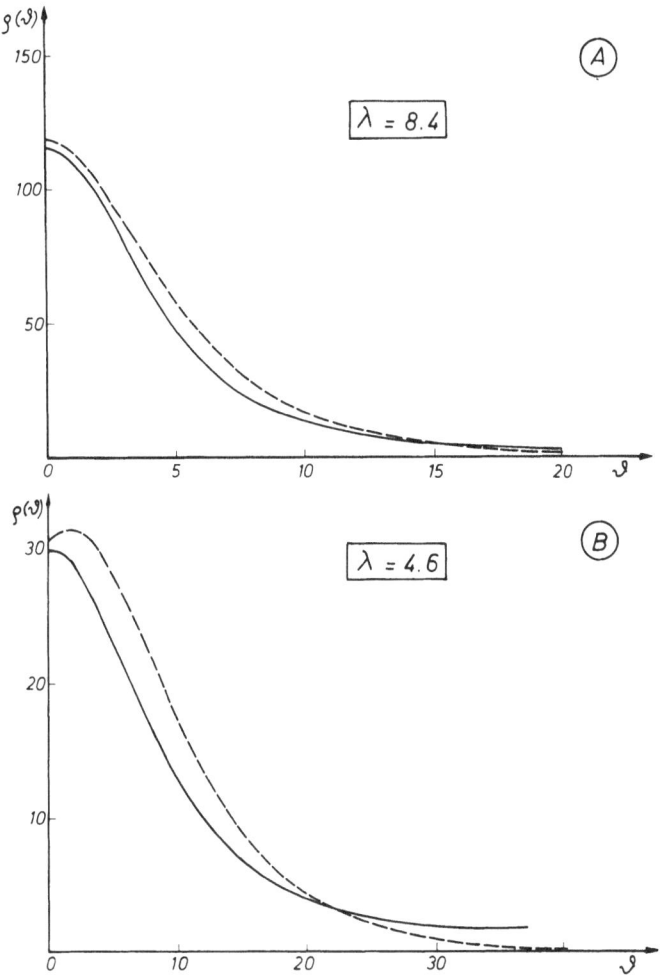

Fig. 22. Comparison between theoretical and experiments orientation density-functions (dashed and solid curves resp.) of A high-density and B low-density polyethylene for distinct states of deformation $\lambda > \lambda_s$

3.5 Summary

We summarize now the substantial features of the response of partially crystallized polymer samples to quasi-static uniaxial deformations at temperatures below the maximum melting temperature of isotropic systems. The following classification can be developed:

a) At extremely low degrees of deformation the low-frequency response appears mainly to be related to the properties of the non-crystalline layers within the clusters which seem to represent the subsystems being subjected to the substantial boundary conditions for macroscopic coherence of the sample.

b) Considering the intermediate range $1 < \lambda \leqslant \lambda_s = 2$ the deformation processes seem to be governed by solid state deformation processes employing shear processes of fibrils which are

developed during the stretching. Essentials of the density function $\varrho(\vartheta, \lambda)$ can be understood with the aid of the simple transformation equation [3] by the definition of which the microscopic crystallographic shear processes are uniquely related to the macroscopic parameter λ (condition of partial affinity).

c) At very high deformations, the super-network developed from the original cluster structures becomes more and more important because of local deformation-induced melting followed by subsequent recrystallization. This gives allowance for the affine transformation of the crosslinks of the super-network on the basis of the orientation state $\varrho_s(\vartheta, \lambda_s)$ which has been established by appropriate shear processes of the stacks for deformations in the range $1 < \lambda \leqslant \lambda_s$.

The above concepts are likely to be a valid description for the deformation of crystal networks at temperatures below the melting temperature of undeformed isotropic partially crystallized polymer systems. The theoretical consideration reveals a general mathematical form of the orientation-strain relationship to a first approximation even under large deformations. There is need for paying attention to the stress-strain relationships to achieve further progress in the understanding of the physics of deformation in partially crystallized polymer systems.

4. Shrinkage of uniaxially-stretched polyethylene

If uniaxially deformed samples of polyethylene are unloaded and subjected to an appropriate heat treatment it has been verified that the isotropic state of the sample with the original macroscopic dimensions can easily be restored (37–39). *Thus, there is no doubt on the existence of a molecular crystal network.* The question arises if we arrive at similar fundamental ideas developed in the preceding sections when describing shrinking experiments (45, 46).

4.1 Samples with $\lambda < \lambda_s$

The uniaxially deformed samples have been heated for 24 hours to various temperatures. Lowering the temperature to room temperature the characterization of the orientation has been performed by means of X-ray measurements. The characterization of the extension will be done by using the residual deformation λ_r not taking into consideration complications which might be expected for the smallest values of λ_r. Experimental results are represented in figure 25.

Success has been achieved in computing results in the following manner: The intrinsic shear processes within the stacks should obey the transformation [3]. The sliding steps Δ^* in direction of the c-axes (the chain axes) can be described then by the simple relation

$$\Delta^* = q \cdot \{(\tan\vartheta')^{-1} - (\tan\vartheta)^{-1}\} \qquad [22]$$

which can be cast in the following form when relation [3] is taken into account

$$\Delta^* = q \cdot \{(\tan\vartheta')^{-1} - (1 - \lambda^2 \cdot \sin^2\vartheta')^{\frac{1}{2}}/\lambda \cdot \sin\vartheta'\} . \qquad [23]$$

In order to relate these translational steps to the macroscopic extension parameter λ the average size Δ

$$\Delta = \langle \Delta^*/q \rangle = \int_c^{\delta'} (\Delta^*/q)\sin\vartheta \, d\vartheta / \int_c^{\delta'} \sin\vartheta \, d\vartheta \qquad [24]$$

is required.

Δ has been computed to be of the simple form provided that very small λ_r are not taken into consideration

$$\Delta \cong a \cdot \lambda_r - b . \qquad [25]$$

Making an estimate which is as simple as possible we assume that the free enthalpy of a single crystal block g^b is given by

$$g^b = (\beta/q) \cdot \{\Delta \cdot g^* - (y_c - \Delta) \cdot g^c\} ; \beta = \text{const.} \qquad [26]$$

g^* = free enthalpy of the chain unit in the lateral surfaces being in contact with the melt
g^c = free enthalpy of the chain unit in the crystal lattice
y_c = average thickness of crystals.

The contribution of the super-network g^n to the total free enthalpy is taken to be equal to (40)

$$g^n(\lambda) = \alpha \cdot T \cdot (\lambda_r^2 + 2/\lambda_r - 3) . \qquad [27]$$

In fitting a single parameter, the slope of the experimental curves in figure 23 can be computed very easily asking for the minimum free enthalpy for each extension ratio λ. From these results as well as from the comparison of the orientation parameter $f_i(\lambda)$ in figure 24 we infer that

1) *the orientation-strain relations are maintained to the major part within the medium range of extensions being reversible to the integral part,*

2) the crystallographic sliding processes are inhibited at room temperature preserving the orientation. *Orientation relaxation must, therefore, be thermally activated involving a defined increase of the conformational entropy of the super-network,*

3) the relaxation of the sample occurs stepwise according to its molecular origin: *Each relaxational step reduces the lateral surfaces of the crystal blocks raising simultaneously the activation*

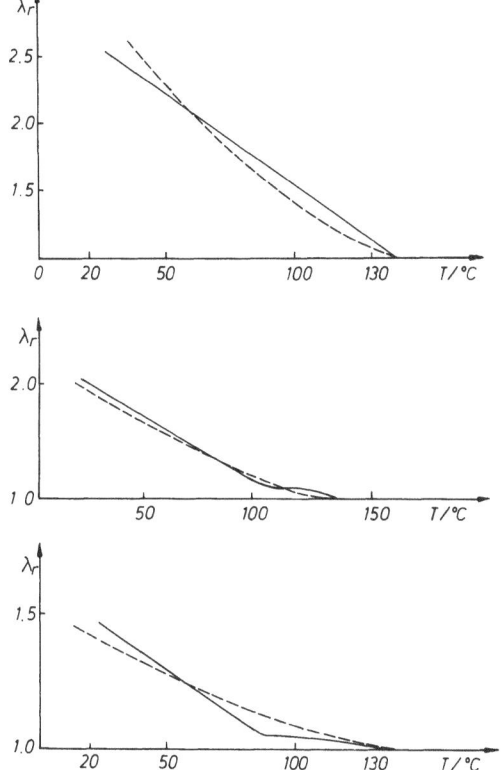

Fig. 23. Plot of the residual strains λ_r of uniaxial stretched linear polyethylene against the temperature T at which the samples have been heated for 24 hours. Calculations employing the equations developed in the text are represented by broken lines (46)

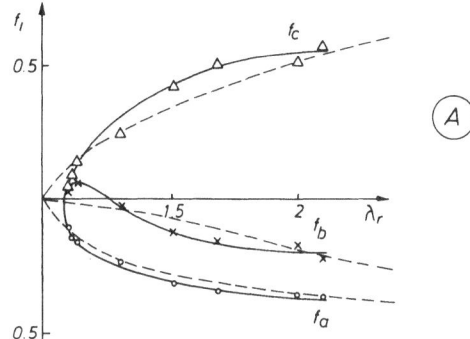

Fig. 24 A. Orientation parameter f_i of high density polyethylene as a function of the residual λ_r. The corresponding values of $f_i(\lambda)$ for the deformation process are shown by dashed curves. The sample has an initial draw ratio of $\lambda = 2.1$ (46)

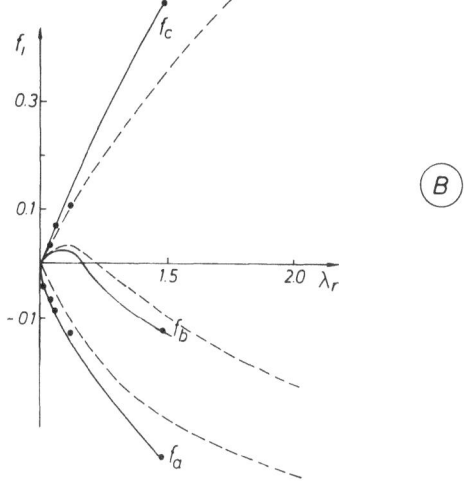

Fig. 24 B. Orientation parameter f_i of low density polyethylene as a function of λ_r. Corresponding $f_i(\lambda)$ for the deformation process are given by the broken lines. The sample has an initial draw ratio of $\lambda = 2.0$ (45)

energy so that additional heating is necessary to stimulate further relaxation steps.

It should be noted, therefore, that the various orientation states imposed on the partially crystallized polymer systems by means of external forces of appropriate magnitude reveal to be blocked so long as appropriate stress-controlled sliding processes cannot be activated. If internal forces originating from the existence of the crystal network are, on the other hand, in the same order of magnitude as the components of the external forces needed to release the sliding processes during the deformation the assumption is correct that the same crystallographic mechanism will be employed in both these processes, the deformation and the shrinking.

4.2 Shrinkage of highly oriented samples ($\lambda > \lambda_s$)

If the residual extension ratio λ_r of high density polyethylene samples is plotted over T,

the temperature of the heat treatment, we learn from figure 25 that the behaviour is substantially changed for highly oriented samples with $\lambda_r > \lambda_s$ (41–43). The influence of melting processes is in evidence from the comparison of the normalized $\lambda(T)$ curves with the dependence of the degree of crystallinity of isotropic samples as shown in figure 26. Appreciable deviations appear for $\lambda_r < \lambda_s$. The same characteristics will be observed for low-density polyethylene (see fig. 27). We would like to come to the following conclusions:

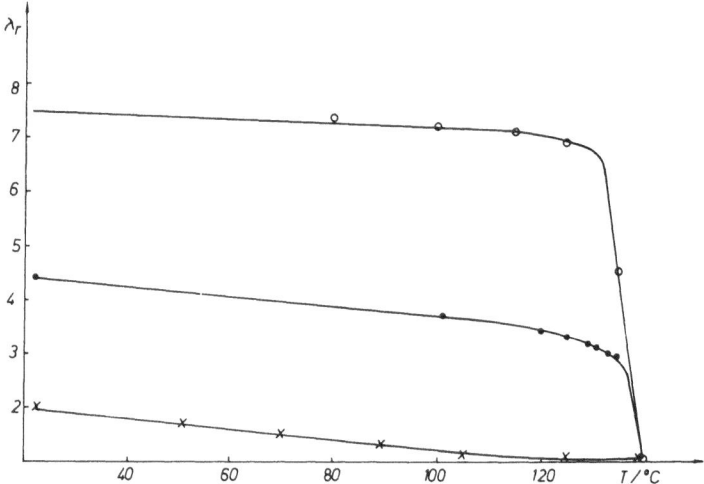

Fig. 25. Plot of the residual strains λ_r for samples of linear polyethylene being heated for 24 hours at the temperature T indicated with the abcissa (46)

When recasting of the crystals during the deformation processes occurs for $\lambda > \lambda_s$, blocked oriented states will be originated the blockings of which can only be solved by local melting of crystals or total stacks of crystals.

If this hypothesis is true the recrystallization occurring during the shrinking processes might be expected to run a different way compared with the deformation of the sample. This hypothesis arises from the fact that the distribution of stress should be different in both cases. This must, indeed, be concluded from special behaviour of the orientation parameter $f_i(\lambda_r)$: Due to oriented recrystallization, $f_b(\lambda_r)$ is found to be approximately constant down to very small λ_r in contrast to $f_a(\lambda_r)$ which approaches the same value as the c-axes parameter $f_c(\lambda_r)$ originated by the growth of a twisted lamella with rotational sites of the crystals along the b-axes direction. This orientation pattern drawn out in figure 28 is substantially different in comparison with those

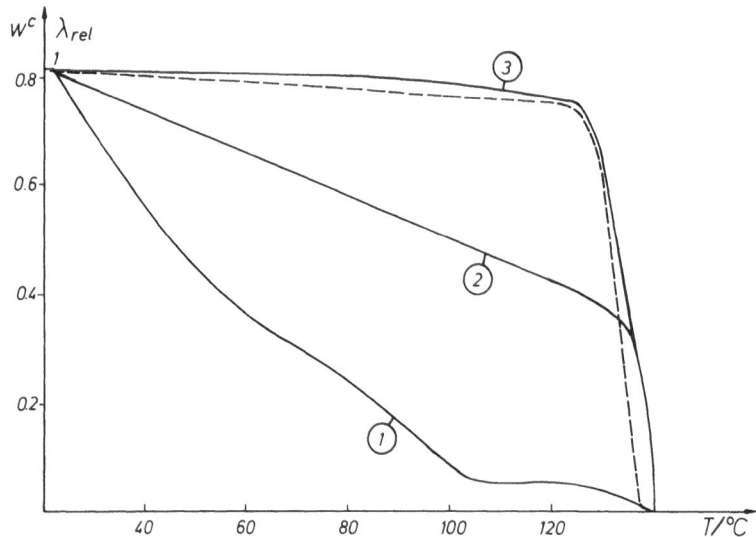

Fig. 26. Plot of the reduced residual strains $\lambda_{\mathrm{rel}} = w_{\max}^c \, \lambda_r / \lambda_r(20 \, °\mathrm{C})$ against the annealing temperature T for uniaxial stretched high density polyethylene. The dependence of the degree of crystallinity on the temperature for isotropic samples is shown by the dashed curve

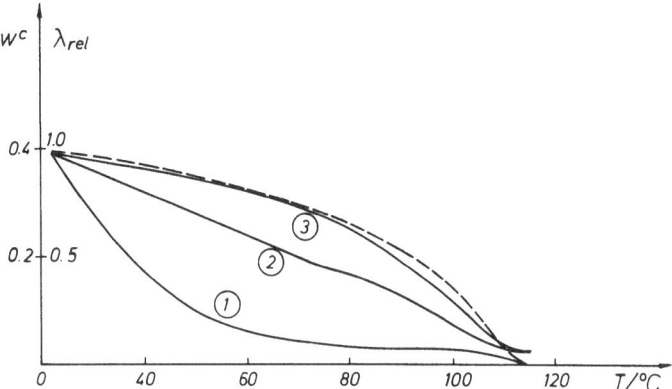

Fig. 27. Plot of the reduced residual strains $\lambda_{\mathrm{rel}} = w^c_{\max} \, \lambda_r / \lambda_r(20 \,°C)$ against the annealing temperature T for uniaxial stretched low-density polyethylene. The dependence of the degree of crystallinity on the temperature for isotropic samples is represented by the dashed curve

states observed during the deformation (fig. 6). On the other hand, figure 29 where the long period $d(\lambda_r)$ (obtained from SAXS-measurements) is plotted shows that $d(\lambda_r)$ is increased due to recasting of crystals within approximately the same range of residual deformations as observed for the deformation process.

Therefore, we arrive at the following conclusions:

1) *For high-density polyethylene recasting of crystals occurs in a defined range of elongation ($\lambda_r > 2$) indicating that here the same mechanism should be employed for deformation and shrinking.*

2) A subsidiary condition is that a fraction of all the existing crystals should melt only to

ensure the existence of the crystal network at any time.

Thus, the substantial understanding of the shrinking is based ultimately on the existence of the super-network due to the crosslinking crystals. It is experienced that inspite of local melting of crystals and the corresponding changes of the network, the restoration of the macroscopic shape of the sample can be made possible. By far the most important process for the restoration of highly stretched samples is the local melting and recrystallization regulating the temperature dependence of the shrinking. It need hardly be stated that upon these processes the orientation pattern of shrinked samples is made different when compared with stretched samples having the same λ (see fig. 28).

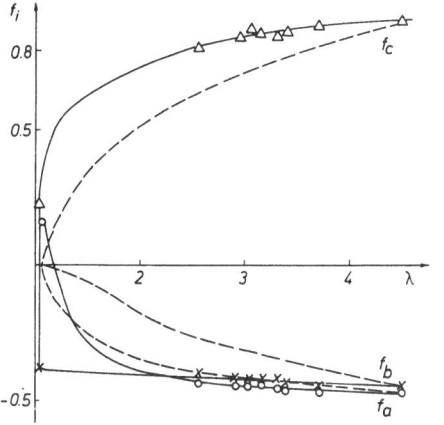

Fig. 28. Plot of the orientation parameter f_i of the crystals of linear polyethylene for uniaxial deformation (broken lines) and for the shrinking process (solid lines)

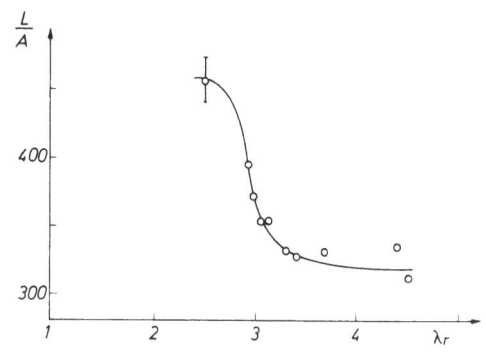

Fig. 29. Plot of the X-Ray-long periods of uniaxial oriented linear polyethylene (HDPE) against the residual strain (46)

5. Conclusive remarks

The experimental investigations on uniaxially deformed partially crystallized polymer systems reported above substantiate the assumption that a crystal-network is formed by multifunctional cross-linking established by the crystals themselves on account of "tie-molecules".

Within the regions of extremely small strains a complete description of the quasi-static Young's-moduli can be achieved for copolymers the microstructure of which is fairly good characterized. *Taking into account the essential properties of the micro-structure by "additional internal parameter" an equation of deformed states having restricted validity can be formulated.* The crystal network is assumed to be represented by a cluster ensemble. The crystals are taken to be solid fillers within the super-network the properties of which can be computed applicating the theory of rubber-elasticity. If the micro-structure is proven to be an equilibrium property of the partially crystallized copolymer systems so that the additional internal parameter of the equation of state are defined functions of the variables an unique description may be established. When folded chain crystallization occurs the microstructure is determined by the crystallization kinetics (44).

Substantial modifications of the microstructure have been observed in the "quasi-reversible" range of strains $1 < \lambda \leqslant \lambda_s$. *Reversibility is obtained just for the orientation-strain-relations because annealing is needed for activating the appropriate crystallographic processes.* Solid state processes as twinning and shear-processes occur changing the lateral dimensions of the crystals. The original cluster ensemble is continuously transferred to a microstructure which contains an increasing part of fibrils. *It was found that integral parts of the orientation-strain relations can be computed from a general shear model that is characterized by the condition of partial affinity.* Utilizing a more expanded formalism as employed in section 4.1) an appropriate description of the total deformation may be achieved if the crystallographic processes can be quantitatively be treated and if the modifications of the micro-structure themselves are definitely related to the condition of partial affinity.

It is interesting to note that the characteristics of the orientation-strain relations allow for a distinction of the various ranges of deformation involved if the experimental orientation parameter will be related to the appropriate values of the affine transformation (see fig. 30). *When the crystallographic processes of deformation are bailed out partial melting of crystallites and subsequent recrystallization must be employed from the requirements of the coherence of the macroscopic sample.* Due to partial melting of appropriate fractions of crystals only a crystal network will still be maintained regulating the oriented recrystallization afterwards. *Due to these processes the crystallographic character of the partial affinity condition in the range $1 < \lambda \leqslant \lambda_s$ should continuously be abolished and the orientation-strain relation should be asymptotic to an affine transformation.* In accord with this consideration, it was shown that the total orientation density distribution of the c-axis in the crystals as well as the appropriate function of the corresponding axis of the segments in the non-crystallized regions can quantitatively be computed (see section 3.1.5 and 3.4). The micro-structure developed by recrystallization is related to the kinetic conditions as far as the parameter of crystals size are concerned. It would be substantially interesting to prove how far the orientation-strain relation is affected when the kinetical conditions will be changed for example manipulated by systematic alteration of the temperature at which the deformation will be performed.

The complicated orientation states being observed for the shrinkage processes of linear polyethylene seem to indicate that a simple and unique orientation-strain relation cannot be established for the de-

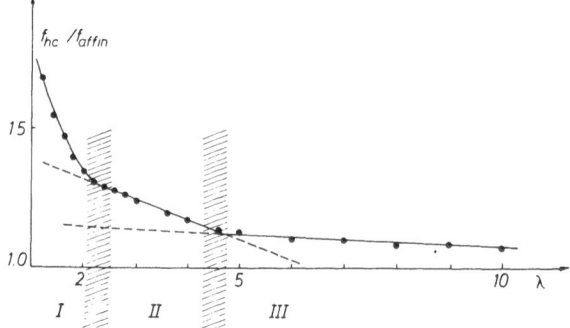

Fig. 30. Plot of the ratio of the orientation parameter for the chain direction determined from the anisotropy of heat conduction f_{hc} and the orientation parameter of the affine orientation schema. (The points are not measured values but come from the best fit curve to the values of fig. 19)

scription of the deformation cycle of uniaxial stretched samples. The completion of the description is prevented by the limited knowledge of the shrinking process representing an irreversible process in a polymer system with a heterogeneous structure, the micro-structure, which is continuously changed by partial melting and subsequent recrystallization within an oriented system.

Summary

When treated with adequate abstraction simple principles can be developed for a quantitative characterization of oriented states in unaxially deformed partially crystallized polymer systems dependent on the macroscopic draw ratio. Whatever suggestion of the microscopic processes are made, some general regularities of the orientation-strain relation can be referred to essential properties of the micro-structure in partially-crystallized systems. It can be demonstrated that when an explanation of the orientation-strain relations will be formulated the crystal network model is good for any general understanding of the deformation and the shrinking processes in partially crystallized polymer systems.

Zusammenfassung

Bei adäquater Abstraktion können einfache Funktionsprinzipien für die uniaxiale Deformation in teilweise kristallisierten Systemen angegeben werden, die eine verhältnismäßig weitgehende Beschreibung der Orientierungszustände abhängig vom makroskopischen Verstreckverhältnis erlauben. Es wird gezeigt, daß kristallographisch bedingte Deformationsprozesse bestimmend auftreten und daß das Modell eines Kristallnetzwerks zur durchgehenden Charakterisierung der typischen Mechanismen von Deformation und Schrumpfung unter Einschluß von partiellen „Deformations-Schmelzen" und Rekristallisieren nützlich ist.

References

1) *Jackson, J. B., P. J. Flory, R. Chiang, M. Richardson*, Polymer **4**, 237 (1963).

2) *Richardson, M., P. J. Flory, J. B. Jackson*, Polymer **4**, 221 (1963).

3) *Krigbaum, W. R., R. J. Roe, K. J. Smith*, Polymer **5**, 533 (1964).

4a) *Hosemann, R.*, J. Appl. Phys. **34**, 25 (1963).

4b) *Hosemann, R.*, Chemie-Ing.-Techn. **42**, 1325 (1970).

4c) *Hosemann, R., J. Loboda-Čačković, H. Čačković*, Z. Naturforschg. **27a**, 478 (1972).

4d) *Hosemann, R., J. Loboda-Čačković, H. Čačković*, Rheol. Acta,

5) *Peterlin, A.*, J. Mater. Sci. **6**, 490 (1971).

6) *Zhurkov, S. N., A. E. Slutsker, A. A. Yastrebinskii*, Sov. Phys. Solid St. **6**, 2881 (1965).

7) *Keller, A., D. P. Pope*, J. Mater. Sci. **6**, 453 (1971).

8) *Cowking, A.*, J. Mater. Sci. **10**, 1751 (1975).

9) *Bowden, P. B., R. J. Young*, J. Mater. Sci. **9**, 2034 (1974).

10) *Matsuo, M., H. Hattori* et al., J. Polymer Sci., Phys. Ed. **14**, 223 (1976).

11) *Kuhn, W., F. Grün*, Kolloid-Z. **101**, 3 (1942); s. a. *F. H. Müller*, Kolloid-Z. **95**, 138, 306 (1941).

12) *Stein, R. S.*, J. Polymer Sci. **34**, 709 (1959).

13) *Kilian, H. G., W. Wenig*, J. Macromol. Sci.-Phys. **B9**, 463 (1974).

14) *Kilian, H. G., D. Klattenhoff*, to be published.

15) *Heise, B.*, to be published.

16) *Gupta, V. B., I. M. Ward*, J. Macromol. Sci.-Phys. **B4**, 453 (1970).

17) *Oda, T., S. Nomura, H. Kawai*, J. Polymer Sci. A2 **3**, 1993 (1965).

18) *Martis, K. W., W. Wilke*, Colloid & Polymer Sci., in print.

19) *Glenz, W., A. Peterlin, W. Wilke*, J. Polymer Sci. A2 **9**, 1243 (1971).

20) *Höhne, G.*, Microsymposium Kalorimetrie (Ulm 1975).

21) *Shinozaki, D. M., G. W. Groves*, J. Mater. Sci. **8**, 1012 (1973).

22) *Young, R. J., P. B. Bodwen, F. Ritchie, J. G. Rider*, J. Mater. Sci. **8**, 23 (1973).

23) *Hinton, T., J. G. Rider, L. A. Simpson*, J. Mater. Sci. **9**, 1331 (1974).

24) *Hellmuth, W., H. G. Kilian, F. H. Müller*, Kolloid-Z. **218**, 10 (1967).

25) *Pietralla, M.*, Colloid & Polymer Sci. **254**, 249 (1976).

26) *Bevis, M., E. B. Crellin*, Polymer **12**, 666 (1971).

27) *Frank, F. C., A. Keller, A. O'Connor*, Phil. Mag. **3**, 64 (1958).

28) *Peterlin, A.*, J. Polymer Sci. **C15**, 427 (1966).

29) *Peterlin, A.*, J. Polymer Sci. **C18**, 123 (1967).

30) *Budo, A.*, Theoretische Mechanik (Berlin 1969). D-7900 Ulm

31) *Kilian, H. G., M. Pietralla*, to be published.

32a) *Meinel, G., N. Morosoff, A. Peterlin*, J. Polymer Sci. A2 **8**, 1723 (1970).

32b) *Baltá-Calleja, F. J., A. Peterlin*, J. Macromol. Sci.-Phys. B4 **3**, 519 (1970).

33) *Ward, I. M.*, Mechanical Properties of Solid Polymers (London 1971).

34) *Kilian, H. G.*, Progr. Colloid & Polymer Sci. **58**, 53 (1975).

35) *Volkenstein, M. V.*, J. Polymer Sci. **29**, 441 (1958).

36) *Baltá-Calleja, F. J., A. Peterlin*, J. Macromol. Sci.-Phys. **B4**, 519 (1970).

37) *Buckser, S., L. H. Tung*, J. Phys. Chem. **63**, 763 (1958).

38) *Shinozaki, D. M., G. W. Groves*, J. Mater. Sci. **8**, 1012 (1973).

39) *Hosemann, R.*, Polymer **17**, 309 (1976).

40) *Treloar, L. R. G.*, The Physics of Rubber Elasticity (Oxford 1958).

41) *Peterlin, A., K. Sakaoku*, J. Appl. Phys. **38**, 4152 (1967).

42) *Fischer, E. W., H. Goddar*, J. Polymer Sci. **C16**, 4405 (1967).

43) *Loboda-Cackovic, J., R. Hosemann, W. Wilke,* Kolloid-Z. u. Z. Polymere **235**, 1162 (1969).

44) *Wunderlich, B.,* Macromolecular Physics, Vol. I (New York–London 1973).

45) *Roth, H.,* Diplomarbeit Ulm (1975).

46) *Gürtler, R.,* Diplomarbeit Ulm (1976).

Authors' address:

B. Heise, H. G. Kilian, and *M. Pietralla*
Abteilung für Experimentelle Physik I
der Universität Ulm
Oberer Eselsberg
D-7900 Ulm (Germany)

Progr. Colloid & Polymer Sci. **62**, 37–43 (1977)
© 1977 Dr. Dietrich Steinkopff Verlag GmbH & Co. KG, Darmstadt
ISSN 0340-255 X

Vorgetragen auf der Frühjahrstagung des Fachausschusses Physik
der Hochpolymeren in der Deutschen Physikalischen Gesellschaft
in Bad Nauheim vom 29. März bis 2. April 1976

Institut für Physikalische Chemie der Universität Mainz und Sonderforschungsbereich 41, Mainz/Darmstadt, Mainz

Untersuchungen zur Struktur der Paraffinschmelzen mit Hilfe der depolarisierten Lichtstreuung

M. Dettenmaier, S. Fischer und *E. W. Fischer*

Mit 7 Abbildungen und 2 Tabellen

(Eingegangen am 10. August 1976)

1. Einleitung

Zur Beschreibung der Struktur von Polymerschmelzen und Gläsern wurden verschiedene Modelle entwickelt, die sich in die Kategorien Knäuelmodell und Bündelmodelle einteilen lassen. Das von *P. J. Flory* (1) postulierte Knäuelmodell zeichnet sich dadurch aus, daß die Orientierungskorrelation der Kettensegmente ausschließlich intramolekularer Art ist und demzufolge mit dem Rotationsisomeren-Modell berechnet werden kann. Demgegenüber tritt in den Bündelmodellen (2, 3) zusätzlich eine starke intermolekulare Orientierungskorrelation auf.

Von besonderem Interesse ist die Struktur der Polyäthylenschmelze. *E. W. Fischer* et al. (4) und *J. Schelten* et al. (5) untersuchten die Konformation der Polyäthylenmoleküle in der Schmelze mit Hilfe der Neutronenkleinwinkelstreuung. Ihre Ergebnisse stehen in sehr guter Übereinstimmung mit dem Knäuelmodell (6).

Die depolarisierte Lichtstreuung stellt eine Untersuchungsmethode dar, die wertvolle zusätzliche Informationen liefert, da sie im Gegensatz zur Neutronenkleinwinkelstreuung auch den intermolekularen Anteil der Orientierungskorrelation erfaßt. Die Untersuchung der Polyäthylenschmelze ist jedoch mit experimentellen Schwierigkeiten verbunden. Man greift daher auf die leichter zu handhabenden Paraffine zurück und betrachtet ihr Streuverhalten in Abhängigkeit von der Kettenlänge. Andererseits sind die Paraffine aber auch vom Standpunkt der niedermolekularen Flüssigkeiten interessant, deren Struktur und Dynamik

in zahlreichen Arbeiten (7, 8) behandelt wurden.

P. Bothorel und *G. Fourche* (9, 10) sowie *G. D. Patterson* und *P. J. Flory* (11) führten Lichtstreumessungen an Paraffinschmelzen durch, kamen aber im wesentlichen auf Grund einer unterschiedlichen Behandlung der inelastischen Streuanteile zu verschiedenen Ergebnissen. Übereinstimmend fanden sie jedoch, daß die Segmente der Paraffinmoleküle in der Schmelze stärker als in einer verdünnten Lösung miteinander korreliert sind.

Die grundlegende Bedeutung der Paraffine als Bindeglied zwischen nieder- und makromolekularen Schmelzen sowie die in den oben zitierten Lichtstreuarbeiten aufgetretenen strittigen Punkte haben uns veranlaßt, diese Systeme zu untersuchen. Wir beschränkten uns dabei nicht nur auf die Methoden der elastischen Lichtstreuung, sondern versuchten, die im Gesamtspektrum enthaltenen inelastischen Streukomponenten näher zu charakterisieren.

2. Theorie

Die spektrale Zerlegung der depolarisierten Lichtstreuung einer Flüssigkeit aus anisotropen Molekülen zeigt, daß mehrere Komponenten auftreten, die unterschiedlichen Bewegungsmechanismen der Moleküle zugeordnet werden können (12). Neben der zentralen Rayleighkomponente im Bereich $0-5$ cm^{-1} tritt ein sogenannter Rayleigh-wing auf, der in das Ramanspektrum übergeht.

Zunächst wollen wir näher auf die Rayleighkomponente eingehen. Ihre Halbwertsbreite

wird durch die für die Umorientierung der
Moleküle benötigte Relaxationszeit bestimmt.
Integration der Rayleighkomponente über alle
Frequenzen liefert eine im folgenden mit H_v
bezeichnete Größe, die nach der Theorie der
elastischen Lichtstreuung durch die Anisotropie der Moleküle, ihre Orientierungskorrelation und durch das innere Feld bestimmt wird.
Nimmt man an, daß das innere Feld ein Lorentz-
Feld ist und die Orientierungskorrelation sich
über kleine Bereiche im Vergleich zur Lichtwellenlänge erstreckt, so ergibt sich für H_v:

$$H_v = \frac{16\pi^4}{15} \frac{1}{\lambda_0^4} \left(\frac{n^2+2}{3}\right)^2 N_{cm^3} \delta^2 . \qquad [1]$$

λ_0 ist die Lichtwellenlänge im Vakuum, n der
Brechungsindex der Probe und N_{cm^3} die Anzahl der
Moleküle pro cm^3. δ bezeichnet die effektive
Anisotropie, die nur dann mit der Anisotropie
$\delta_0 = \frac{1}{\sqrt{2}} [(\alpha_1 - \alpha_2)^2 + (\alpha_2 - \alpha_3)^2 + (\alpha_3 - \alpha_1)^2]^{\frac{1}{2}}$ eines
isolierten Moleküls übereinstimmt, wenn keine
Orientierungskorrelation besteht. α_1, α_2 und α_3 geben
die Polarisierbarkeiten in Richtung der optischen
Hauptachsen an.

Können von den Molekülen, wie es bei den
Paraffinen der Fall ist, mehrere Konformati-
onen angenommen werden, so stellen δ_0^2 und δ^2
die über alle Konformationen genommenen
Mittelwerte $\langle \delta_0^2 \rangle_K$ und $\langle \delta^2 \rangle_K$ dar. Das Ver-
hältnis $p = \frac{\delta^2}{\delta_0^2}$ ist ein Maß für den Grad der
Orientierungskorrelation. Es wächst mit zu-
nehmender Parallelisierung der Moleküle.
In mehreren Arbeiten (13–17) wurde der
Zusammenhang zwischen δ^2, δ_0^2 und der
Orientierungskorrelationsfunktion untersucht.
Er ist im allgemeinen relativ kompliziert, unter
gewissen Voraussetzungen läßt sich jedoch
eine einfache Beziehung zwischen diesen
Größen angeben (18).

Wir wenden uns nun der depolarisierten
Lichtstreuung im Raleigh-wing zu, die speziellen Translationsbewegungen der Moleküle
zugeschrieben werden kann. Über die Art der
sich dabei abspielenden Prozesse herrscht noch
keine vollständige Klarheit. Oft kann man die
Streuung in zwei Komponenten zerlegen, die
sich in folgender Weise deuten lassen (12,
19–21): Im Bereich großer Frequenzver-
schiebungen ($\bar{\nu} \approx 100 \ cm^{-1}$) erhält man einen
Beitrag, der durch die Deformation des
Molekülgerüsts während des Stoßprozesses

zustande kommt. Diese Deformation und die
damit verbundene momentane Anisotropie
der Moleküle bewirkt, daß auch Flüssigkeiten
aus isotropen Molekülen wie z. B. Tetrachlorkohlenstoff depolarisiert streuen. Die Frequenz-
abhängigkeit der Streuung läßt sich unter der
Annahme von binären Stößen für $\omega > \omega_I$
nach *J. A. Bucaro* und *T. A. Litoviz* (19) durch
eine Funktion der Form

$$\tilde{H}_v^I \propto \omega^{\frac{12}{7}} e^{-\frac{\omega}{\omega_I}} \qquad [2]$$

beschreiben. Die noch nicht über das Frequenz-
spektrum integrierten Streukomponenten
wollen wir mit einer Schlange kennzeichnen.
$\tau_I = (\omega_I)^{-1}$ ist ein Maß für die Dauer des
Stoßprozesses. Es ist zu beachten, daß H_v^I
nicht durch Integration der durch Gl. [2]
gegebenen Funktion erhalten werden kann,
da diese für $\omega < \omega_I$ einen unrealistischen
Verlauf nimmt. Im Bereich kleiner Frequenzverschiebungen ist $\tilde{H}_v^I$ vielfach eine Lorentz-
kurve $\tilde{H}_v^{II}$ überlagert. Wie *J. C. Courtenay
Lewis* und *J. Van Kranendonk* (22) zeigten,
ergibt sie sich aus der Korrelation aufein-
anderfolgender Stöße.

Die mit einer konventionellen, nicht fre-
quenzauflösenden Lichtstreuapparatur gemessene depolarisierte Streuung H_v^G umfaßt alle
hier diskutierten Komponenten einschließlich
der Ramanstreuung H_v^{III}, d.h.

$$H_v^G = H_v^I + H_v^{II} + H_v^{III} + H_v . \qquad [3]$$

Bei Flüssigkeiten wie den Paraffinschmelzen,
die nur aus schwach anisotropen Molekülen
bestehen, bilden die ersten drei Terme einen
wesentlichen Beitrag zur Gesamtstreuung.
Dieser Anteil muß, wie bereits *Flory* erkannte,
von H_v^G abgezogen werden, wenn man mit
Hilfe von Gl. [1] eine Aussage über die
Orientierungskorrelation der Moleküle machen
will. H_v^{I-III} können durch eine spektrale
Zerlegung der Streuung mittels eines Ramanspektrometers bestimmt werden.

3. Experimentelles

Die integralen Intensitäten H_v^G wurden mit einer
konventionellen Laser-Lichtstreuapparatur bei der
Wellenlänge 6328 Å gemessen. Die depolarisierte
Lichtstreuung der Paraffinschmelzen ist sehr klein,

so daß hohe Anforderungen an die Empfindlichkeit der Meßapparatur und an die Sauberkeit der Proben gestellt werden mußten. Das gestreute modulierte Licht wurde mit einem an einen Lock-in-Verstärker angeschlossenen Photomultiplier registriert. Die Proben befanden sich in zylindrischen, thermostatisierten Lichtstreuküvetten mit einem Durchmesser von 35 mm. Weitere Einzelheiten der Apparatur können einer früheren Arbeit (23) entnommen werden.

Die Messungen wurden auf Toluol als Streustandard bezogen. Für Hexan erhielten wir einen Wert $H_v^G = 1,88 \cdot 10^{-7}$ cm⁻¹, der recht gut mit dem von *P. J. Flory* et al. (11) angegebenen Wert $H_v^G = 1,8 \cdot 10^{-7}$ cm⁻¹ übereinstimmt. Bei der Auswertung der Meßwerte wurde die Temperaturabhängigkeit des Brechungsindexes und der Dichte berücksichtigt. Der Meßfehler lag bei 3%. Bei den höheren Paraffinen muß auf Grund von Verunreinigungen, die durch die weiter unten beschriebenen Methoden nicht vollständig beseitigt werden konnten, mit einem größeren Fehler gerechnet werden.

Die spektrale Zerlegung der Streuung erfolgte mit dem Laser-Ramanspektrometer LRT 800 der Firma Coderg. Das Licht des Primärstrahls hatte eine Wellenlänge von 5145 Å. Die verwendete Spaltbreite entsprach einer Auflösung von 1,6 cm⁻¹. Zur Eichung des Ramanspektrometers beschritten wir folgenden Weg: Es wurden die Komponenten $\widetilde{H}_v^{I-III}$ im Spektrum des CCl₄ bestimmt und integriert. Die Summe dieser drei in relativen Einheiten vorliegenden Werte wurde auf 6328 Å umgerechnet und der Gesamtstreuung H_v^G, gemessen mit der oben beschriebenen Lichtstreuapparatur, gleichgesetzt. Somit konnten die neben der zentralen Raleighkomponente H_v vorhandenen Anteile H_v^{I-III} in der depolarisierten Streuung der Paraffine in absoluten Einheiten angegeben und nach Gl. [3] von der Gesamtstreuung abgezogen werden. Das hier beschriebene Verfahren führt zu einem Meßfehler von ungefähr 10% in den inelastischen Streukomponenten H_v^{I-III}.

Es wurden zu den Untersuchungen folgende Proben verwendet: CCl₄, C₆H₁₄ (Merck), C₁₂H₂₆, C₁₆H₃₄, C₁₈H₃₈, C₂₄H₅₀ (Riedel de Haen) sowie C₂₀H₄₂, C₃₆H₇₄ (Fluka). CCl₄ und C₆H₁₄ wurden destilliert. Die Reinigung der höheren Paraffine erfolgte durch Zentrifugieren und Filtrieren durch Millipore-Filter mit einer Porengröße von 0,25 μ.

4. Meßergebnisse und Diskussion

4.1 Rayleigh-wing und Ramanstreuung

Abbildung 1 zeigt am Beispiel des C₁₆H₃₄, daß eine Zerlegung des Rayleigh-wings in die beiden Komponenten $\widetilde{H}_v^I$ und $\widetilde{H}_v^{II}$ möglich ist. Bei großen Frequenzverschiebungen erhält man den durch Gl. [2] beschriebenen Kurvenverlauf. Aus der Steigung der Geraden in Abbildung 2 ergibt sich die dem binären Stoßprozeß zugeordnete Relaxationszeit τ_I. Ihre Werte für CCl₄ und die Paraffinschmelzen

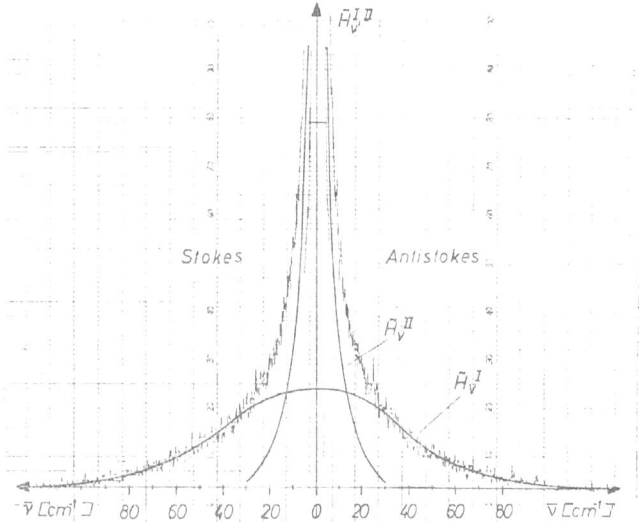

Abb. 1. Spektrale Zerlegung der stoßinduzierten Streuung des C₁₆H₃₄

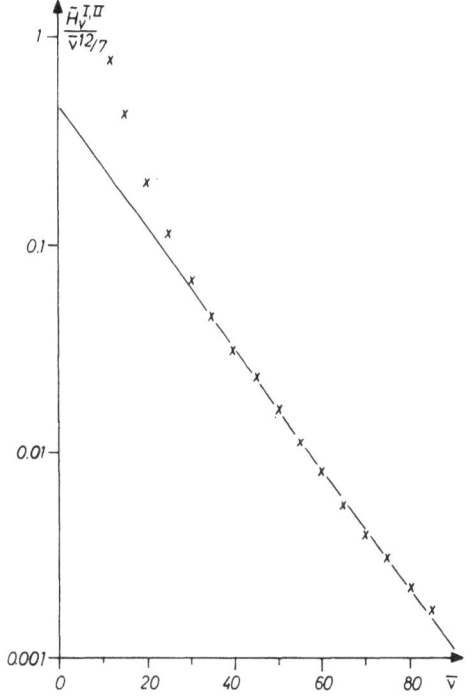

Abb. 2. Auftragung der stoßinduzierten Streuung des C₁₆H₃₄ nach Gl. [2]

sind in Tabelle 1 zusammengestellt. Ein Vergleich mit den Werten anderer Autoren zeigt recht gute Übereinstimmung. Innerhalb der Meßgenauigkeit konnte, was die Paraffine betrifft, keine Änderung von τ_I mit der Kettenlänge oder der Temperatur beobachtet

Tab. 1. Relaxationszeiten der binären (τ_I) und korrelierten (τ_{II}) Stöße für Tetrachlorkohlenstoff und Paraffinschmelzen

| $\tau_I \cdot 10^{13}$ [sec] | | $\tau_{II} \cdot 10^{13}$ [sec] | |
CCl$_4$	C$_n$H$_{2n+2}$	CCl$_4$	C$_n$H$_{2n+2}$
4,9	3,6	8,3	9,8
4,5[a])	3,1[a])	8,8[b])	

[a]) *V. Volterra* et al. (10), $n = 5$.
[b]) *H. E. Howard-Lock* et al. (18).

werden. Zur Abschätzung des integralen Wertes H_v^I extrapolierten wir in Abbildung 1 die für $\omega > \omega_I$ gefundene Kurve gegen $\omega = 0$. H_v^I nimmt mit der Temperatur zu (Abb. 3).

Trennt man $\tilde{H}_v^I$ vom Rayleigh-wing ab, so bleibt eine Lorentz-Kurve $\tilde{H}_v^{II}$ übrig. Aus der Breite der Lorentzlinie ergibt sich die Relaxationszeit τ_{II} für die Korrelation der Stöße. Ihre Werte werden ebenfalls in Tabelle 1 angeführt. τ_{II} zeigt ebenso wie τ_I innerhalb der Meßgenauigkeit und in dem von uns untersuchten Temperaturbereich keine Änderung mit der Kettenlänge der Paraffine oder der Temperatur. Die Fläche unter der Lorentzkurve (H_v^{II}) nimmt mit der Temperatur stärker zu als H_v^I (Abb. 3).

Durch Integration der Ramanlinien wurde schließlich die anteilmäßig geringste Komponente H_v^{III} bestimmt. Für alle Paraffine konnte unabhängig von der Meßtemperatur der Wert $H_v^{III} = 9,6 \cdot 10^{-9}$ cm^{-1} verwendet werden.

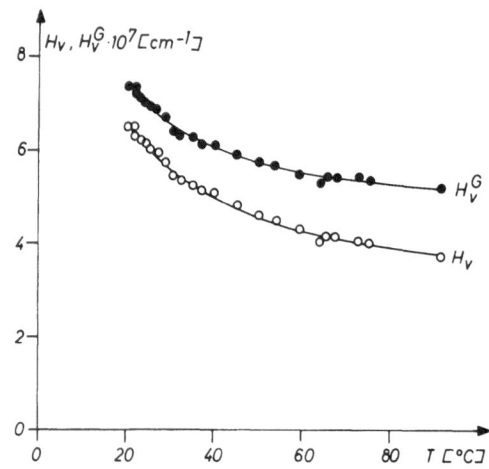

Abb. 4. Temperaturabhängigkeit der depolarisierten Streuung des C$_{16}$H$_{34}$ (H_v^G = Gesamtstreuung, H_v = zentrale Rayleighkomponente)

Um die zentrale Rayleighkomponente H_v zu erhalten, zogen wir gemäß Gl. [3] H_v^{I-III} von der mit Lichtstreuapparatur gemessenen Gesamtstreuung H_v^G ab. Abbildung 4 zeigt, daß sich H_v und H_v^G sowohl in der Höhe als auch in der Temperaturabhängigkeit wesentlich voneinander unterscheiden und somit nicht miteinander identifiziert werden dürfen, wie dies von *Bothorel* (9, 10) vorausgesetzt wurde.

4.2 Lösung von C$_{16}$H$_{34}$ in CCl$_4$

Die effektive Anisotropie δ eines Paraffinmoleküls in der Schmelze hängt sowohl von der intramolekularen als auch von der intermolekularen Orientierungskorrelation der Monomereinheiten ab. Um beide Anteile zu trennen, mißt man gewöhnlich die depolarisierte Streuung der Moleküle in verdünnter Lösung. Wählt man ein Lösungsmittel aus optisch isotropen Molekülen wie z. B. CCl$_4$, so ist zu erwarten, daß eine möglicherweise in der Schmelze vorhandene Orientierungskorrelation zwischen benachbarten Molekülen bei hoher Verdünnung verschwindet oder anders ausgedrückt: Die effektive Anisotropie δ, wie sie in der Schmelze vorliegt, geht mit zunehmender Verdünnung über in die Anisotropie δ_0 der isolierten Moleküle. Es ist jedoch zu beachten, daß dieses δ_0 nur dann mit dem der Schmelze übereinstimmt, wenn sich die Konformation der Paraffinmoleküle beim Übergang von der Schmelze zur verdünnten Lösung nicht ändert.

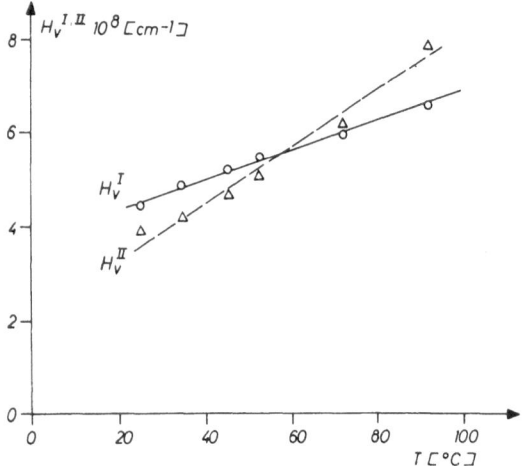

Abb. 3. Temperaturabhängigkeit der integralen Streuintensität durch binäre (H_v^I) und korrelierte (H_v^{II}) Stöße in C$_{16}$H$_{34}$

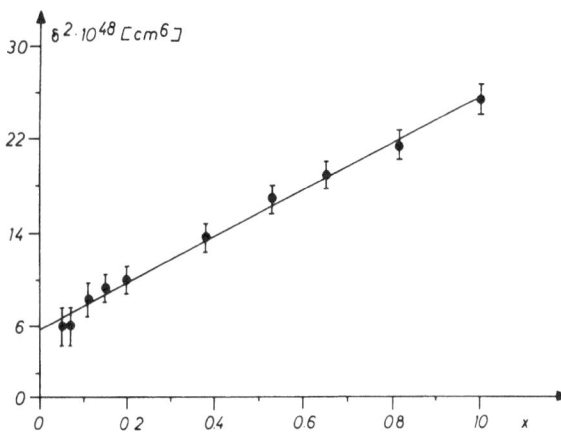

Abb. 5. Quadrat der effektiven Anisotropie δ^2 des $C_{16}H_{34}$ gelöst in CCl_4 (x = Molbruch)

Tab. 2. Orientierungskorrelation im $C_{16}H_{34}$ verglichen mit anderen Flüssigkeiten

	$H_v \cdot 10^6$ [cm^{-1}]	$\dfrac{\delta^2}{\delta_0^2}$
Benzol	4,57[+]	0,81
Toluol	6,09[+]	0,84
Schwefelkohlenstoff	33,2 [+]	1,27
Nitrobenzol	28 [+]	2,47
$n - C_{16}H_{34}$ (25 °C)	0,6	4,8
MBBA ($T^* + 2$ °C)	3000	140

[+] gemessen von *Comou* et al. (28) bei $\lambda_0 = 5460$ Å

δ^2 in Abhängigkeit von dem Molbruch x des gelösten Paraffins läßt sich nach Gl. [1] und [3] bestimmen, wenn man von der gemessenen Gesamtstreuung H_v^G der Lösung die inelastischen Streukomponenten abzieht. Abbildung 5 zeigt eine deutliche Abnahme der effektiven Anisotropie mit kleiner werdendem Molbruch. Wir können hieraus den Schluß ziehen, daß in der Schmelze eine stärkere Orientierungskorrelation als in der Lösung vorhanden ist. Nimmt man an, daß diese Erscheinung ausschließlich intermolekularer Art ist, so liefert das Verhältnis $p = \dfrac{\delta^2}{\delta_0^2}$ ein Maß für die Parallelisierung der Moleküle. δ_0^2 ergibt sich aus Abbildung 5 durch Extrapolation gegen $x = 0$. Hierzu setzten wir den linearen Verlauf von $\delta^2(x)$ fort, da innerhalb der Meßgenauigkeit kein Abbiegen der Kurve bei kleinen x in einen horizontalen Verlauf festzustellen war. Man erhält $\delta_0^2 = 5{,}8 \cdot 10^{-48}$ cm^6, ein Wert, der ungefähr mit dem von *Flory* gemessenen und berechneten übereinstimmt. Damit wird $p = 4{,}8$. Dieser relativ kleine Wert zeigt, daß die Paraffinmoleküle in der Schmelze nur geringfügig parallelisiert sind. Tabelle 2 verdeutlicht dies durch einen Vergleich mit einigen niedermolekularen Flüssigkeiten und der flüssig-kristallinen Verbindung 4-Butyl-*N*-(*p*-methoxybenzyliden) anilin (MBBA) in der isotropen Phase nahe dem Umwandlungspunkt. Während p für erstere ähnliche Werte wie für die Paraffine annimmt, liegt der entsprechende Wert für MBBA wesentlich darüber. Dieser Vergleich

ist insofern von Interesse, als in der isotropen Phase des MBBA nahe dem Umwandlungspunkt eine Orientierungskorrelation der Moleküle über ähnlich große Bereiche vorhanden ist, wie sie in den Bündelmodellen für die amorphen Polymeren angenommen werden (24). Im nächsten Abschnitt wird gezeigt, daß die Parallelisierung bei den höheren Paraffinen nicht nehr wesentlich zunimmt.

4.3 *Abhängigkeit der effektiven Anisotropie von der Kettenlänge*

Nach Abzug der inelastischen Streukomponenten H_v^{I-III} von der gemessenen Gesamtstreuung H_v^G konnte aus Gl. [1] das Quadrat der effektiven Anisotropie δ^2 bestimmt werden. In Abbildung 6 wurde $\dfrac{\delta^2}{n}$ gegen die Anzahl n der C–C–Bindungen in dem jeweiligen Paraffin aufgetragen. Mit Ausnahme des C_6H_{14}, wo die

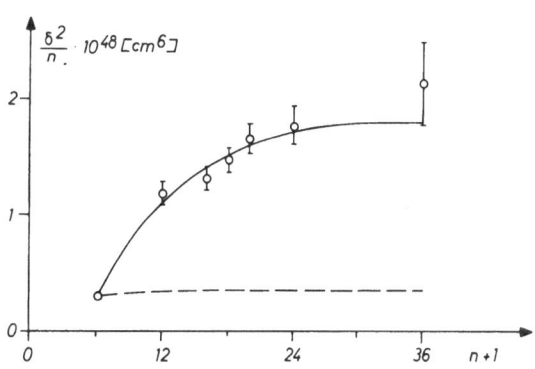

Abb. 6. Quadrat der effektiven Anisotropie pro C–C–Bindung in Abhängigkeit von der Kettenlänge ($T = 25$ °C für $n + 1 = 6$ und $T = T_m + 30$ °C für $n + 1 > 6$). (——) gemessen in der Schmelze; (- - - -) berechnet von *Flory* et al. (11) (die Temperaturabhängigkeit von δ_0^2 wurde von uns vernachlässigt)

Messungen bei $T = 25\,°C$ verwendet wurden,
wählten wir als Bezugspunkt für das temperaturabhängige δ^2 (s. nächster Abschnitt) eine
Temperatur 30 °C über dem Schmelzpunkt.
Beim $C_{36}H_{74}$ trat bei sehr kleinen Streuwinkeln
ein Anstieg der Streuintensität auf. Dies deutet
darauf hin, daß auch nach den angewandten
Reinigungsmethoden noch Restverunreini-
gungen vorhanden waren. Wahrscheinlich
enthält das $C_{36}H_{74}$ einen parasitären Streu-
untergrund und liefert damit ein zu hohes δ^2.

Für das C_6H_{14} stimmen $\dfrac{\delta^2}{n}$ und $\dfrac{\delta_0^2}{n}$ überein, wie
ein Vergleich des von uns an der Schmelze
gemessenen Wertes mit den von *Flory* (11) an
verdünnten Lösungen gemessenen und berechneten Werten zeigt (Abb. 6). Bei diesem
Paraffin liegt offensichtlich nur eine intra-
molekulare Orientierungskorrelation der
Monomereinheiten vor. Mit zunehmender
Kettenlänge wird $\dfrac{\delta^2}{n}$ größer als $\dfrac{\delta_0^2}{n}$. Beide erreichen jedoch eine Sättigung. Somit strebt
auch die Größe p einem Grenzwert ($p = 5{,}3$)
zu. Die Meßergebnisse geben keinen Hinweis
darauf, daß beim Polyäthylen eine stärkere
Parallelisierung der Kettensegmente als bei
den höheren Paraffinen auftritt. Das Ausmaß dieser Parallelisierung ist zu gering, als
daß es Strukturen rechtfertigt, in denen eine
große Anzahl von Segmenten über 50–100 Å
große Bereiche vorzugsweise parallel zu einer
Bündelachse miteinander korreliert sind. Man
müßte dann für p Werte in der Größenordnung
$p \approx 1000$ erwarten.

4.4 *Temperaturabhängigkeit der effektiven Aniso-tropie*

P. Maelstaff und *M. Bouvier* (25) sowie
G. D. Patterson (26) wiesen bereits darauf hin,
daß die depolarisierte Streuung der Paraffine
mit abnehmender Temperatur zunimmt. Da
diese Erscheinung wichtige Informationen
über die Art der in der Schmelze vorhandenen
Orientierungskorrelation liefern kann, untersuchten wir systematisch die Temperaturabhängigkeit der effektiven Anisotropie der
einzelnen Paraffine (Abb. 7). Die relativ geringe Änderung von δ_0^2 mit der Temperatur
reicht nicht aus, um die Zunahme von δ^2 bei
sinkender Temperatur zu erklären. Offensichtlich wird mit zunehmender Temperatur eine

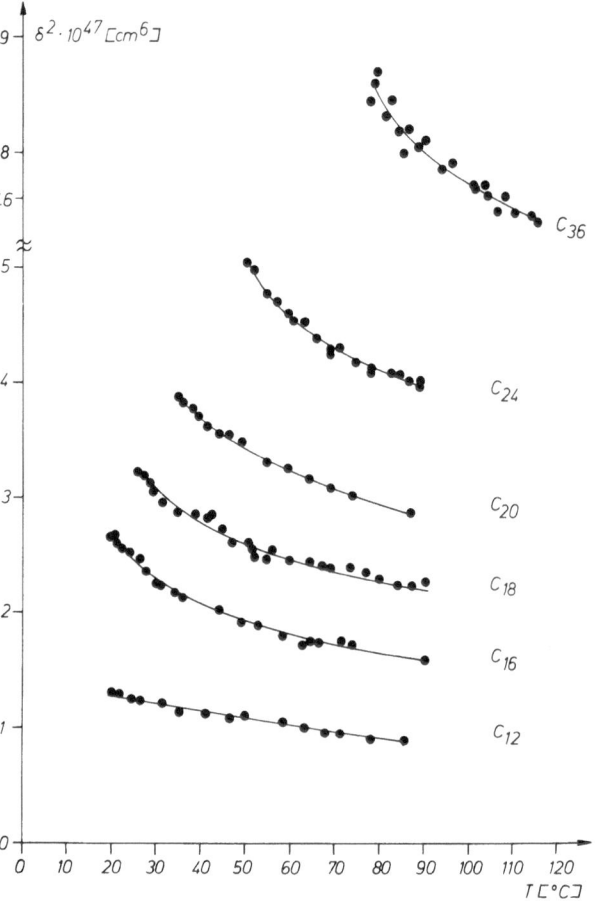

Abb. 7. Quadrat der effektiven Anisotropie als Funktion der Temperatur

in der Schmelze vorhandene intermolekulare
Orientierungskorrelation zwischen den Segmenten zerstört. Die Größe des Temperatur-
bereiches, über den sich dies erstreckt, läßt
vermuten, daß es sich hier nicht um einen Vor-
kristallisationseffekt handelt. Das Temperatur-
verhalten ähnelt vielmehr dem flüssiger Kristalle in der isotropen Phase. Dort findet man,
daß das Quadrat der effektiven Anisotropie
gegeben ist durch (27):

$$\delta^2 = \delta_0^2 \, \frac{AT}{T - T^*}, \qquad [4]$$

wobei A eine temperaturunabhängige Konstante und
T^* eine Temperatur kurz unterhalb der nematisch-
isotropen Umwandlungstemperatur T_c ist.

Die in Abbildung 7 dargestellten Kurven
lassen sich nicht exakt durch Gl. [4] beschreiben. Dies ist auch nicht zu erwarten, da die
Paraffine nicht aus starren Stäbchenmolekülen
bestehen. Die Vielfalt der möglichen Molekül-
konformationen wird ein flüssig-kristallines

Verhalten entscheidend mitbestimmen. Qualitativ läßt sich jedoch feststellen: Die geringe Orientierungskorrelation zwischen den Paraffinmolekülen selbst in der Nähe des Kristallisationspunktes würde Umwandlungstemperaturen T_c erfordern, die beträchtlich unterhalb des Schmelzpunktes liegen müßten. Für die Bündelmodelle hätte dies die Konsequenz, daß der von ihnen beschriebene Ordnungszustand der Schmelze niemals erreicht werden könnte, da vorher die Kristallisation einsetzt.

Diese Arbeit wurde im Rahmen des Sonderforschungsbereiches 41, Chemie und Physik der Makromoleküle, Mainz/Darmstadt, durchgeführt. Der Deutschen Forschungsgemeinschaft danken wir für diese Unterstützung. Ebenso danken wir der Dr. *Otto Röhm* Gedächtnisstiftung, Darmstadt, für die finanzielle Förderung. Unser Dank gilt ferner Herrn Dr. *J. H. Wendorff*, der uns wertvolle Hinweise zur Untersuchung der stoßinduzierten Streuung gab.

Zusammenfassung

Es wurde die depolarisierte Lichtstreuung von Paraffinschmelzen in Abhängigkeit von der Kettenlänge und der Temperatur untersucht. Um eine Aussage über die in der Schmelze vorhandene Orientierungskorrelation zwischen den Kettensegmenten machen zu können, wurden die stoßinduzierten Streukomponenten mit einem Ramanspektrometer bestimmt und von der mit einer konventionellen Lichtstreuapparatur gemessenen Gesamtstreuung abgezogen.

Oberhalb des C_6H_{14} tritt eine schwache intermolekulare Orientierungskorrelation auf, die mit zunehmender Kettenlänge einem Grenzwert zustrebt. Das Ausmaß dieser Orientierungskorrelation ist für eine Parallelisierung von Kettensegmenten in 50–100 Å großen Bereichen zu gering.

Die Temperaturabhängigkeit der Orientierungskorrelation ähnelt qualitativ derjenigen flüssiger Kristalle, die sich in der isotropen Phase weit oberhalb des Umwandlungspunktes befinden.

Summary

Depolarized light scattering from paraffin melts was studied as a function of their chain length and temperature. In order to get some information about the orientation correlation of chain segments in the melt we determined the collision induced scattering components and substracted them from the total scattering measured with a conventional light scattering apparatus.

Above C_6H_{14} a weak intermolecular orientation correlation begins to appear which approaches a limiting value with increasing chain length. The amount of this orientation correlation is too small to be in favour of a parallel arrangement of chain segments 50–100 Å in size. The temperature dependence of the orientation correlation qualitatively resembles that in liquid crystals which are in the isotropic state far above the nematic-isotropic transition point.

Literatur

1) *Flory, P. J.*, Principles of Polymer Chemistry (Ithaca, N. Y. 1953).
2) *Pechhold, W., S. Blasenbrey*, Kolloid-Z. u. Z. Polymere **241**, 955 (1970).
3) *Yeh, G. S. Y.*, J. Macromol. Sci., Phys. **B 6**, 465 (1972).
4) *Lieser, G., E. W. Fischer, K. Ibel*, J. Polymer Sci., Polym. Lett. Ed. **13**, 39 (1975).
5) *Schelten, J., G. D. Wignall, D. G. H. Ballard*, Polymer **15**, 682 (1974).
6) *Yoon, D. Y., P. J. Flory*, Macromol. **9**, 294 (1976).
7) *Egelstaff, P. A.*, An Introduction to the Liquid State (New York 1967).
8) *Kohler, F.*, The Liquid State (Weinheim 1972).
9) *Bothorel, P.*, J. Colloid Interf. Sci. **27**, 529 (1968).
10) *Bothorel, P., G. Fourche*, J. Chem. Soc., Faraday Trans. II, **69**, 441 (1973).
11) *Patterson, G. D., P. J. Flory*, J. Chem. Soc., Faraday Trans. II, **68**, 1098 (1972).
12) *Volterra, V., J. A. Bucaro, T. A. Litovitz*, Ber. Bunsengesellschaft **75**, 309 (1971).
13) *Benoit, H., W. H. Stockmayer*, J. Phys. Radium **17**, 21 (1956).
14) *Pecora, R., W. A. Steele*, J. Chem. Phys. **42**, 1872 (1965).
15) *Kielich, S.*, J. Chem. Phys. **46**, 4090 (1967).
16) *Stein, R. S., P. R. Wilson*, J. Appl. Phys. **33**, 1914 (1962).
17) *van Aartsen, J. J.*, Polymer Networks: Structural and Mechanical Properties ed. by *A. I. Chompff* and *S. Newman* (New York 1970).
18) *Dettenmaier, M., E. W. Fischer*, Makromol. Chem. **177**, 1185 (1976).
19) *Bucaro, J. A., T. A. Litovitz*, J. Chem. Phys. **54**, 3846 (1971).
20) *Howard-Lock, H. E., R. S. Taylor*, Advances in Raman Spectroscopy, Vol. 1, ed. by *J. P. Mathieu* (New York 1973).
21) *Wendorff, J. H.*, Proc. Conf. Non-Crystalline Solids (Clausthal-Zellerfeld 1976) in Vorbereitung.
22) *Courtenay Lewis, J. C., J. van Kranendonk*, Phys. Rev. Letters **24**, 802 (1970).
23) *Dettenmaier, M., E. W. Fischer*, Kolloid-Z. u. Z. Polymere **251**, 922 (1973).
24) *Stinson, T. W., J. D. Litster*, Phys. Rev. Letters **30**, 688 (1973).
25) *Maelstaff, P., M. Bouvier*, Compt. rend. **265**, 1072 (1967).
26) *Patterson, G. D.*, ACS Polymer Preprints **15**, 14 (1974).
27) *Stinson, J. W., J. D. Litster*, Phys. Rev. Letters **25**, 503 (1970).
28) *Coumou, D. J., J. Hijmans, E. L. Mackor*, J. Chem. Soc., Faraday Trans. **60**, 2244 (1964).

Für die Verfasser:

Prof. Dr. *E. W. Fischer*
Institut für Physikalische Chemie der Universität
Jacob-Welder-Weg 15
D-6500 Mainz

Progr. Colloid & Polymer Sci. **62**, 44–58 (1977)
ISSN 0340-255 X

Vorgetragen auf der Frühjahrstagung des Fachausschusses Physik
der Hochpolymeren in der Deutschen Physikalischen Gesellschaft
in Bad Nauheim vom 29. März bis 2. April 1976

Abteilung für Experimentelle Physik I der Universität Ulm

Orientierungsabhängige Änderungen der Kristallitgröße beim Verstrecken von Polyäthylen

K. W. Martis und *W. Wilke*

Mit 13 Abbildungen und 5 Tabellen

(Eingegangen am 30. Juni 1976)

1. Einleitung

In einer vorhergehenden Arbeit (1) wurde eine Methode dargelegt, wie aus den integralen Breiten der Röntgenweitwinkelreflexe die mittlere Größe der kohärent streuenden Bereiche (im folgenden Kristallitgröße genannt) und die Gitterstörungen bestimmt werden können. Erste Ergebnisse an uniaxial verstrecktem, linearem Polyäthylen wurden mitgeteilt.

In dieser Arbeit werden die Ergebnisse einer systematischen Untersuchung der Änderung der Kristallitgrößen mit dem Verstreckgrad λ im Bereich von $\lambda = 1$ (unverstreckte, isotrope Probe) bis $\lambda = 9$ (natürliche Verstreckgrenze) dargestellt. Methodisch neu ist, daß es bei den verstreckten Proben gelingt, die Kristallitgrößen innerhalb einer Probe für verschieden orientierte Kristalle zu bestimmen. Dabei werden die mittleren Kristallitgrößen von Kristallitklassen, deren Netzebenennormalen in ein begrenztes Gebiet auf der Lagenkugel fallen, gemessen, wobei die einzelnen Kristallite räumlich über die gesamte Probe verteilt sein können. Bei kleineren Verstreckgraden treten, insbesondere bei den Kristallitgrößen in Kettenrichtung (kristallographische a_3-Achse), erhebliche Unterschiede für Kristallite mit verschiedenen Orientierungen bezüglich der Verstreckrichtung auf. Die Ergebnisse zeigen, daß der gesamte Verstreckbereich aus mindestens drei Abschnitten besteht ($\lambda = 1 \ldots 2$; $2 \ldots 4$; $4 \ldots 9$), für die unterschiedliche Mechanismen zur Erklärung des beobachteten Verhaltens angenommen werden.

2. Theoretische Grundlagen und Auswertemethodik für isotrope Proben

Da die theoretischen Grundlagen der Auswertung von Röntgendiagrammen unorientierter Proben in (1) ausführlich dargelegt wurden, sollen in diesem Abschnitt nur die benötigten Formeln mit einer kurzen Erläuterung zusammengestellt werden. Im Abschnitt 3 wird dann dargelegt, welche Komplikationen bei verstreckten Proben auftreten, wenn die Orientierungsabhängigkeit der Kristallitgrößen gemessen werden soll.

Das Linienprofil eines Reflexes im Röntgenweitwinkeldiagramm einer isotropen, polykristallinen Probe wird durch das Faltungsprodukt aus Gitterfaktor $Z(b')$ und Gestaltfaktor $|S(b')|^2$ bestimmt.

$$I(b') = \text{const.} \cdot \widehat{Z(b') |S(b')|^2} \qquad [1]$$

Die Koordinate b' im reziproken Raum ist dabei auf das Reflexmaximum des Reflexes mit den Millerindizes $h_1 h_2 h_3$ an der Stelle b_h bezogen (Abb. 1):

$$b' = \frac{2 \sin \vartheta}{\lambda} - \frac{2 \sin \vartheta_h}{\lambda} . \qquad [2]$$

Die Intensitätsverteilung im b-Raum besteht aus Kugelflächen konstanter Belegung, d.h. für einen bestimmten Reflex ist das Linienprofil unabhängig vom Ort auf der Kugelfläche. Der Gitterfaktor $Z(b')$ beschreibt die durch Gitterstörungen hervorgerufenen Linienverbreiterungen. Der Gestaltfaktor $|S(b')|^2$ beschreibt den Einfluß der Kristallitgrößenverteilung (Kristallitgrößen in Richtung

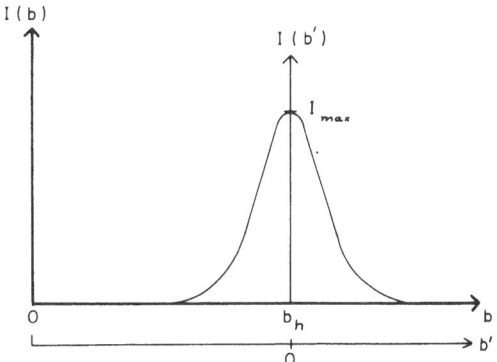

Abb. 1. Zur Definition der integralen Breite eines Reflexes

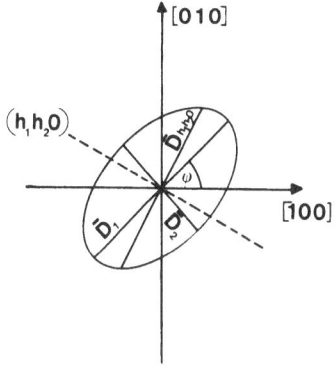

Abb. 2. Gegenüber den kristallographischen Achsen gedrehtes Gestaltellipsoid

senkrecht zur reflektierenden Netzebenenschar) auf das Reflexprofil.

Für die Auswertung müssen diese beiden Beiträge getrennt werden. Das ist in gewissen Grenzen durch die unterschiedliche Winkelabhängigkeit beider Faktoren möglich. Gemessen wird die integrale Breite des Reflexes (vgl. Abb. 1).

$$\delta\beta = \frac{\int I(b')db'}{I_{\max}} \qquad [3]$$

In $\delta\beta$ gehen die Beiträge von $Z(b')$ und $|S(b')|^2$ ein:

$$\delta\beta = \delta\beta(Z) \oplus \delta\beta(S^2). \qquad [4]$$

Die Verknüpfung $\oplus$ hängt vom Typ der Funktionen $Z(b')$ und $|S(b')|^2$ ab.

Der von Störungen herrührende Anteil $\delta\beta(Z)$ der integralen Breite hängt von b_h und damit der Reflexordnung p ab. Zum Beispiel gilt für parakristalline Störungen (Störparameter g_s)

$$\delta\beta_p(Z) = \frac{\pi^2 g_s^2}{d_{\hat{h}_1\hat{h}_2\hat{h}_3}} \cdot p^2 \qquad [5]$$

und für Störungen durch Gitterdehnungen ε_h mit einer Gaußverteilung (1)

$$\delta\beta_D(Z) = \frac{\sqrt{2\pi}\ \sqrt{\langle\varepsilon_h^2\rangle}}{d_{\hat{h}_1\hat{h}_2\hat{h}_3}} \cdot p, \qquad [6]$$

$d_{\hat{h}_1\hat{h}_2\hat{h}_3}$ ist jeweils der Netzebenenabstand ($\hat{h}_i$: Millerindizes ohne gemeinsamen Teiler).

Der Anteil $\delta\beta(S^2)$ hängt nicht von der Reflexordnung ab und gibt direkt ein Maß für die mittlere Kristallitgröße:

$$\delta\beta_h(S^2) = \frac{1}{\bar{D}_h}. \qquad [7]$$

$\bar{D}_h$ ist gegeben durch (3)

$$\bar{D}_h = \frac{\int D_h dv_D}{V}, \qquad [8]$$

wobei dv_D/V der Anteil des Probenvolumens ist, für den der Durchmesser der Kristallite senkrecht zur reflektierenden Netzebenenschar h zwischen D_h und $D_h + dD_h$ liegt. In $\bar{D}_h$ geht also sowohl die Form als auch die Größenverteilung der Kristallite ein. Ändert sich innerhalb einer Untersuchungsreihe das Reflexprofil nicht wesentlich, so läßt dies den Schluß zu, daß sich auch die Form der Kristallitgrößenverteilungsfunktion nicht drastisch geändert hat. $\bar{D}_h$ ist dann ein anschauliches Maß für die jeweilige Größe eines fiktiven „mittleren Kristalls". Dieser kann in guter Näherung durch das Gestaltellipsoid beschrieben werden (1) (vgl. Abb. 2):

$$\bar{D}^2 \left[\frac{\sin^2\Delta \cos^2(\Gamma-\varphi)}{\bar{D}_1^2} + \frac{\sin^2\Delta \sin^2(\Gamma-\varphi)}{\bar{D}_2^2} + \frac{\cos^2\Delta}{\bar{D}_3^2} \right] = 1. \qquad [9]$$

Die Hauptachsen sind $\bar{D}_1$, $\bar{D}_2$, $\bar{D}_3$, wobei $\bar{D}_3$ in Richtung der kristallographischen a_3-Achse, beim Polyäthylen also in Kettenrichtung, liegt. Die Hauptachse $\bar{D}_1$ ist um den Winkel φ gegenüber der a_1-Achse verdreht. Aus [9] folgt für den Zusammenhang zwischen $\bar{D}_h$ und den $\bar{D}_i$ und φ:

$$\bar{D}_h = \left[\frac{\sin^2\!\Delta_h \cos^2(\Gamma_h - \varphi)}{\bar{D}_1^2} \right.$$
$$\left. + \frac{\sin^2\!\Delta_h \sin^2(\Gamma_h - \varphi)}{\bar{D}_2^2} + \frac{\cos^2\!\Delta_h}{\bar{D}_3^2} \right]^{-\frac{1}{2}}$$

$$[10]$$

Δ_h, Γ_h: zur Richtung h gehörige Polarwinkel.

Zur Festlegung der $\bar{D}_i$ und φ werden die gemessenen $\bar{D}_h$ benutzt. Dazu muß der Anteil $\delta\beta(S^2)$ von $\delta\beta(Z)$ abgetrennt werden, um nach (7) $\bar{D}_h$ zu erhalten. Bei $\varphi \neq 0$ wird nicht $\bar{D}_h$ direkt gemessen, sondern ein Mittelwert über kristallographisch äquivalente Richtungen, worauf in (1) näher eingegangen wurde. In unserem Fall waren die gemessenen Linienprofile praktisch unabhängig von der Reflexordnung durch eine Lorentz- bis (Lorentz)²-Funktion zu beschreiben. Für die Verknüpfung in [4] gilt dann (4) für Lorentz-Lorentz-Profil

$$\delta\beta = \delta\beta(Z) + \delta\beta(S^2) \qquad [11]$$

bzw. Lorentz-(Lorentz)²-Profil

$$\delta\beta = \delta\beta(Z) + \frac{\delta\beta(S^2)}{1 + \dfrac{\delta\beta(Z)}{4\,\delta\beta(S^2)}}. \qquad [12]$$

Für die hier beobachteten Breiten unterscheiden sich die Ergebnisse nach [11] und [12] nur unwesentlich. Weiter wurde angenommen, daß der Anstieg der Breiten etwa quadratisch mit b_h erfolgt (s. Abb. 10), so daß für die Breite $\delta\beta$ eines Reflexes der Ordnung p (z. B. 110, 220, 330) gilt

$$\delta\beta_h = \delta\beta_{\hat{h}}(S^2) + \delta\beta_{\hat{h},\,p=1}(Z)\cdot p^2. \qquad [13]$$

Aus einer Auftragung $\delta\beta_h - p^2$ folgt dann durch lineare Extrapolation auf $p=0$ der gesuchte Breitenanteil $\delta\beta_{\hat{h}}(S^2)$ für die Richtung h [Richtung der Netzebenennormalen der Netzebenen $h = (h_1 h_2 h_3)$].

3. Integrale Breiten in Abhängigkeit von der Orientierung

Bei homogenem uniaxial verstrecktem Polyäthylen erwartet man eine Zylindersymmetrie um die Verstreckachse V (6). Die Orientierungsdichteverteilungsfunktion $f(\eta, \psi, \xi)$

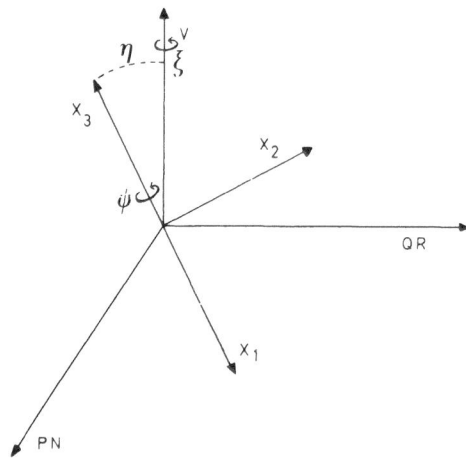

Abb. 3. Zur Festlegung der Eulerschen Winkel η, ψ, ξ x_1, x_2, x_3: Koordinaten des Kristallsystems, V, PN, QR: Bezugskoordinatensystem der Probe

hängt dann nicht mehr vom Azimutwinkel ξ ab (s. Abb. 3):

$$f(\eta, \psi, \xi) = \text{const} \cdot f^r(\eta, \psi). \qquad [14]$$

Zwischen f^r und der Belegungsdichte einer Netzebenenschar $h = h_1 h_2 h_3$ besteht folgender Zusammenhang (5):

$$B_h^r(\omega) = \text{const} \cdot \int_0^{2\pi} f^r(\eta[\beta],\, \psi[\beta])\,d\beta$$

$$= \text{const} \cdot \int_0^{2\pi} \varrho(\eta[\beta]) \cdot g(\psi[\beta])\,d\beta. \qquad [15]$$

Auch die Belegungsdichte B_h^r hängt nur vom Polarwinkel ω ab. Der Winkel β liegt in der

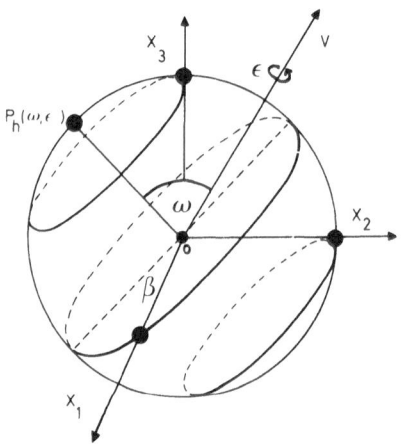

Abb. 4. Darstellung auf der Lagenkugel: Die möglichen Einstellungen der drei Hauptachsenrichtungen für einen gegebenen Pol P_h (ω, ε)

Ebene senkrecht zu $\underline{h}_h$. Abbildung 4 veranschaulicht dies auf der Lagenkugel: Dem Pol $P_h(\omega, \varepsilon)$ wird die Belegungsdichte B_h^r zugeordnet. Senkrecht zu der Richtung $\overline{OP}_h$ liegen Kreise, die zu den Netzebenennormalen zu (h_100), $(0h_20)$, $(00h_3)$ gehören. Die für die Belegungsdichte in $P_h(\omega, \varepsilon)$ maßgebende integrale Intensität errechnet sich somit durch Aufsummation über alle Kristallagen, deren Netzebenennormalen $\underline{h}_h$ die feste Richtung $\overline{OP}_h$ haben nach Gl. [15].

Die im 2. Schritt von Gl. [15] vorgenommene Faktorisierung von f^r in die Dichteverteilungen $\varrho(\eta)$ und $g(\psi)$ enthält die zusätzliche Annahme, daß beide Verteilungen, betreffend die Orientierung der $\underline{a}_3$-Achse $\varrho(\eta)$ als auch die Verteilung senkrecht zur $\underline{a}_3$-Achse $g(\psi)$, statistisch unabhängig sind.

Die Textänderungen, die beim uniaxialen Verstrecken von Polyäthylen auftreten, sind qualitativ aufgeklärt (5). Die wichtigsten Stufen des Verstreckvorgangs sind in Tabelle 1 aufgeführt. Die Charakterisierung gelingt durch spezielle Bedingungen, die an die Orientierungsdichteverteilungsfunktion f^r geknüpft sind.

Extreme Orientierungszustände wurden von *Heffelfinger* und *Burton* (7) klassifiziert. Die Textur hochorientierter Polyäthylenproben entspricht dort der mit „axial" bezeichneten Orientierungsklasse. Stellt man statistische Symmetriebetrachtungen über den ganzen Verstreckbereich $\lambda = 1, \ldots 9$ an, so empfiehlt es sich, eine von *Kratky* (8) eingeführte Ein-

teilung zu verwenden. Die von *Kratky* eingeführten Begriffe wie „Faser"- und „Spiralfaserstruktur" wurden in Tabelle 1 übernommen und dienen zur Charakterisierung der Orientierungszustände bei zunehmender Verstreckung.

Abbildung 5 veranschaulicht dies durch Intensitätsverteilungen von verschiedenen Netzebenen auf Debye-Scherrer-Kreisen und schematisch durch die zugehörige Belegungsdichte speziell für (002) und (200) auf der

Tab. 1.

λ	Textur	Texturbeschreibung
1	isotrop	$f(\eta, \psi, \xi) = \text{const}$
2		
3	partielle Spiralfaserstruktur	$f(\eta, \psi, \xi) = \text{const} \cdot f^r(\eta, \psi)$
4	(partielle Faserstruktur)	$f_{max}^r(\psi = \text{const})$ $= f^r(0°, \psi = \text{const})$ $= \varrho(0°) \cdot g(\psi = \text{const})$
5	vollständige Faserstruktur	$\varrho_{max} = \varrho(0°)$
6		$g(\psi) = \text{const}$
7		
8		
9		

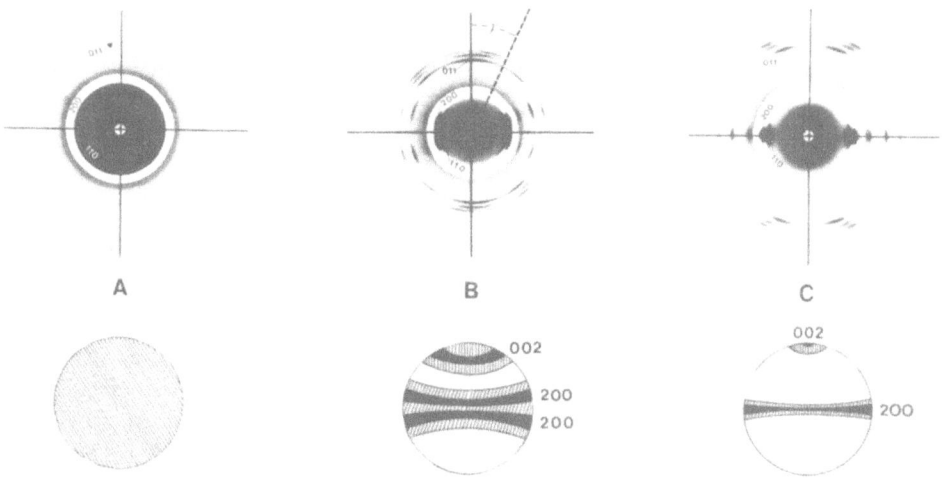

Abb. 5. Schematische Darstellung der Polfiguren und zugehörige gemessene Intensitätsverteilungen auf Debye-Scherrer-Kreisen. A): $\lambda = 1$ (isotrop), B): $\lambda = 2,7$, C): $\lambda = 9$

Lagenkugel: Bei $\lambda = 9$ ist die vollständige Faserstruktur erreicht. Dementsprechend liegt das Maximum der Kristallithauptachsenrichtungsverteilung $\varrho(\eta)$ – im folgenden kurz a_3-Achsenverteilung genannt – in Richtung der V-Achse, und die $(h_1 h_2 0)$-Netzebenen haben ihr Maximum in der Äquatorebene A. Bei $\lambda = 2.7$ hingegen ist die vollständige Faserstruktur noch nicht erreicht: Daß $\varrho(\eta)$ sein Belegungsmaximum nicht bei $\eta = 0$ hat, erkennt man an den Belegungsdichten der paratropen Netzebenen (110), (200), (210), (020), (310) usw.: die zugehörigen Faserdiagramme sind Vierpoldiagramme, das Belegungsmaximum befindet sich also nicht auf dem Äquator.

Um die integrale Breite einführen zu können, muß die Intensitätsverteilung im reziproken Raum definiert werden. Während bei der isotropen, polykristallinen Probe in jeder beliebigen Richtung von ϱ_h das gleiche Linienprofil eines Reflexes $I(b')$ erwartet werden kann (siehe Gl. [1]), gilt dies nicht mehr für orientierte Proben. Hier muß man in Analogie zur Belegungsdichte annehmen, daß $I(b')$ noch vom Polarwinkel ω abhängt. Die integrale Breite erhält man dann in Analogie zu [3]:

$$\delta\beta_h^\omega = \frac{\int\limits_{\text{Reflex}} I_h^\omega(b')db'}{I_{h,\,\text{max}}^\omega}. \qquad [16]$$

In Gl. [16] ff. wird ω als Parameter indiziert, weil nur die radiale Größe b' im reziproken Raum Integrationsvariable ist.

Die Gültigkeit der Rotationssymmetrie für die Belegungsdichten, das sind integrale Reflexintensitäten, wurde auch für die integralen Breiten angenommen. Dies hat sich in allen untersuchten Fällen experimentell bestätigt, und der physikalische Grund liegt darin, daß bei uniaxialer Deformation die Kristalle, die zylindersymmetrisch um die Verstreckrichtung orientiert sind, gleichen Beanspruchungen ausgesetzt sind und somit in allen physikalischen Eigenschaften übereinstimmen sollten. Zwischen der integralen Breite und der Belegungsdichte (integrale Reflexintensität) besteht nach [16] folgender Zusammenhang:

$$\delta\beta_h^\omega = \text{const} \frac{B_h^\omega}{I_{h,\,\text{max}}^\omega}. \qquad [17]$$

Im Gegensatz zu B_h^ω, dessen Wert proportional zur Zahl der streuenden Netzebenen ist, enthält $\delta\beta_h$ eine andere Information, mathematisch ausgedrückt durch $I_{h,\,\text{max}}^\omega$ in Gl. [17]. Denn auch $I_{h,\,\text{max}}^\omega$ ändert sich mit ω, und dieser Verlauf ist a priori nicht bekannt.

Noch unübersichtlicher wird der Zusammenhang zwischen B_h^ω und $\delta\beta_h^\omega(S^2)$ bzw. $\delta\beta_h^\omega(Z)$, siehe Gl. [4], so daß man feststellt: Die funktionelle Abhängigkeit einer integralen Breite $\delta\beta_h^\omega$, $\delta\beta_h^\omega(S^2)$ oder $\delta\beta_h^\omega(Z)$ von ω ist im allgemeinen anders als die der Belegungsdichte B_h^ω. Eine Proportionalität besteht nicht.

Jedoch erkennt man aus den Gleichungen [16] und [17] eine Analogie: Auch $\delta\beta_h^\omega$ hängt wie B_h^ω nur noch von der Richtung ab, wegen der Zylindersymmetrie sogar nur vom Polarwinkel ω, so daß man auch im Falle von $\delta\beta_h^\omega$ jedem Punkt auf der Lagenkugel einen Wert der integralen Breite zuschreiben kann.

Ein wichtiger Informationsgehalt, der in der integralen Breite steckt, ist der mittlere Kristallitdurchmesser $\bar{D}_h$. In Verallgemeinerung von [7] gilt:

$$\bar{D}_h^\omega = \frac{1}{\delta\beta_h^\omega(S^2)}. \qquad [18]$$

Da man bekanntlich bei Polyäthylen in $(00h_3)$-Normalenrichtung nur den 002-Reflex messen kann, läßt sich $\delta\beta_{001}(S^2)$ und damit $\bar{D}_{001}$ nicht direkt bestimmen (vgl. [13]): Zur Bestimmung von $\delta\beta_h(S^2)$ benötigt man wenigstens zwei Reflexe zu derselben Netzebenennormalenrichtung h. Um aber trotzdem Aussagen über die Kristallitgröße in Kettenrichtung machen zu können, bedient man sich der Gestaltnäherung durch ein Ellipsoid [9, 10]. Hiermit läßt sich wenigstens näherungsweise der Durchmesser $\bar{D}_3$ mit Hilfe anderer Reflexbreiten bestimmen.

Im Gegensatz zum isotropen Fall, wo nur ein einziges Gestaltellipsoid als mittlere Kristallitform konstruiert wird, müßte man bei der orientierten Probe für *jede Klasse* gleich orientierter Kristalle ein Gestaltellipsoid bestimmen. Die zugehörigen Reflexbreiten zu einer Klasse gleich orientierter Kristalle sind aber grundsätzlich nicht meßbar. Man erhält zu einem Reflexprofil in Richtung ϱ_h immer eine Klasse von Kristallen, die verschieden orientiert sind: Alle Orientierungen mit fester Richtung ϱ_h sind in dieser Klasse enthalten

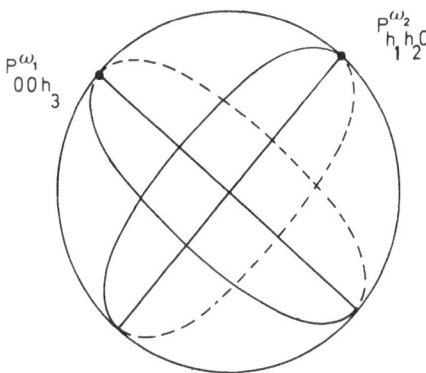

Abb. 6. Zuordnung zwischen den Polen einer paratropen Netzebenenschar $(h_1 h_2 0)$ und einer diatropen Netzebenenschar $(00 h_3)$.

(Abb. 4). Es ist aber auch nicht möglich, von einer solchen Klasse von Kristallen einander zugehörige Reflexbreiten verschiedener Netzebenennormalenrichtungen zu bekommen. Dies zeigt schematisch Abbildung 6 am Beispiel der Reflexbreiten zu einer diatropen Netzebenenschar $00 h_3$ und einer paratropen Netzebenenschar $h_1 h_2 0$:

Zur integralen Breite in $P^{\omega_2}_{h_1 h_2 0}$ tragen alle Kristalle bei, deren $(00 h_3)$-Normalenrichtungen auf dem Großkreis senkrecht zu $\hat{g}_{00 h_3}$ liegen. Mißt man nun auf diesem Großkreis in irgendeinem Repräsentationspunkt $P^{\omega_1}_{00 h_3}$ die integrale Breite $\delta\beta^{\omega_1}_{00 h_3}$, so wird diese integrale Breite wesentlich durch ganz anders orientierte Kristalle bestimmt, nämlich solche, deren $(h_1 h_2 0)$-Netzebenennormalen senkrecht zu $\hat{g}_{00 h_3}$ liegen. (Zu diesen Richtungen gehört u.a. auch die zuerst gewählte Richtung $\hat{g}_{h_1 h_2 0}$).

Trotzdem gelingt es insbesondere beim Polyäthylen, Reflexbreiten $\delta\beta^{\omega}_{h}(S^2)$, die zwar nicht von Kristallklassen gleicher Orientierung stammen, einander zuzuordnen, da man wegen der starken Anisotropie des Polyäthylenkristalls die Reflexbreiten paratroper Netzebenen $h_1 h_2 0$ unabhängig von der zugehörigen Kristallitorientierung zu einer Gruppe zusammenfassen kann. Aufgrund der lateral wirkenden, schwachen Van der Waals-Kräfte verzeichnet man nämlich schon bei kleinen Verstreckgraden eine starke Abnahme der lateralen Kristallitdimensionen sowohl in a_1- als auch in a_2-Richtung; man beobachtet also ein Angleichen von $\bar{D}_{100}$ und $\bar{D}_{010}$ mit wachsendem Verstreckgrad.

Bei der Bestimmung des Gestaltellipsoids

der isotropen Probe stehen nach Gl. [10] zur Berechnung der unbekannten $\bar{D}_1$, $\bar{D}_2$, $\bar{D}_3$ und φ nur drei Durchmesser $\bar{D}_h$ zur Verfügung; $\bar{D}_{100}$, $\bar{D}_{110}$ und $\bar{D}_{011}$; denn nur in den Richtungen senkrecht zu (100), (110) und (011) sind Reflexe verschiedener Ordnung p auswertbar (s. Gl. [13]). Man behilft sich durch ein Modell, z.B. das Modell des Parakristalls (s. Gl. [5]), um durch eine Bestanpassung an die übrigen lateralen Reflexbreiten mit nur zwei lateralen Durchmessern $\bar{D}_{100}$ und $\bar{D}_{110}$ drei Größen, nämlich die lateralen Hauptachsendurchmesser $\bar{D}_1$, $\bar{D}_2$ sowie φ, zu bestimmen. $\bar{D}_{011}$ dient dann in Gl. [10] zur Berechnung von $\bar{D}_3$.

Bei der orientierten Probe hingegen muß das Vorgehen modifiziert werden. Die Auswertung vollzieht sich in zwei Schritten:

a) Verallgemeinerung von [13] *für orientierte Proben:*

Bei der Trennung der integralen Breite $\delta\beta^{\omega}_{h}$ in die Störbreite $\delta\beta^{\omega}_{h, p=1}(Z)$ und in den durch die Kristallitgröße bestimmten Anteil $\delta\beta^{\omega}_{h}(S^2)$ muß man nach Gl. [13] zwei Reflexbreiten $\delta\beta^{\omega}_{h}$ unterschiedlicher Reflexordnung heranziehen, die bei gleichem Polarwinkel ω gemessen werden. Dies bedingt in den meisten Fällen eine unterschiedliche Probenstellung (Abb. 7) für die beiden Reflexordnungen (s. Tab. 5; Berechnung nach (1)). Wird dies berücksichtigt, so erhält man für spezielle ω die zugehörigen Durchmesser $\bar{D}_{100}$, $\bar{D}_{110}$ und $\bar{D}_{011}$, ganz entsprechend dem isotropen Fall. Jeder

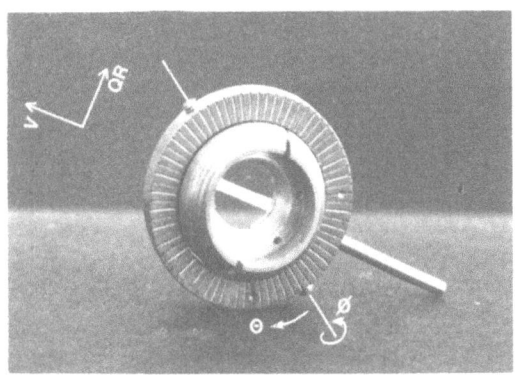

Abb. 7. Präparathalter für orientierte Proben. V, QR, PN: Bezugskoordinatensystem der Probe (s. Abb. 3), (θ, ϕ): Kugelkoordinaten im raumfesten Bezugssystem der Guinierkammer

dieser Durchmesser hängt aber in der Regel unterschiedlich von ω ab!

b) Gestaltellipsoid [9, 10] *verallgemeinert auf orientierte Proben:*

Zu erklären bleibt, welche Polarwinkel ω für $\overset{\omega}{D}{}^{\omega}_{100}$, $\overset{\omega}{D}{}^{\omega}_{110}$ und $\overset{\omega}{D}{}^{\omega}_{011}$ jeweils ausgewählt werden, um für eine bestimmte Klasse von Kristallen ein Gestaltellipsoid zu erhalten.

Man geht im Prinzip so vor, daß man Kristalle mit gleicher Orientierung (η, ψ) betrachtet. Hierzu genügt bei Zylindersymmetrie um die V-Achse die Angabe von nur zwei Winkeln, wobei man statt (η, ψ) auch z. B. die Polarwinkel von (011)- und (100)-Netzebenennormalen wählen kann. η ist immer gleichbedeutend mit dem Polarwinkel ω_{00h_3} einer $(00h_3)$-Netzebenennormalen, ψ sei der Winkel einer $(h_1 00)$-Netzebenennormalen in der diatropen Ebene, d. i. die x_1-x_2-Ebene. Der Polarwinkel einer beliebigen Netzebenennormalenrichtung $(h_1 h_2 h_3)$ läßt sich dann nach Abbildung 8 aus η und ψ eindeutig berechnen:

$$\omega_h = \text{arc}\cos[\cos\eta\,\cos\varDelta_h$$
$$+ \sin\eta\,\sin\varDelta_h\,\cos(\psi - \varGamma_h)]$$

$$\text{mit}\ \begin{cases} \varGamma_h = \text{arc}\tan\dfrac{h_2/a_2}{h_1/a_1} \\[2mm] \varDelta_h = \text{arc}\tan\dfrac{(h_1^2/a_1^2 + h_2^2/a_2^2)^{\frac{1}{2}}}{h_3/a_3} \\[2mm] \qquad = 90° - \delta_h{}^*) \end{cases} \quad [19]$$

Umgekehrt ist (η, ψ) durch die Angabe zweier Polarwinkel ω_h und $\omega_{h'}$, die zu verschiedenen Normalenrichtungen $\underline{h}_h$ bzw. $\underline{h}'_h$ gehören, eindeutig festgelegt (zweimaliges Anwenden von Gl. [19]). Der Polarwinkel ω wird jetzt mit $h = h_1 h_2 h_3$ indiziert; denn für genau einen fest orientierten Kristall, dessen Lage im Probenkoordinatensystem durch η und ψ bis auf die Zylindersymmetrie bestimmt ist, gilt dann, daß alle Richtungen $\underline{h}_h$ ebenfalls festgelegt sind.

Es wird nun vorausgesetzt, daß alle Richtungen im Kristall, die durch die Punktgruppensymmetrie des Kristalls ineinander übergeführt werden können, physikalisch äquivalent sind. Für eine definierte Kristallage (η, ψ) sind daher die 8 Richtungen senkrecht

---

*) siehe Berichtigung zu (1).

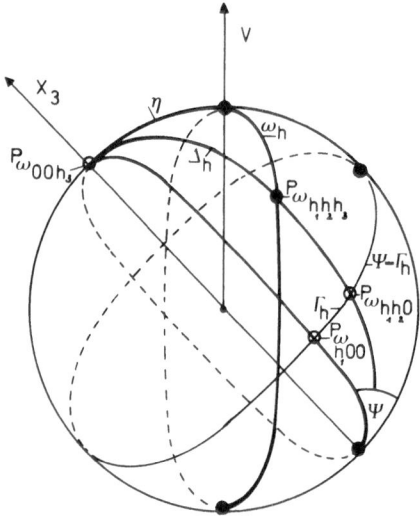

Abb. 8. Zur Definition des Kugeldreiecks $(\eta, \omega_h, \varDelta_h)$. ω_h: Polarwinkel einer Netzebenennormalen $(h_1 h_2 h_3)$ für beliebige Hauptachsenrichtung η; $\varDelta_h$: Polarwinkel einer Netzebenennormalen $(h_1 h_2 h_3)$ für $\eta = 0°$

zu $\{h_1 h_2 h_3\}$ äquivalent. Dies bedeutet andererseits, daß auch makroskopisch Kristallagen nicht zu unterscheiden sind, bei denen diese Richtungen durch Symmetrietransformation ineinander übergeführt werden. Außer der Rotationssymmetrie um die V-Achse enthält die Zylindersymmetrie im Probensystem die Inversionssymmetrie; daher kann man sich auf eine Hälfte der Lagenkugel beschränken. Die Achtdeutigkeit von $\omega_{\{h_1 h_2 h_3\}}$ verringert sich dadurch auf die Hälfte.

Für die hier wichtigen Reflexgruppen $\{011\}$, $\{200\}$, $\{110\}$ ist in der „oberen Hälfte" der Lagenkugel, in der nur Polarwinkel $\omega \leqslant 90°$ vorkommen, $\omega_{\{011\}}$, $\omega_{\{110\}}$ zweideutig und $\omega_{\{200\}}$ eindeutig bei vorgegebener Orientierung (η, ψ). Tabelle 2 zeigt die Zuordnungen von $\omega_{\{011\}}$, $\omega_{\{110\}}$ und $\omega_{\{200\}}$ so, wie es in der Messung bei $\lambda = 2,3$ realisiert wurde (bei $\lambda = 1,7$ und $2,7$ weicht man von diesem Wert nur geringfügig ab, s. Tab. 5): Für zwei spezielle Winkel $\omega_{\{011\}}$, unter denen die Reflexbreiten $\delta\beta_{\{011\}}$, $\delta\beta_{\{022\}}$ gemessen wurden, sind die zugehörigen Polarwinkel $\omega_{\{200\}}$ und wegen der Zweideutigkeit von $\omega_{\{110\}}$ jeweils $\omega_{\{110\}}$ (1), $\omega_{\{110\}}$ (2) für die obere Hälfte der Lagenkugel tabelliert (Tab. 2a I, 2b I). Dies läßt sich gut anhand der Faserdiagramme in Abbildung 5b, c verfolgen, wozu in Tabelle 2 der Polarwinkel $\nu_{\{h\}}$ im Faserdiagramm gehört.

Tab. 2.

a) $\omega_{\{011\}} = 19.9°$
　$\nu_{\{011\}} = 0°$

b) $\omega_{\{011\}} = 52{,}8°$
　$\nu_{\{011\}} = 50°$

I.

	{200}		{110}			
$\eta(1)$	ω	ν	$\omega(1)$	$\nu(1)$	$\omega(2)$	$\nu(2)$
7.4	90.0	90.0	83.8	83.7	83.8	83.7
9.4	85.1	85.0	80.6	80.4	86.1	86.0
13.9	80.2	80.0	76.4	76.1	87.3	87.2
20.0	75.3	75.0	70.6	70.3	87.1	87.0
30.2	69.4	70.0	60.1	59.5	82.7	82.6

	{200}		{110}			
$\eta(1)$	ω	ν	$\omega(1)$	$\nu(1)$	$\omega(2)$	$\nu(2)$
25.6	90.0	90.0	68.9	68.5	68.9	68.5
25.8	85.1	85.0	66.3	65.8	72.1	71.7
26.6	80.2	80.0	64.0	63.5	75.5	75.2
28.0	75.3	75.0	62.0	61.5	79.1	78.9
29.7	69.4	70.0	60.7	60.1	83.2	83.1
31.9	64.2	65.0	59.8	59.2	87.4	87.4
34.4	59.1	60.0	59.6	59.0	92.1	92.1

II.

	{200}		{110}			
$\eta(1)$	ω	ν	$\omega(1)$	$\nu(1)$	$\omega(2)$	$\nu(2)$
47.1	90.0	90.0	52.4	51.6	52.4	51.6
46.7	85.1	85.0	49.6	48.7	56.4	55.7
45.5	80.2	80.0	47.9	46.9	61.2	60.6
43.0	75.3	75.0	48.1	47.2	67.3	66.8
36.1	69.4	70.0	53.9	53.1	77.4	77.2

	{200}		{110}			
$\eta(2)$	ω	ν	$\omega(1)$	$\nu(1)$	$\omega(2)$	$\nu(2)$
80.1	90.0	90.0	34.9	33.4	34.9	33.4
80.0	85.1	85.0	30.3	28.4	39.7	38.5
79.6	80.2	80.0	25.8	23.6	44.6	43.6
79.0	75.3	75.0	21.6	18.9	49.6	48.7
78.1	69.4	70.0	18.1	14.6	54.6	53.8
77.0	64.2	65.0	15.5	11.2	59.7	59.1
75.6	59.1	60.0	14.8	10.2	64.9	64.4

Bem.: Tabellenwerte in Winkelgrad

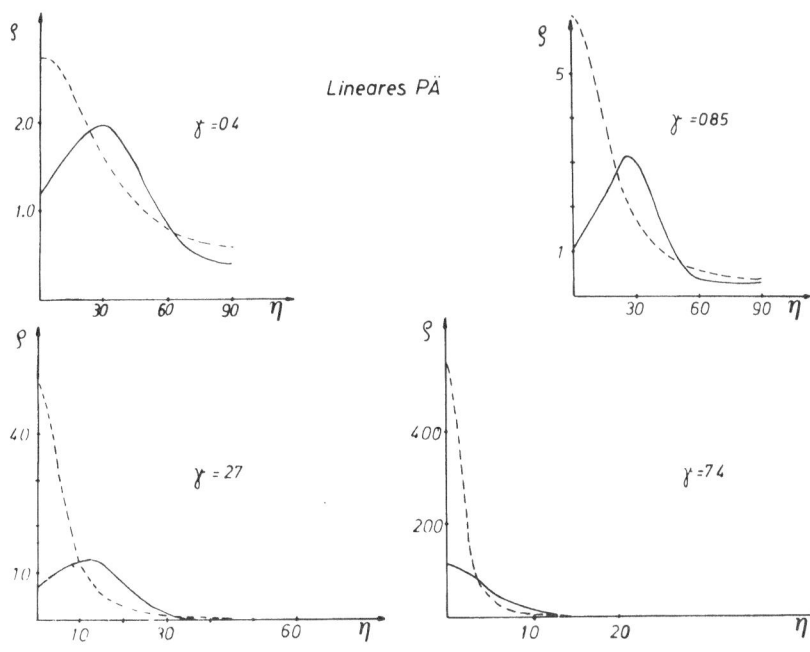

Abb. 9. a_3-Achsendichteverteilung in Abhängigkeit vom Polarwinkel η für lineares Polyäthylen mit den aufgeführten Verstreckgraden. ------ affine Verteilung; —— aus experimentellen Belegungsdichten B_h^l berechnet nach [15]

Wegen der Zweideutigkeit von $\omega_{\{011\}}$ in der oberen Halbkugel gibt es umgekehrt für ein spezielles $\omega_{\{011\}}$ zwei a_3-Polarwinkel $\omega_{00h_3}(1) = \eta(1)$, $\omega_{00h_3}(2) = \eta(2)$; die 2. Lösung $\eta(2)$ ist in Tabelle 2a II, 2b II aufgeführt. Wie man aus den Faserdiagrammen (Abb. 5b) ersieht, ist die 2. Lösung bei $\omega_{\{011\}} = 52,8°$ bzw. $\nu_{\{011\}} = 50°$ (Tab. 2b II) auszuschließen, denn bei den entsprechenden Winkeln $\nu_{\{200\}}$, $\nu_{\{110\}}$ ist praktisch keine Belegung mehr vorhanden. Dies gilt für alle drei gemessenen Proben $\lambda = 1,7$; 2,3; 2,7, die noch nicht vollständige Faserstruktur besitzen. Dies erhärten auch die a_3-Achsenverteilungen $\varrho(\eta)$ in Abbildung 9 nach *Heise* (5).

Bei $\omega_{\{011\}} = 19,9°$ bzw. $\nu_{\{011\}} = 0°$ ist die 2. Lösung (Tab. 2a II) nicht ganz auszuschließen, so daß man für alle drei Proben $\lambda = 1,7$; 2,3; 2,7 etwa folgende Winkelintervalle für die a_3-Achse abschätzen kann:

$$\omega_{\{011\}} = 19,9° \rightarrow 7,4° \leqslant \eta \leqslant 43,0°$$

$$\omega_{\{011\}} = 52,8° \rightarrow 25,6° \leqslant \eta \leqslant 34,4°.$$

Das bedeutet, daß nur bei $\omega_{\{011\}} = 19,9°$ Hauptachsenorientierungen $\eta \leqslant 25,6°$ vorkommen.

Die zu einem ω-Tripel gehörigen Durchmesser $\bar{D}_{011}$, $\bar{D}_{100}$ und $\bar{D}_{110}$ kombiniert man in der Weise, wie es in Tabelle 2 eingeteilt ist: Zu einem speziellen $\bar{D}_{011}$ gesellt man Paare $\bar{D}_{100}$, $\bar{D}_{110}$ und erwartet dadurch eine Abschätzung für das mittlere Gestaltellipsoid von Kristallen, deren (011)-Netzebenennormale $\mathfrak{h}_{011}$ eine feste Richtung hat, obwohl – wie dies in Abbildung 4 und 6 gezeigt wurde – die mittleren lateralen Durchmesser $\bar{D}_{100}$, $\bar{D}_{110}$ auch durch Kristalle bestimmt sind, deren $\omega_{\{011\}}$ von den beiden Werten in Tabelle 2 wesentlich abweicht. Trotzdem aber rechtfertigt sich dieses Vorgehen durch die geringen Unterschiede der lateralen Durchmesser gemessen bei Polarwinkeln $\omega_{\{200\}}$ und $\omega_{\{110\}}$. Daher sind auch $\bar{D}_1$ und $\bar{D}_2$ bei den verstreckten Proben kaum verschieden, und die im Abschnitt 2 erwähnte Komplikation bei $\varphi \neq 0$ (verdrehtes Ellipsoid in der a_1-a_2-Ebene) spielt praktisch keine Rolle: Das Gestaltellipsoid kann näherungsweise als Rotationsellipsoid betrachtet werden mit $\bar{D}_1 \approx \bar{D}_2$, $\bar{D}_3 \neq \bar{D}_1$, $\bar{D}_2$.

Es ist wichtig, darauf hinzuweisen, daß die Konstruktion eines Gestaltellipsoids zu einer speziellen Klasse von Kristallen mit jeweils gleicher (011)-Normalenrichtung darauf beruht, daß sich die lateralen Kristallitdurchmesser wenig unterscheiden, ganz gleich welche (011)-Normalenrichtung dazugehört. Es kann auch im Extremfall so sein, daß zu $\omega_{\{011\}} = 19,9°$ systematisch kleine laterale Durchmesser und zu $\omega_{\{011\}} = 52,8°$ entsprechend nur große laterale Durchmesser gehören, die sich dann zu einem mittleren Durchmesser kompensieren und umgekehrt. Dies ergibt für $\bar{D}_3$ zu kleine bzw. zu große Werte.

Hier kann nur eine Profilanalyse im Hinblick auf die Kristallitdurchmesserverteilung bei den betreffenden lateralen Reflexen weiterhelfen [s. z. B. (15)].

Für die vollständigen Faserstrukturen bei den in der früheren Arbeit (1) gemessenen Proben $\lambda = 4$ und $\lambda = 9$ vereinfacht sich Gl. [21], wenn man den Spezialfall $\eta = \omega_{00h_3} = 0°$ betrachtet (s. Abb. 8), was bedeutet, daß die Hauptachse a_3 in Richtung der V-Achse liegt:

$$\omega_h = \varDelta_h = 90° - \delta_h{}^*).\qquad [20]$$

Man erkennt, daß ω_h nicht mehr von ψ abhängt, was auch in diesem Fall durch die schon in [19] vorausgesetzte Zylindersymmetrie herauskommen muß. Für die Proben mit vollständiger Faserstruktur erhält man für den Fall, daß man Reflexbreiten in den Belegungsmaxima mißt ($\omega_{00h_3} = \eta = 0°$, ψ beliebig), folgende Azimutwinkel für die (011)- und (100)-, (110)-Normalenrichtung: 27,3° bzw. zweimal 90°. (Es ist aber auch bei den hochverstreckten Proben möglich, anders orientierte Kristallklassen zu betrachten, z. B. für $\eta \neq 0°$, d. h. außerhalb des Maximums der (002)-Belegungsdichte (vgl. Abb. 5c). Hier ist dann wiederum das allgemeine Verfahren nach Gleichung [19] anzuwenden).

4. Experimentelle Ergebnisse und Diskussion

Tabelle 3 gibt eine Übersicht über die gemessenen Proben. Die Verstreckgrade $\lambda = 4$ und 9 sowie $\lambda = 1$ (isotrop) wurden schon in einer früheren Arbeit (1) behandelt. Für $\lambda = 1$ werden die dort mitgeteilten Ergebnisse über-

---

*) siehe Berichtigung zu (1).

Tab. 3.

λ	$\gamma\,[\%]$	Herstellung
1.0	0	isotrop; bei 200 °C zweimal 1 h gepreßt
1.7	70	isotropes Material eingespannt bei 85 °C isotherm verstreckt auf Zimmertemperatur abgekühlt $\left(0,1\,\frac{\text{mm}}{\text{min}}\right)$
2.3	130	
2.7	170	
→4.0	300	
→9.0	800	
↳4 t	300	Probe $\lambda = 4.0$ „frei" getempert (120°, 1 h)
↳9 a	800	Probe $\lambda = 9.0$ nach 1 Jahr gemessen

Tab. 4. Parakristalline g-Werte für $\lambda = 4$ in Richtung $\underline{b}_{100}$, $\underline{b}_{110}$. u: ungetempert, t: getempert

		200	110
u	$\delta\beta(Z)$	$1,10 \times 10^{-3} A^{-1}$	$0,616 \times 10^{-3} A^{-1}$
	g	$1,44\,\%$	$1,60\,\%$
t	$\delta\beta(Z)$	$0,193 \times 10^{-3} A^{-1}$	$0,126 \times 10^{-3} A^{-1}$
	g	$0,60\,\%$	$0,72\,\%$

nommen. Neu hinzu kommen die Proben $\lambda = 1,7$; 2,3; 2,7. Diese Verstreckgrade unterscheiden sich von den hochverstreckten Proben durch prinzipielle Texturunterschiede. Nach Tabelle 1 gilt für die neuen Verstreckgrade nur die Symmetrie einer partiellen Spiralfaserstruktur. Die Auswertung der Verstreckgrade $\lambda = 1,7$; 2,3; 2,7 ist daher aufwendiger und nicht so eindeutig wie bei $\lambda = 4$ und 9.

Ausgangssubstanz ist die isotrope Probe (lineares Polyäthylen, Lupolen L 6041 D der Firma BASF). Das von der Firma BASF bezogene Material wurde bei 200 °C unter Druck auf Folienform der mittleren Dicke 100 μm gebracht. Um möglichst isotrope Kristallitorientierung zu erhalten, wurde dann noch bei 130 °C mehrere Stunden nachgetempert.

Diese Substanz wurde immer bei derselben Temperatur $T_v = 85$ °C und mit derselben Geschwindigkeit $V_v = 0.1$ mm pro Minute auf die verschiedenen Verstreckgrade gedehnt.

Die mit 4 t bezeichnete Probe entstand aus der normalen Probe $\lambda = 4$ durch Nachtempern bei 120 °C. Das Ergebnis war eine drastische Abnahme der Gitterstörungen, während die Kristallitdimensionen weitgehend (innerhalb der Meßgenauigkeit) unverändert blieben. Hierzu sind zum Vergleich in Tabelle 4 die parakristallinen g-Werte für die getemperte und ungetemperte Probe $\lambda = 4$ aufgeführt.

Die Probe $\lambda = 9a$ ist dieselbe Probe wie $\lambda = 9$ und wurde nach einem Jahr noch einmal gemessen. Hierbei ergab sich weder in der Kristallitgröße noch in den Störungen ein außerhalb der Meßfehler liegender Unterschied.

Für die Messungen wurde eine Guinier-

kamera XDC 700 der Firma IRD (Incentive Research & Development AB, Schweden) verwendet. Diese Kamera arbeitet mit Cu-Kα_1-Strahlung, die durch einen Quarz-Monochromator vom Johansson-Typ fokussiert wird.

Um Gasstreuung weitgehend zu vermeiden, wurde die Kammer evakuiert. Speziell für die uniaxial verstreckten Proben wurde wegen der anisotropen Orientierungsverteilung ein Präparathalter konstruiert, der es gestattet, die Verstreckrichtung V in jede beliebige Winkellage gegenüber der einfallenden Strahlrichtung zu bringen (Abb. 7). Für die mittleren Kristallitgrößen- und Störbreitenabtrennung sind Reflexe mit zwei Ordnungen notwendig, das sind 200, 400, 110, 220, 011, 022. Da die Reflexbreitenbestimmung von 022 zum Teil mit größeren Unsicherheiten behaftet ist, wird auch noch der 002-Reflex herangezogen, um vor allem bei $\lambda = 1, 4, 9$ die aus der Ellipsoidnäherung gewonnenen $\bar{D}_3$-Werte zu belegen. Der 022-Reflex läßt sich nur bei $\lambda = 4$ und 9 gut auswerten, bei den übrigen Proben, insbesondere bei $\lambda = 1$, treten die bekannten Reflexüberlappungen auf. Bei den Proben $\lambda = 1,7$; 2,3; 2,7 scheinen für bestimmte Polarwinkel $\omega_{(011)}$ mehr Störungen als bei der isotropen Probe in Kettenrichtung aufzutreten, $1/\delta\beta_{002}(S^2)$ ist dann nicht mehr ein geeignetes Maß für $\bar{D}_3$.

Zu den genannten sieben Reflexen 200, 400, 110, 220, 011, 022, 002 sind in Tabelle 5 für verschiedene Polarwinkel ω_h die gemessenen integralen Röntgenweitwinkelreflexbreiten aufgeführt, nachdem die vom Apparat sowie von der Probendicke herrührenden Verbreiterungen nach dem bekannten Verfahren (1) abgezogen wurden. Die Berechnung des Guinierkammereinstellwinkels θ_h (Abb. 7) wurde ausführlich in (1) erläutert. θ_h berechnet sich aus δ_h, wobei für $\delta_h = 90° - \omega_h$ eingesetzt

Tab. 5. Gemessene integrale Breiten und zugehörige Polarwinkel ω, Probendrehwinkel θ, $\delta\beta$ in 10^{-3} A^{-1}. $\Delta\delta\beta$: statistische Meßfehler bzw. Größtfehler bei 220, 400, 022, 002

$h_1h_2h_3$		λ 1.0	1.7	2.3	2.7	4.0	9.0
110	$\delta\beta$ $\Delta\delta\beta$	2.15 ± 0.05	4.18 ± 0.29	4.03 ± 0.11		6.07 ± 0.22	7.27 ± 0.35
	ω θ	— —	90 0	90 0		90 0	90 0
220	$\delta\beta$ $\Delta\delta\beta$	2.96 ± 0.15	6.93 ± 0.4	6.72 ± 0.36		7.92 ± 0.50	9.37 ± 0.50
	ω θ	— —	90 0	90 0		90 0	90 0
110	$\delta\beta$ $\Delta\delta\beta$		3.81 ± 0.09	4.04 ± 0.12	6.15 ± 0.25		
	ω θ		61.6 30.3	71.3 19.8	75.3 15.6		
220	$\delta\beta$ $\Delta\delta\beta$		5.02 ± 0.17	5.33 ± 0.40	7.32 ± 0.40		
	ω θ		61.6 28.7	71.3 18.8	75.3 14.9		
200	$\delta\beta$ $\Delta\delta\beta$	2.62 ± 0.06	4.26 ± 0.11	4.63 ± 0.11		6.78 ± 0.25	8.23 ± 0.35
	ω θ	— —	90 0	90 0		90 0	90 0
400	$\delta\beta$ $\Delta\delta\beta$	3.19 ± 0.15	7.06 ± 0.80	7.71 ± 0.30		10.10 ± 0.60	12.95 ± 0.50
	ω θ	— —	90 0	90 0		90 0	90 0
200	$\delta\beta$ $\Delta\delta\beta$		4.62 0.11	4.87 ± 0.12	6.61 ± 0.27		
	ω θ		66.6 24.7	70.5 20.6	75.3 15.4		
400	$\delta\beta$ $\Delta\delta\beta$		6.10 ± 0.30	6.13 ± 0.30	8.70 ± 0.45		
	ω θ		66.6 23.5	70.5 19.6	75.3 14.7		
011	$\delta\beta$ $\Delta\delta\beta$	2.75 ± 0.09	3.02 ± 0.11	3.82 ± 0.12	5.17 ± 0.25	6.16 ⊥ 0.28	7.07 ± 0.6
	ω θ	— —	19.9 72.7	19.9 72.7	19.9 72.7	27.3 64.5	27.3 64.5
022	$\delta\beta$ $\Delta\delta\beta$	3.80 ± 0.3	5.77 ± 0.50	6.12 ± 0.80	6.93 ± 0.80	11.7 ± 1.20	12.90 ± 1.2
	ω θ	— —	19.9 74.7	19.9 74.7	19.9 74.7	27.3 65.8	27.3 65.8
011	$\delta\beta$ $\Delta\delta\beta$		4.54 ± 0.22	5.79 ± 0.20	6.85 ± 0.28		7.87 ± 0.65
	ω θ		55.5 35.1	50.1 40.6	45.7 45.2		19.9 72.7
022	$\delta\beta$ $\Delta\delta\beta$		5.65 ± 0.80	6.40 ± 0.80	8.66 ± 0.80		10.60 ± 2.0
	ω θ		55.5 35.5	50.1 41.1	45.7 45.8		19.9 74.7
002	$\delta\beta$ $\Delta\delta\beta$	2.88 ± 0.25				3.81 ± 0.12	3.82 ± 0.13
	ω θ	— —				0 90	0 90

wird. ω_h ist der nach Gl. [19] zu berechnende Polarwinkel für einen beliebigen uniaxialen Verstreckgrad. Für den Fall der vollständigen Faserstruktur gilt $\delta_h = 90° - \Delta_h$, wenn man jeweils im Maximum der azimutalen Belegungsdichte mißt (also $\eta = 0°$, ψ beliebig, s. Gl. [20]).

Als erste Stufe der Auswertung erfolgt die Abtrennung der Störbreiten durch zwei Reflexe der gleichen Netzebenenschar gemäß Gleichung [13]. Hierzu wurde eine quadratische Zunahme der Störbreite mit der Ordnung angenommen. Während dies schon in früheren Arbeiten bei axial orientiertem Material, so bei Zellulose (9) und bei extrem hochverstrecktem ($\lambda = 60$) Polyäthylen (10), nachgewiesen wurde, scheint dies auch für hochverstreckte Polyäthylenproben ($\lambda = 9$, Abb. 10) erfüllt zu sein: Trotz beträchtlicher Reflexüberlappung gelingt die Auswertung des 330-Reflexes als 3. Ord-

nung in Richtung von $\underline{b}_{110}$. Bei isotropem Polyäthylen wird dieser Reflex von $h_1h_2h_3$-Reflexen überdeckt.

(Die Richtung des systematischen Fehlers beim 330-Reflex ist in Abbildung 10 gestrichelt markiert, ohne jedoch ein genaues Maß dafür zu geben.) Es kann außerdem sein, daß die integrale Breite des 110 zu groß bestimmt wurde, da links und rechts nichtorthorhombische Reflexe die Flanken scheinbar anheben. Beim 110 wurde nur der statistische Fehler eingezeichnet. Der systematische Fehler würde zu kleineren Breitenwerten gehen.

Um die Störbreiten abzutrennen, wird außerdem noch die Kenntnis des Profiltyps von Kristallit- und Störprofil benötigt; dadurch ist die Verknüpfungsform in [11] bestimmt. Die in ausreichendem Maße bei den verstreckten Proben untersuchten Profile lagen ausnahmslos zwischen Lorentz (L) und Lorentz² (L^2). Die

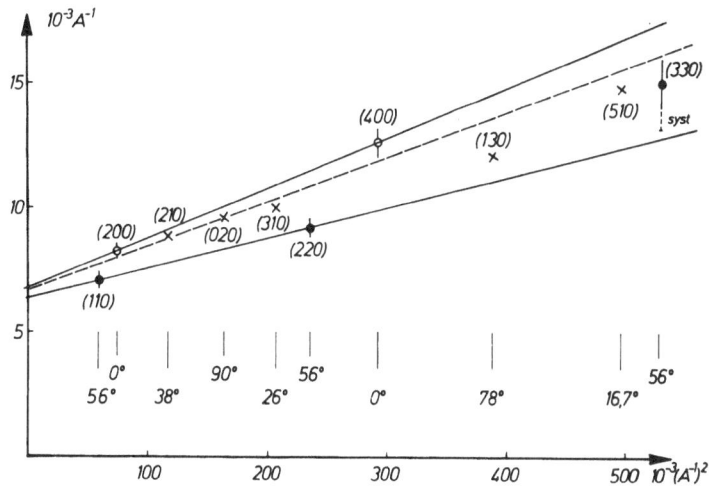

Abb. 10. Diagramm $\delta\beta - b_h^2$ für laterale Reflexbreiten ($\lambda = 9$)

Störprofile bei isotropem Polyäthylen (wie auch bei Polybuten) wurden innerhalb gewisser Abbruchgrenzen zu Lorentzprofilen bestimmt (11), (12); auch für verstrecktes Polyäthylen liegt ein Störprofil vom Lorentztyp vor (14).

Die vorliegenden Reflexbreiten in Tabelle 5 wurden nach Gleichungen [11], [12] und [13] ausgewertet, d.h. quadratisches Anwachsen der Störbreite und mit LL- bzw. L^2L-Profilen für $I(b')$. Zu bemerken ist, daß alle diese Nachweise nur für zwei ganz bestimmte laterale Netzebenennormalenrichtungen (110), (100) geführt wurden. In longitudinaler Richtung also ist insbesondere wegen der starken Bindungsverhältnisse in Kettenrichtung ein Dehnungsmechanismus, bedingt durch Mikrospannungen, denkbar, was sich dann durch ein mehr lineares Anwachsen der Störbreite der $h_1 h_2 h_3$-Reflexe mit der Ordnung bemerkbar machen würde. Die Ergebnisse für die mittleren Kristallitdurchmesser sind in Abbildung 11 und Abbildung 12 zusammengefaßt:

Abbildung 11 zeigt den Verlauf der mittleren Kristallitdurchmesser abhängig vom Verstreckgrad für die speziellen Richtungen senkrecht zu (100, (110), (011). Obere und untere Kurven sind mögliche Schranken. Man stellt durch Vergleich mit Tabelle 2 und Abbildung 6b, c und 8 fest, daß die durchgezogene Kurve durch Kristallklassen erzeugt wird, deren a_3-Achsenorientierung η insgesamt besser ist als bei den Kristallklassen, welche die gestrichelte Kurve bestimmen.

Bei $\bar{D}_{100}$ und $\bar{D}_{110}$ in Abbildung 11 sind nur statistische Meßfehler berücksichtigt. Sie sind zum Teil kleiner als die gezeichneten Kreise. Wie schon erwähnt, sind aber vor allem bei 110 und 200 durch die bei verstreckten Proben auftretenden nichtorthorhombischen Reflexe (16) kleine systematische Abweichungen zu erwarten.

Bei $\bar{D}_1$ und $\bar{D}_2$ in Abbildung 12 wurden $\bar{D}_{100}$ und $\bar{D}_{110}$ von Abbildung 11 so kombiniert, daß im einen Fall die äquatorial gemessenen $\bar{D}_{100}$, $\bar{D}_{110}$ ($\omega_{\{200\}} = \omega_{\{110\}} = 0°$) und im anderen Fall die außerhalb des Äquators gemessenen $\bar{D}_{100}$, $\bar{D}_{110}$ kombiniert wurden. Dies ergibt bei $\bar{D}_1$, $\bar{D}_2$ die durchgezogene bzw. die gestrichelte Kurve. Dieses Vorgehen gründet sich auf die Unterscheidung in der Orientierung: Die bei $\omega_{\{200\}} = \omega_{\{110\}} = 0°$ gemessenen $\bar{D}_{100}$, $\bar{D}_{110}$ repräsentieren die insgesamt bessere Orientierung der a_3-Achse. Bei $\bar{D}_{011}$ in Abbildung 11 wurden wegen der großen Unsicherheiten bei der 022-Breitenbestimmung die Größtfehler berücksichtigt. Diese ergeben bei $\bar{D}_3$ in Abbildung 12 relativ große Fehlerbalken; obwohl diese bei großen $\bar{D}_3$-Werten prozentual sogar kleiner sind, machen sie sich absolut stark bemerkbar. Z. B. bei $\lambda = 1,7$ ist $\bar{D}_3 = 590$ A und der Fehler $\Delta\bar{D}_3 = 140$ A. In diesem $\Delta\bar{D}_3$ sind extreme Wertepaare $\bar{D}_{100}$, $\bar{D}_{110}$, die zur Errechnung von $\bar{D}_3$ in [10] benötigt werden, enthalten. Die zwei $\bar{D}_3$-Werte, die bei $\lambda = 1,7$ mit extremen Paaren $\bar{D}_{100}$, $\bar{D}_{110}$ und dem Mittelwert von $\bar{D}_{011}$ berechnet wurden, sind 553 A und 619 A, also innerhalb des durch die Meßfehler von $\bar{D}_{011}$ bewirkten Fehlerbalkens. Die in der Kurve $\bar{D}_3$ in

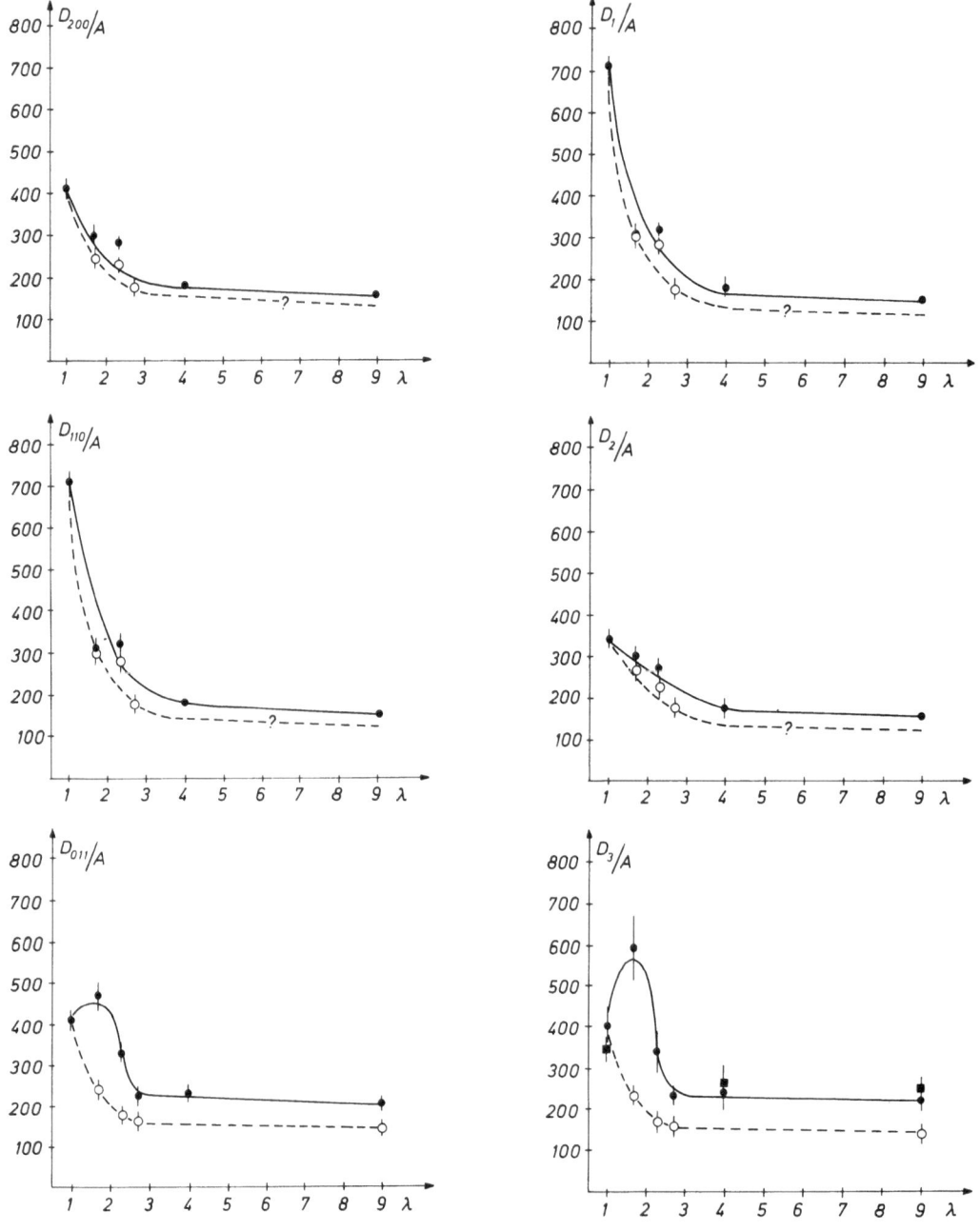

Abb. 11. Gemessene Kristallitdurchmesser senkrecht zu (011), (200), (110).
—— besser   } orientiert im Mittel
----- schlechter }

Abb. 12. Berechnete Ellipsoidhauptachsenwerte $\bar{D}_1$, $\bar{D}_2$, $\bar{D}_3$.
—— besser   } orientiert im Mittel
----- schlechter }

Abbildung 12 eingezeichneten Punkte wurden mit $\bar{D}_{011}$ und je aus zwei Meßpunkten gemittelten Werten $\bar{D}_{100}$, $\bar{D}_{110}$ berechnet. Die lateralen Schwankungen von $\bar{D}_{100}$ und $\bar{D}_{110}$ ergeben bei allen Proben berechnete $\bar{D}_3$-Werte, die innerhalb des für $\bar{D}_3$ errechneten Meßfehlerbalkens liegen.

Für die isotrope Probe gibt es nur einen Meßpunkt. Dies bedeutet aber nicht, daß Kristallitgrößen von z. B. $\bar{D}_3 = 590$ A nicht auch im isotropen Fall vorkommen könnten. Denn eine Verteilung der Kristallitgrößen kann mit dieser Methode nicht erfaßt werden.

In beiden Abbildungen, 11 und 12, wird das

zwischen den Grenzkurven liegende Gebiet so gedeutet, daß Kristalle mit entsprechenden Kristallitdimensionen auftreten können, und zwar je nach Orientierung der zugehörigen Kristallklassen. (Auch sind Kristallitgrößen außerhalb der Grenzkurven möglich, gehören aber zu geringeren Belegungsdichten.) Denn es zeigte sich in zusätzlichen Messungen, daß die integralen Breiten, die bei Polarwinkeln zwischen den Extremalwerten, z. B. zwischen $\omega_{(011)} = 19{,}9°$ und $52{,}8°$ (s. Abb. 5b, Tab. 2) gemessen wurden, einen kontinuierlichen Übergang aufweisen. Wie die Abbildungen 11 und 12 zeigen, nehmen die lateralen Dimensionen der Kristallite fast unabhängig von der Orientierung stetig ab. Eine Abhängigkeit von der Orientierung zeigt sich jedoch bei den Abmessungen $\bar{D}_3$ in Kettenrichtung. Ausgehend von der isotropen Probe ist zunächst bis $\lambda = 1{,}7$ ein Anwachsen von $\bar{D}_3$ für die besser orientierten Kristallite und eine Abnahme für die schlechter orientierten zu beobachten. Da auf jeden Fall eine Kristallitgrößenverteilung vorliegt und hier nur jeweils Mittelwerte gemessen werden, ist eine Diskussion dieses Verhaltens sehr schwierig. Folgende Prozesse, die im Beitrag von *Heise, Kilian, Pietralla* und *Roth* in diesem Heft näher diskutiert werden, spielen jedoch sicher eine wesentliche Rolle: Orientierungsänderung durch Zwillingsbildung und Abgleitprozesse und eventuell leichtere Orientierbarkeit größerer Kristallite. Das beobachtete Absinken der mittleren Kristallitgröße $\bar{D}_3$ der schlechter orientierten Kristallite wäre dann zumindest teilweise darauf zurückzuführen, daß aus der zugehörigen Kristallitgrößenverteilung die größeren Kristallite verschwunden sind und sich damit der Mittelwert zu kleineren Werten verschiebt. Oberhalb $\lambda = 1{,}7$ setzen dann wesentlich Umschmelzprozesse ein, und es bilden sich die zum jeweiligen Orientierungsgrad gehörigen stabilen Kristallite aus, die natürlich wegen der mikroskopisch inhomogenen Struktur der Proben ebenfalls noch eine Größenverteilung zeigen, von welcher der Mittelwert gemessen wird. Im Bereich $\lambda = 4 \ldots 9$ treten keine wesentlichen Änderungen mehr auf. Ab $\lambda = 4$ haben die Proben eine Fibrillenstruktur mit axialer Orientierung. Obwohl die Probe von $\lambda = 4$ bis $\lambda = 9$ makroskopisch stark verstreckt wird, zeigen unsere Messungen, daß sich am mittleren Verhalten der Kristallite nur sehr

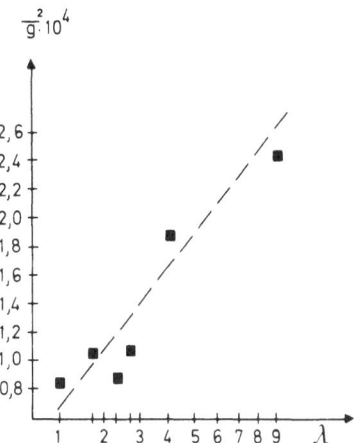

Abb. 13. Abhängigkeit der Gitterstörungen vom Verstreckgrad: $\bar{g}^2 - \sqrt{\lambda}\ [\bar{g} = (g_{110} + g_{200})/2]$

wenig ändert. Daraus kann der Schluß gezogen werden, daß bei diesen Verstreckgraden wesentlich die amorphen Bereiche zwischen den Fibrillen die Gleitprozesse für den Verstreckvorgang tragen müssen.

In Abbildung 13 werden als Maß für die in den Kristalliten auftretenden Gitterstörungen in lateraler Richtung die über beide gemessenen Richtungen gemittelten Werte $\bar{g}^2$, die nach [5] proportional zu $\delta\beta(Z)$ sind, gegen $\sqrt{\lambda}$ aufgetragen. Der praktisch lineare Anstieg zeigt, daß mit steigendem Verstreckgrad weniger Gitterstörungen hinzukommen. Nimmt man an, daß die Gitterstörungen von Kristalldefekten herrühren (z. B. Kinken oder Versetzungen), so ist der Anstieg mit der Konzentration der Defekte verknüpft. Für statistisch verteilte Versetzungen der Versetzungsdichte n beispielsweise wächst die Linienbreite mit $\sqrt{n}$ an (13). Innerhalb der Meßunsicherheiten würde dann das in Abbildung 13 dargestellte Meßergebnis bedeuten, daß die Versetzungsdichte innerhalb der Kristallite proportional zum Verstreckgrad λ anwächst. Eine Entscheidung darüber, was tatsächlich die physikalische Ursache der Linienverbreiterungen ist, läßt sich jedoch auf der Grundlage der vorliegenden Messungen nicht treffen.

Etwas außerhalb der Kurven liegt die Probe $\lambda = 2{,}3$. Dies macht sich sowohl bei den Störbreiten als auch bei den Kristallitgrößen bemerkbar. Der Grund hierfür dürfte zunächst in der unterschiedlichen Textur der Proben $\lambda = 1{,}7$; 2,3; 2,7 liegen: Im Gegensatz zu den Faserdiagrammen für $\lambda = 1{,}7$; 2,7 (vgl. Abb.

5) zeigt das Faserdiagramm für $\lambda = 2,3$ eine höhere Orientierung für die $(h_1 00)$-Netzebenen, nicht aber für die $(h_1 h_2 0)$-Netzebenen.

Berichtigung zu (1):

1. Die rechte Seite von Gleichung [43] ist mit 1/2 zu multiplizieren.

2. Nach Gleichung [48] muß es heißen:

$$\frac{\pi b_h^2}{2\delta\beta^2(S^2)} \cdot \frac{\langle \varepsilon_h^4 \rangle}{\langle \varepsilon_h^2 \rangle} \ll 1 .$$

3. Die Gleichung auf S. 727 muß lauten:

$$\delta_h = \arctan \frac{h_3 b_3}{(b_1^2 h_1^2 + h_2^2 b_2^2)^{\frac{1}{2}}}$$

$$= \arcsin \frac{h_3/a_3}{\left(\dfrac{h_1^2}{a_1^2} + \dfrac{h_2^2}{a_2^2} + \dfrac{h_3^2}{a_3^2} \right)^{\frac{1}{2}}} .$$

Wir danken Frau *A. Kupfer* für ihre Hilfe bei den Messungen und Herrn Dr. *B. Heise* für wertvolle Diskussionen über den Problemkreis der Kristallorientierung.

Der Deutschen Forschungsgemeinschaft danken wir für die finanzielle Unterstützung dieser Arbeit.

Zusammenfassung

Aus der Linienbreite der Röntgenweitwinkelreflexe werden für lineares Polyäthylen die Kristallitgrößen in Abhängigkeit von der Orientierung sowie die Gitterstörungen als Funktion des Verstreckgrades λ bestimmt. Für die Abmessungen der Kristallite in Kettenrichtung ergibt sich, daß die besser orientierten Kristallite (innerhalb einer Probe bei festem Verstreckgrad) größer sind als die weniger gut orientierten. Die Änderung mit dem Verstreckgrad zeigt ein kompliziertes Verhalten. Die lateralen Kristallitdimensionen nehmen monoton mit dem Verstreckgrad λ ab. Bei hohen Verstreckgraden ($\lambda = 4 \ldots 9$) treten nur noch geringfügige Änderungen auf. Die Gitterstörungen nehmen monoton mit λ zu.

Summary

By the line widths in X-ray wide angle diagrams of linear polyethylene information is obtained concerning the crystallite size of differently oriented crystallites and lattice distortions, both as a function of the draw ratio λ. The crystallite size in chain direction has higher values for more oriented crystallites (within a sample with given draw ratio) than for less oriented. The change of crystallite size for different draw ratios looks complicated. The lateral dimensions of the crystallites decrease monotonously along with the draw ratio. There are only small changes at high draw ratios ($\lambda = 4 \ldots 9$). The lattice distortions increase along with the draw ratio.

Literatur

1) *Wilke, W., K. W. Martis,* Colloid & Polymer Sci. **252**, 718 (1974).
2) *Wilke, W., W. Vogel, R. Hosemann,* Kolloid-Z. u. Z. Polymere **237**, 317 (1970).
3) *Guinier, A.,* X-Ray Diffraction in Crystals, Imperfect Crystals, and Amorphous Bodies (San Francisco and London 1963).
4) *Wilke, W., R. Hosemann,* Faserforschg. und Textiltechnik **18**, 54 (1967).
5) *Heise, B.,* Dissertation (Ulm 1972).
6) *Alexander, L. E.,* X-Ray Diffraction Methods in Polymer Science (New York 1969); *Kakudo, M., N. Kasai,* X-Ray Diffraction by Polymers (Tokio and Amsterdam 1972).
7) *Heffelfinger, C. J., R. L. Burton,* J. Polymer Sci. **47**, 289 (1960).
8) *Kratky, O.,* Kolloid-Z. **64**, 213 (1933).
9) *Haase, J., R. Hosemann, B. Renwanz,* Kolloid-Z. u. Z. Polymere **251**, 871 (1973).
10) *Hosemann, R., W. Wilke,* Faserforschg. und Textiltechnik **15**, 521 (1964).
11) *Vogel, W., J. Haase, R. Hosemann,* Z. Naturforschg. **29**a, 1152 (1974).
12) *Schmidt, W., W. Vogel,* Colloid & Polymer Sci. **253**, 898 (1975).
13) *Krivoglaz, M. A.,* Theory of X-Ray and Thermal-Neutron-Scattering by Real Crystals (New York 1969).
14) *Haase, J.,* Private Mitteilung (Gomadinger Treffen 1975).
15) *Yoda, O., N. Tamura, K. Doi,* J. of Mat. Sci. **11**, 696 (1976).
16) *Seto, T., T. Hara, K. Tanaka,* Japan. J. Appl. Phys. **7**, 31 (1968).

Anschrift der Verfasser:

K. W. Martis und *W. Wilke*
Abteilung für Experimentelle Physik I
der Universität Ulm
Oberer Eselsberg
D-7900 Ulm

Progr. Colloid & Polymer Sci. **62**, 59–64 (1977)
© 1977 Dr. Dietrich Steinkopff Verlag GmbH & Co. KG, Darmstadt
ISSN 0340-255 X

Vorgetragen auf der Frühjahrstagung des Fachausschusses Physik
der Hochpolymeren in der Deutschen Physikalischen Gesellschaft
in Bad Nauheim vom 29. März bis 2. April 1976

Laboratorium für Kunststofftechnik LKT-TGM, Wien (Österreich)

Feinstrukturuntersuchungen am Schichtaufbau von extrudiertem Polypropylen

H. Dragaun

Mit 10 Abbildungen und 2 Tabellen

(Eingegangen am 8. September 1976)

Einleitung

Wie bereits aus vorangegangenen Untersuchungen bekannt ist, kann bei aus der Schmelze verarbeitetem Polypropylen (PP) eine unterschiedliche Strukturausbildung über den Probenquerschnitt festgestellt werden. Diese Gefügeausbildung wurde sowohl an Spritzgußteilen (1–3) wie auch an extrudiertem isotaktischem Polypropylen (*it*-PP) beobachtet (4).

Vorerst wurden handelsübliche Rohre aus PP mit unterschiedlicher Wanddicke untersucht. Eine Zusammenstellung der dabei auftretenden Strukturen soll im Vergleich mit möglichst definiert extrudierten Rohren helfen, die Wechselbeziehungen zwischen Verarbeitung, Struktur und Eigenschaften im Sinne einer Modellmatrix (4) besser zu erkennen. Zur Strukturbeschreibung werden in der vorliegenden Arbeit neben der Polarisationsmikroskopie Methoden der Röntgenbeugung und der Elektronenmikroskopie herangezogen.

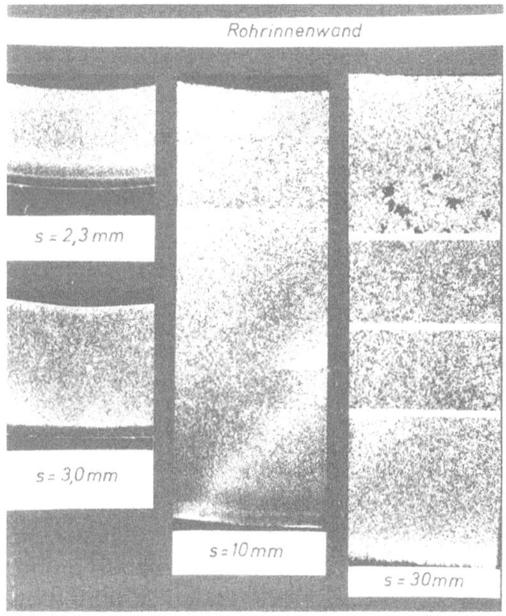

Polarisationsmikroskopie

Mit Hilfe dieser Methode wurde der sphärolithische Gefügeaufbau in der Rohrwand untersucht. Dazu wurden mit einem Mikrotom etwa 20 μm dicke Schnitte mit Schnittebenen senkrecht und parallel zur Rohrachse in radialer Richtung präpariert. Abbildung 1 zeigt den unterschiedlichen Gefügeaufbau an handelsüblichen Rohren der Wanddicken $s = 2,3$ bis 30 mm.

Als Werkstoff wurde bei allen untersuchten Proben ein *it*-PP mit einem Schmelzindex von 0,3 g/10 min (230 °C/2,16 kp) der Chemie Linz AG, DAPLEN HO 50, verwendet.

Abb. 1. Sphärolithischer Gefügeaufbau über den Rohrwandquerschnitt bei industriell gefertigten Rohren aus PP. Variation der Wanddicken von 2,3 bis 30 mm

Die Mikroskopbilder zeigen, daß eine charakteristische Zonenaufteilung des Rohrwandquerschnittes möglich ist, wie sie prinzipiell in Abbildung 2 dargestellt wird. Dabei ist Zone 1 eine lichtmikroskopisch strukturlose Randzone, die Zonen 2, 3 und 4 Übergangszonen mit unterschiedlich scharfer Abgrenzung im Gefügebild, Zone 5 erst weist ein normalsphärolithisches Gefüge im Bereich der Rohrwandmitte (Hauptgefüge) auf. Von der Rohrwandmitte zur Rohrinnenwand setzen sich gleichartige Gefügezonen in sinngemäß symmetrischer Anordnung fort.

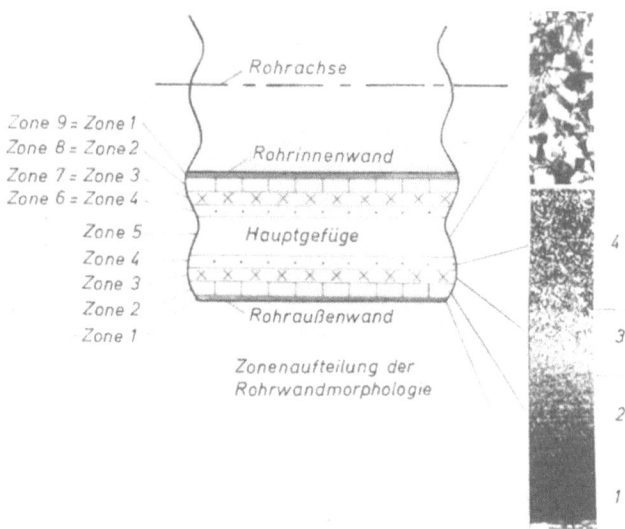

Abb. 2. Prinzipielle Zonenaufteilung der Rohrwand-
morphologie von der Rohraußen- bis zur Rohrinnenseite

Vergleicht man die Rohre verschiedener
Wanddicken, so fällt auf, daß die dickwandi-
geren Rohre einen relativ bedeutend größeren
Anteil an Hauptgefüge aufweisen als die
dünnwandigeren Rohre. Ein entsprechender
Einfluß unterschiedlicher Strukturausbildung
auf das Zeitstand- und Bruchverhalten ist
dabei zu erwarten, und es könnte dies auch ein
Ansatz zur Erklärung einer Praxisbeobach-
tung sein, gemäß der „dicke" Rohre relativ
besser als „dünne" Rohre sind (5). Um den
Einfluß unterschiedlicher technologischer Bedingungen bei der Verarbeitung von PP im
Extrusionsprozeß besser beurteilen zu können,
wurden Untersuchungen an einer Proben-
serie gleicher Abmessungen durchgeführt,
über die an anderer Stelle bereits berichtet
wurde (4). In allen Fällen blieb dabei die soeben
beschriebene Zonenaufteilung im Gefügeaufbau grundsätzlich erhalten. Nach einer Temperung der Rohrproben von 150 auf 90 °C
innerhalb von 7 Stunden erfolgten geringfügige Änderungen im Strukturbild. So zeigte
sich bei allen Proben ein ausgeprägteres Hauptgefüge und eine Verringerung des Anteils der
Zone 1 gegenüber dem Ausgangszustand. Die
mechanischen Kennwerte bei Schlagbeanspru-
chung und dynamischer · Innendruckprüfung
konnten durch den Temperprozeß merkbar
verbessert werden.

Röntgenfeinstruktur

Zur näheren Untersuchung des bereits
beschriebenen Zonenaufbaues wurden mit
einer Planfilmkamera Röntgenweitwinkelaufnahmen mit Ni-gefilterter CuK$_\alpha$-Strahlung
bei einem Probe-Filmabstand von 100 mm
gemacht. Die Durchstrahlrichtung war dabei
senkrecht zur Extrusionsrichtung gemäß Abbildung 3 an verschiedenen Stellen der Rohrwand angeordnet. Zur genauen Positionierung
wurde eine auf 0,01 mm genau justierbare
Probenhalterung sowie ein Feinkollimator
von 150 μm Durchmesser verwendet (6).

In Abbildung 4a sind dazu die Ergebnisse
bei einer technologisch raschen Abkühlbedingung von $\Delta T = 210$ K (Massetemperatur
230 °C, Badtemperatur 20 °C) im ungetemperten und im getemperten Zustand gezeigt.
Betrachtet man den Bereich der Rohrwandmitte, so erkennt man in beiden Fällen nur
isotrope Beugungsringe und damit praktisch
orientierungsfreien kristallinen Gefügeteil. In
den Randbereichen der Rohrinnen- und Rohraußenwand treten merkbare Orientierungen
auf, die nach der Temperung etwas geringer
ausgeprägt sind.

Bei Rohren mit der technologisch langsamen
Abkühlbedingung $\Delta T = 130$ K (Massetemperatur 210 °C, Badtemperatur 80 °C) zeigen sich
qualitativ gleiche Befunde (Abb. 4b).

Besonders interessant erscheint dabei die
Beobachtung, daß bei den Aufnahmen in den
Randzonen ein deutlicher Beugungsreflex
zwischen dem (040)- und dem (110)-Reflex der
monoklinen α-Modifikation des *it*-PP, aus-

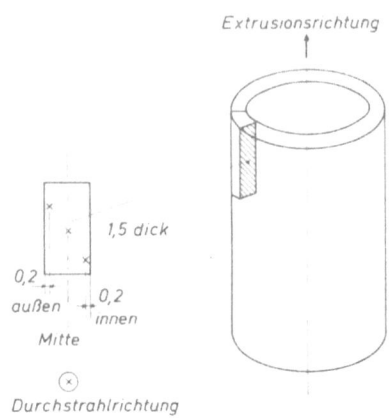

Abb. 3. Anordnung von Probe und Durchstrahlrichtung bei den Röntgenweitwinkelaufnahmen

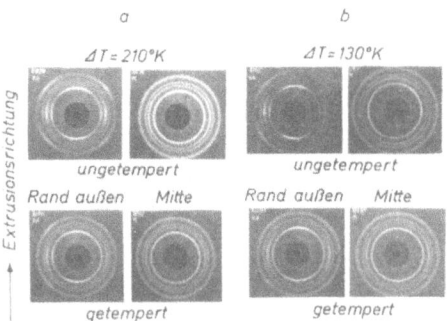

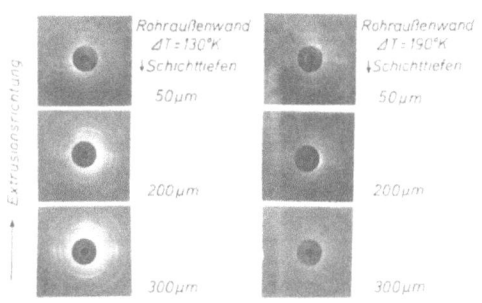

Abb. 4. Röntgenweitwinkelaufnahmen an der Rohraußenwand und in der Rohrwandmitte. (a) Rasche Abkühlung $\Delta T = 210$ K; (b) Langsame Abkühlung $\Delta T = 130$ K

Abb. 6. Röntgenweitwinkelaufnahmen in verschiedenen Schichttiefen von der Rohraußenwand bei $\Delta T = 190$ und 130 K

schließlich orientiert, auftritt. Aus Untersuchungen von Goniometeraufnahmen (Abb. 5) an den gleichen Proben konnte dieser als der (020)-Reflex der β-Modifikation des *it*-PP klassifiziert werden (6). Weitere Untersuchungen über das Auftreten der β-Modifikation in Abhängigkeit von den technologischen Herstellbedingungen werden derzeit durchgeführt (7, 8).

Um die Strukturausbildung in der Randzone noch genauer analysieren zu können, wurden mit Hilfe eines Hartschnittmikrotoms von der Rohraußenwand ausgehend 50 μm dicke Schichten abgenommen und im Durchstrahlverfahren untersucht. Schnittebene war dabei die Tangentialebene an die Rohraußenwand, Schnittrichtung parallel zur Extrusionsrichtung, Durchstrahlrichtung senkrecht dazu. Die zugehörigen Röntgenweitwinkelaufnahmen bei den Herstellbedingungen $\Delta T = 190$ K (Massetemperatur 210 °C, Badtemperatur 20 °C) und $\Delta T = 130$ K sind in Abbildung 6 zusammengestellt. Daraus können die folgenden Aussagen getroffen werden:

1) In den lichtmikroskopisch strukturlosen Randzonen treten einwandfrei Beugungsinten-

sitäten der kristallinen Modifikationen des *it*-PP auf. Dieser Gefügebereich wird daher fälschlich als amorphe Randzone bezeichnet. Messungen mit Hilfe der Differentialkalorimetrie (2, 19) bestätigen diesen Befund.

2) Die Orientierung der kristallinen Bereiche nimmt mit zunehmender Tiefe von der Rohraußenwand ab, wobei die Abnahme bei langsamer Abkühlung rascher erfolgt.

3) In der äußersten Randzone können qualitativ keine Unterschiede in der Kristallitorientierung und der Kristallinität bei den unterschiedlichen technologischen Abkühlbedingungen festgestellt werden.

Versuche, den Verlauf der Kristallinität von der Randzone ausgehend schichtweise quantitativ mittels Röntgengoniometer zu ermitteln (9), ergaben nach einer graphischen Auswertung (10) die in Tabelle 1 zusammengestellten Werte. An der gleichen Rohrprobe ($\Delta T = 130$ K) wurde zusätzlich mit einem verfeinerten Röntgenverfahren (11) und über Dichtemessungen die Gesamtkristallinität über

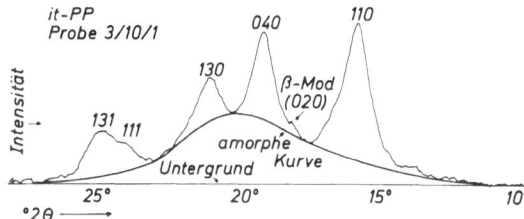

Abb. 5. Röntgengoniometeraufnahme an der Rohraußenseite der Probe $\Delta T = 210$ K

Tab. 1. Röntgenkristallinität nach *Rybnikar* (10) in verschiedener Randschichttiefe von der Rohraußenwand ausgehend, $\Delta T = 130$ K

Schichttiefe (μm)	Röntgenkristallinität (%)
50	32
100	43
150	44
200	45
250	48
300	49

Tab. 2. Gesamtkristallinität der Rohrprobe $\Delta T =$ 130 K nach verschiedenen Verfahren bestimmt, ungetempert und getempert

| | Kristallinität (%) bestimmt aus | | Dichte-messung |
| | Röntgenmessungen | | |
	Rybnikar (10)	*Vonk* (11)	
ungetempert	47	36	60
getempert	53	40	64

den Probenquerschnitt im ungetemperten und im getemperten Zustand ermittelt (Tab. 2).

Vergleicht man die ungetemperten Proben bei der raschen Abkühlung $\Delta T = 210$ K mit den Werten der Gesamtkristallinität der Proben mit $\Delta T = 130$ K, so ergeben sich dabei nach allen Methoden etwa 3 bis 4 % niedrigere Kristallinitäten bei $\Delta T = 210$ K. Nach der Temperung war ein Anstieg der Kristallinität um etwa 4 bis 6 % feststellbar.

Nach den vorher dargelegten Ergebnissen der Untersuchung der äußersten Randzonen dürften diese Unterschiede in der Gesamtkristallinität nicht auf unterschiedliche Kristallinitäten in der lichtmikroskopisch strukturlosen Zone zurückzuführen sein, worüber an anderer Stelle noch berichtet werden soll (12).

Rasterelektronenmikroskopie

Die Struktur der Rohraußen- und der Rohrinnenwand wurde im Rasterelektronenmikroskop untersucht. Es zeigten sich teilweise starke Unterschiede in der Oberflächenmorphologie (Abb. 7), wobei die Rohraußenwand aufgrund der angewendeten Außenkalibrierung (Vakuum) bedeutend glatter war. Die Struktur der Rohrwandinnenfläche erinnert stark an die sphärolithische Aggregatbildung an einem Schmelzfilm gleichen Materials (Abb. 8), wobei jedoch die Vergrößerung bedeutend geringer ist. Als Präparationsmethode wurde dabei eine Ionenätzung mit HF-aktiviertem Sauerstoff (13) angewendet. Diese Methode ist zur Freilegung teilkristalliner Strukturen bereits vielfach mit Erfolg erprobt (14, 15, 16).

Im vorliegenden Fall müßten diese Aggregate aufgrund der hohen Abkühlgeschwindigkeit in der Randzone sehr klein sein und unter

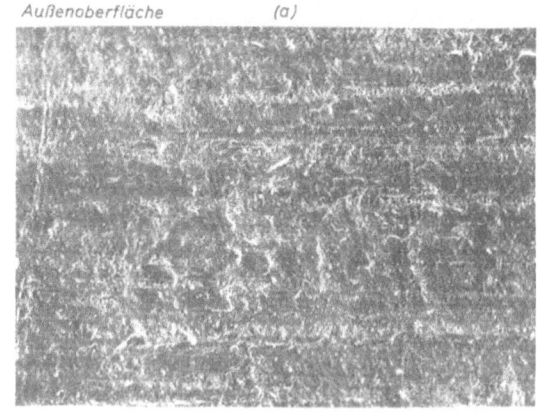

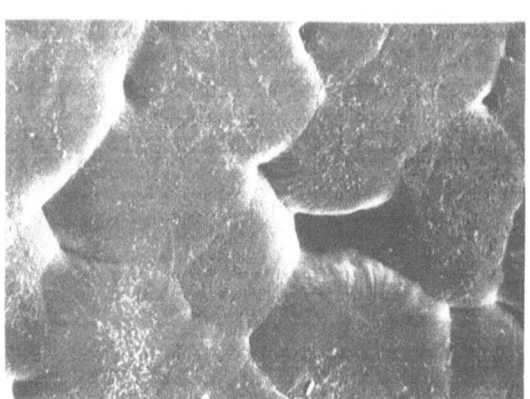

Abb. 7. Rasterelektronenmikroskopische Untersuchung der Rohrwandoberfläche bei Außenkalibrierung. (a) Rohraußenwand, (b) Rohrinnenwand

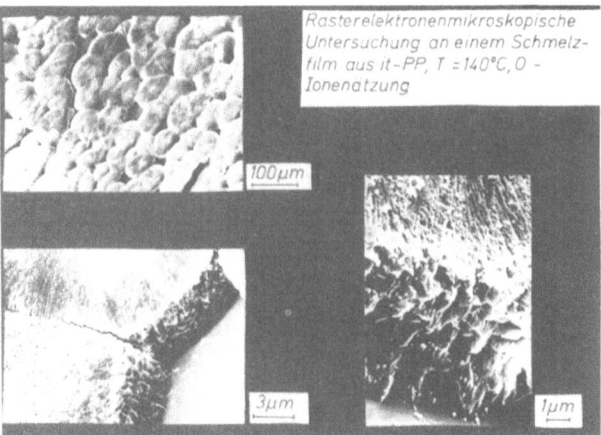

Abb. 8. Sphärolithausbildung an der Oberfläche eines Schmelzfilms aus *it*-PP, $T_c = 140$ °C, Sauerstoffionenätzung 50 min, bei verschiedener Vergrößerung

(a)

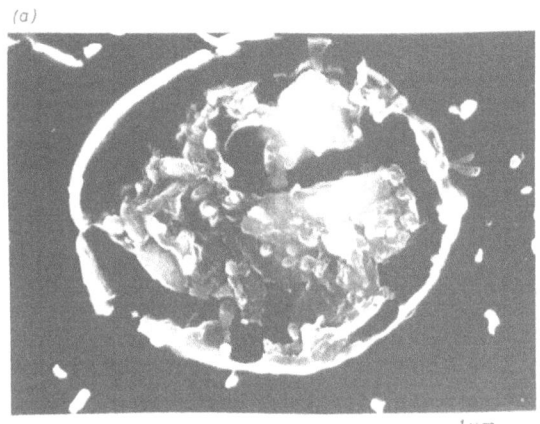

1 µm

(b)

Abb. 9. Durch Oberflächenätzung an der Rohrinnenwand freigelegte Aggregate höherer Resistenz, Sauerstoffionenätzung, 50 min. (a) Draufsicht, (b) andere Stelle in Kipplage

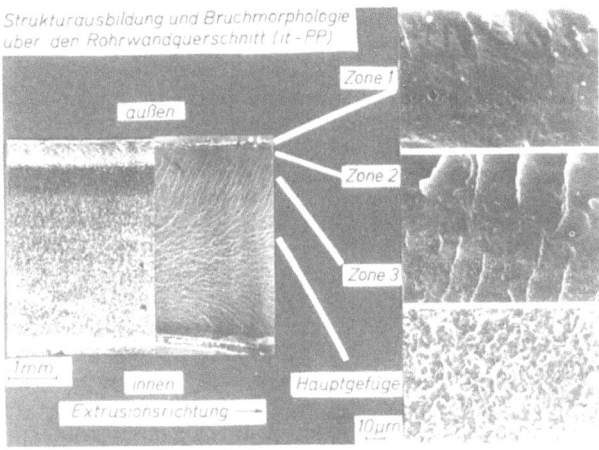

Abb. 10. Zusammenhang zwischen Gefügeausbildung und Bruchmorphologie über den Probenquerschnitt, Gefrierbruch parallel zur Extrusionsrichtung

parallel zur Extrusionsrichtung von der Rohrinnenseite zur Rohraußenseite verlaufend hergestellt. Abbildung 10 zeigt deutlich den Zusammenhang der Bruchmorphologie mit der Zonenaufteilung über den Rohrwandquerschnitt. Aus den Ausschnittsaufnahmen bei höherer Vergrößerung fällt besonders der starke Unterschied im Bruchverhalten der äußersten Randzone (Zone 1) zum Hauptgefüge in der Rohrwandmitte auf. Ein daraus resultierendes Ganzteilverhalten bei mechanischer Belastung wird von dieser Arbeit getrennt behandelt (18).

Der Autor dankt dem Forschungsförderungsfonds der gewerblichen Wirtschaft, dem Fonds zu Förderung der wissenschaftlichen Forschung und der Chemie Linz AG für die Förderung dieser Arbeit, den Herren Professoren Dr. *F. Lihl* und Dr. *P. Skalicky* für wertvolle Anregungen, sowie Herrn Dipl. Ing. *S. Bauer* und Frau *E. Nemati* für die Mithilfe bei den Versuchsarbeiten.

Zusammenfassung

An Rohren verschiedener Wanddicke bzw. definierter Herstellbedingungen wurde polarisationsmikroskopisch ein charakteristischer Zonenaufbau des Gefüges festgestellt.

Mit Hilfe von Röntgenweitwinkelaufnahmen wurden Kristallinität und kristalline Orientierung in den einzelnen Bereichen untersucht, wobei auch der Einfluß unterschiedlicher Herstellbedingungen bzw. thermischer Nachbehandlung diskutiert wird.

Es wurde gefunden, daß die im Polarisationsmikroskop strukturlos erscheinenden äußersten Randzonen keineswegs amorph sind, sondern deutliche kristalline Beugungsreflexe zeigen. Zusätzlich tritt in

der Erkennbarkeit im Polarisationsmikroskop liegen.

Nach gleichartiger Ätzung der Rohrinnenwand konnten tatsächlich räumlich geordnete Aggregate mit höherer Resistenz gegenüber dem Ätzangriff vorgefunden werden. Abbildung 9a zeigt ein solches Gebilde in der Draufsicht, Abbildung 9b einen anderen Bereich in verkippter Lage. Die Größenordnung dieser Aggregate beträgt dabei in allen Fällen etwa 2 bis 4 µm, eine deutliche Substruktur im Aufbau ist zu erkennen.

Um die polarisationsmikroskopisch erkannte Gefügeaufteilung über den Rohrwandquerschnitt in ihrer Auswirkung auf die Eigenschaften besser beurteilen zu können, wurden abschließend Gefrierbrüche in flüssigem Stickstoff rasterelektronenmikroskopisch untersucht. Mit einer entsprechenden Vorrichtung (17) wurden möglichst definierte Bruchflächen

den stärker orientierten Randzonen die β-Modifikation des *it*-PP neben der monoklinen α-Modifikation auf.

Rasterelektronenmikroskopische Untersuchungen lassen gleichfalls geordnete Mikrobereiche in den äußersten Randzonen erkennen und zeigen im weiteren ein merkbar unterschiedliches Bruchverhalten der einzelnen Gefügezonen.

Summary

On pipes of different wall thickness respectively controlled extrusion conditions a characteristic morphological zone formation in the cross-section was examined by polarising microscopy.

The light microscopic structureless zone is semi-crystalline and not amorphous, what is shown by X-ray diffraction patterns. Further more the degree of crystallinity and crystalline texture were discussed, especially the polymorphism of β- and α-modification for it-PP was found in the outer zones of higher degree of orientation.

Investigations by scanning electron microscope show ordered micro regions (microspherolites) in the light microscopic structureless zone and also the different fracture morphology concerning to the zone formation.

Literatur

1) *Fitchmun, D. R., Z. Mencik,* J. Polymer Sci., Phys. **11**, 951 (1973).

2) *Menges, G., G. Wübken, B. Horn,* Colloid & Polymer Sci. **254**, 267 (1976).

3) *Fujiyama, M.,* Kobunshi Ronbunshu **32**, 411 (1975).

4) *Dragaun, H., H. Hubeny, H. Muschik, G. Detter,* Kunststoffe **65**, 311 (1975).

5) *Detter, G., E. Figwer,* persönliche Mitteilungen.

6) *Bauer, S.,* Diplomarbeit (Wien 1975).

7) *Dragaun, H.,* ACHEMA-Vortrag (Frankfurt 1976).

8) *Dragaun, H., H. Hubeny, H. Muschik,* J. Polymer Sci. (1976), in Druckvorbereitung.

9) *Bauer, S.,* Dissertation, TU-Wien, in Arbeit.

10) *Rybnikar, F.,* Kunststoffe **57**, 199 (1967).

11) *Vonk, C. G.,* J. Appl. Crystallography **6**, 148 (1972).

12) *Bauer, S., H. Dragaun, P. Skalicky,* Herbsttagung der ÖPG (Linz 1976).

13) *Jakopic, E.,* Proc. Eur. Reg. Conf. Electron Micr. Vol. **1**, 559 (Delft 1960).

14) *Dietl, J. J.,* Kunststoffe **59**, 792 (1969).

15) *Kimmel, H., H. Opitz,* Kolloid-Z. u. Z. Polymere **250**, 573 (1972).

16) *Grosskurth, K. P.,* Kautschuk u. Gummi, Kunststoffe **27**, 324 (1974).

17) *Dragaun, H., P. Skalicky, H. Hubeny,* Österr. Kunststoffz. **1**, (1970).

18) *Hubeny, H.,* Colloid & Polymer Sci. (1976), in Druckvorbereitung.

19) *Muschik, H.,* Dissertation, TU-Wien, in Arbeit.

Anschrift des Verfassers:

Dr. *H. Dragaun*
Laboratorium für Kunststofftechnik LKT-TGM
Severingasse 9
A-1090 Wien

Progr. Colloid & Polymer Sci. **62**, 65–70 (1977)
© 1977 Dr. Dietrich Steinkopff Verlag GmbH & Co. KG, Darmstadt
ISSN 0340-255 X

Vorgetragen auf der Frühjahrstagung des Fachausschusses Physik
der Hochpolymeren in der Deutschen Physikalischen Gesellschaft
in Bad Nauheim vom 29. März bis 2. April 1976

Laboratorium für Kunststofftechnik LKT-TGM, Wien (Österreich)

Vergleichende Untersuchungen von Bruchflächen an Polypropylen

H. Hubeny

Mit 8 Abbildungen

(Eingegangen am 5. Mai 1976)

Problemstellung

Über den Einfluß der Verarbeitungsbedingungen auf Struktur und mechanisches Verhalten von isotaktischem Polypropylen wurde in früheren Arbeiten berichtet (1, 2). Es ist Ziel der vorliegenden Arbeit, die Mikrostruktur von Bruchflächen hochpolymerer Werkstoffe am Beispiel des isotaktischen Polypropylen elektronenmikroskopisch zu untersuchen und dadurch zur besseren physikalischen Interpretation bruchmechanischer Beschreibungen beizutragen. Dazu werden Ermüdungsbrüche nach einem Dauerschwellversuch bei Raumtemperatur sowie „Sprödbrüche" bei 77 °K und 4,2 °K herangezogen.

Bruchmechanische Grundlagen

Es gehört zum Konzept der „linearelastischen" Bruchmechanik, die Entwicklung von definierten Einzelrissen im linearelastischen, homogenen und isotropen Medium zu untersuchen. Ohne Korrektur kann dieses Konzept jedoch nicht auf Polymere angewendet werden. *Kerkhof* beurteilt die Frage nach einer strukturbedingten Realisation der plastischen Zone für vordringlich (3), *Goldbach* hält für den Bereich des plastischen Rißfortschrittes möglicherweise die „Fließbruchmechanik" für anwendbar (4). Nach *Kerkhof* hängt die Ausbildung der plastischen Zone von der speziellen Mikrostruktur des einzelnen Materials ab (3) und kann daher nicht in allgemeiner Form behandelt werden. *Kausch* unternimmt den Versuch, die zeitabhängige makroskopische Festigkeit mit den molekularen Eigenschaften elastischer Polymer-Netzwerke zu

verknüpfen und ein Bruchkriterium zu formulieren (5).

Für die weitere Beschreibung wird die Nomenklatur von *Seeger* übernommen, der die einzelnen realen Bruchvorgänge phänomenologisch nach folgenden Kriterien unterscheidet (6):

Sprödbruch: Die Bruchausbreitung erfolgt unter konstanter Spannung ohne plastische Verformung der Umgebung. Diese Bruchform ist in idealisierter Form praktisch nicht erreichbar. Makroskopische „Sprödbrüche" sind durch eine bis zum Bruch ansteigende Kurve im Kraft-Verformungsdiagramm gekennzeichnet.

Verformungsbruch: Die Bruchausbreitung erfolgt in einem leichter verformbaren Material mit plastischer Verformung und Verfestigung des angrenzenden Materials und ist daher mit dauerndem Energieaufwand verknüpft.

Ermüdungsbruch: Der Bruch entsteht bei Wechselverformung mit sehr großer Lastwechselzahl mit Beanspruchungen, unter denen bei einseitiger Verformung kein Bruch auftreten würde.

Versuchsbedingungen

Es wurden auf einem labormäßig ausgerüsteten Battenfeld-Einschneckenextruder BE 70 unter jeweils konstanten Schmelze- und Abkühlungsbedingungen Druckrohre mit 40 mm Außendurchmesser und 3.0 mm Wanddicke aus Polypropylen DAPLEN HO 50 natur hergestellt. Die Massetemperatur betrug 210 oder 230 °C, die Badtemperatur 20, 40 oder 80 °C, so daß sich Temperaturdifferenzen zwischen 130 und 210 K ergaben. Wegen der Kontinuität des Extrusionsprozesses kann diese Temperaturdifferenz ΔT im weiteren als „Abkühlgeschwindigkeit" bezeichnet werden.

Die Temperung während 7h wurde entsprechend einem DECHEMA-Vorschlag (8) durch stufenweise einstündige Lagerung bei 150, 140 usw. bis 90 °C mit anschließender mindestens 24-stündiger Lagerung bei Raumtemperatur vorgenommen. Von *Dragaun* (9) und in einer früheren Arbeit (1) ist ausführlicher beschrieben, daß sich über den Rohrwandquerschnitt ein unterschiedliches Gefüge ausbildet und daß mit geringerer Abkühlgeschwindigkeit und durch das Tempern der Kristallinitätsgrad zunimmt.

Für die Zerreißversuche bei Heliumtemperatur wurden aus isotherm kristallisierten, gepreßten Platten aus DAPLEN HO 50, natur, Schulterstäbe mit $10 \cdot 2$ mm² Querschnitt entnommen. Die Feinstruktur sämtlicher Bruchflächen wurde auf Pd–Au-besputterten Präparaten im Rasterelektronenmikroskop ISM 35 (Sekundärelektronenbild) untersucht.

Ermüdungsbruch

Der Ermüdungsbruch wurde durch eine Rohr-Innendruckprüfung in Anlehnung an den Pulsationsversuch nach ÖNORM B 5173 bei 27 °C $\pm$ 1 K, einem sinusförmigen Innen-Schwelldruck zwischen 13 und 37 bar und einer Frequenz von 2,27 Hz erzielt. Die makroskopischen Bruchbilder (Abb. 1) stimmen gut mit den übrigen Daten überein (2, 9).

Aus der oberen Reihe in Abbildung 1 ist erkennbar, daß die Rohre mit geringem Kristallanteil starke Verformungen bis zum Bruch erleiden. Sie wölben eine Blase auf, die in Extrusionsrichtung aufplatzt („Lippenbruch"). Mit zunehmender Kristallinität verringert sich die Bruchverformung, die Blase bleibt kleiner und reißt in kleineren Rissen quer zur Extrusionsrichtung („Blasenbruch"). Die untere Reihe in Abbildung 1 zeigt, daß sich durch Tempern das Bruchbild weiter in Richtung des Sprödbruches verschiebt. Die getemperten Proben geringster Abkühlungsgeschwindigkeit bilden einen makroskopisch „glatten" Bruch in Extrusionsrichtung.

Einem Ansatz von *Freudenthal* (7) über die Rißausbreitungsgeschwindigkeit folgend, wird durch eine Verknüpfung der erkennbaren „plastischen" Bruchlänge L und der Lastwechselzahl n bis zum Bruch eine „Bruchausbreitung pro Lastwechsel" L/n definiert. Abbildung 2 zeigt eine deutliche Zunahme dieser „Bruchausbreitung" mit abnehmender Kristallinität. Unter den gegebenen Versuchsbedingungen geht der makroskopische „Sprödbruch" bei einer Bruchausbreitung von der Größenordnung 0,1 μm pro Lastwechsel in einen „duktilen" Bruch über.

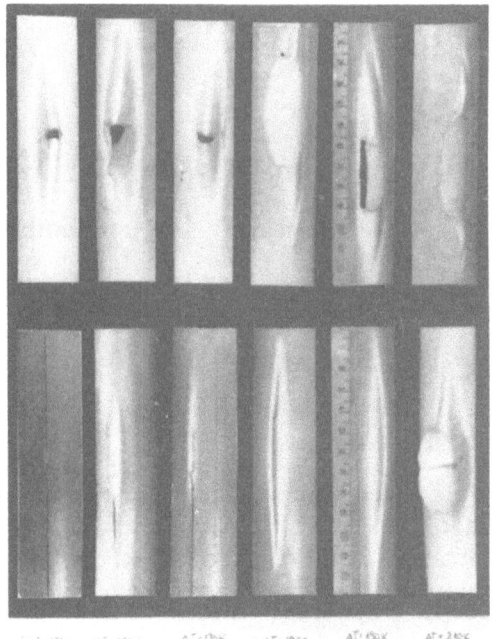

Abbildung 1. Makroskopische Bruchbilder nach dem Pulsationsversuch („Ermüdungsbruch")

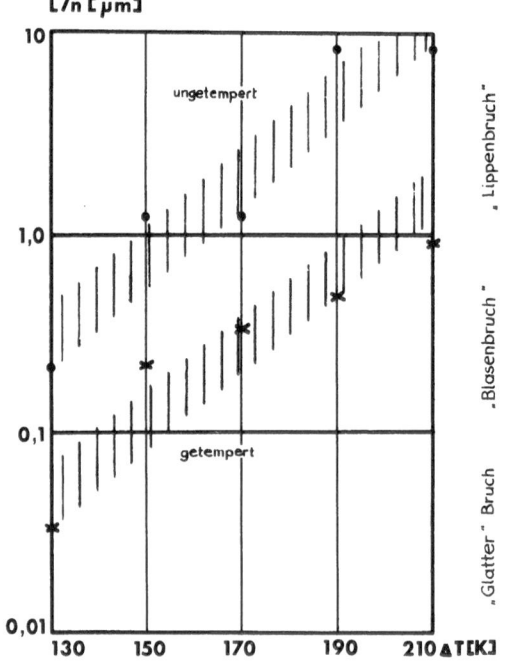

Abbildung 2. Bruchausbreitung pro Lastwechsel in Abhängigkeit von der Abkühlungsgeschwindigkeit

Die elektronenmikroskopischen Befunde zeigen jedoch, daß auch der makroskopische „Sprödbruch" auf molekulare Fließvorgänge zurückzuführen ist.

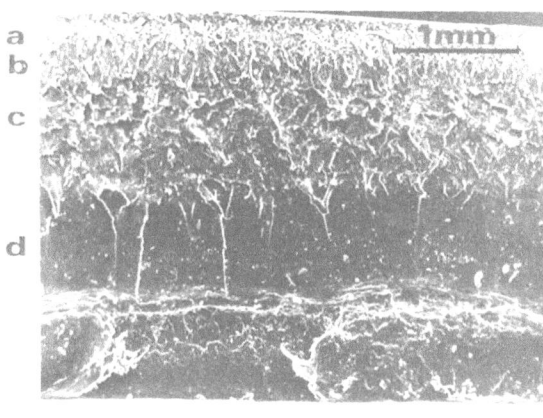

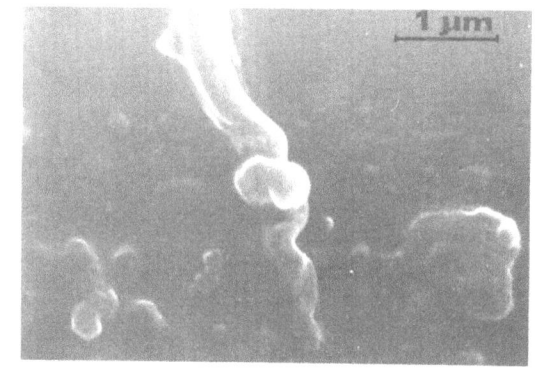

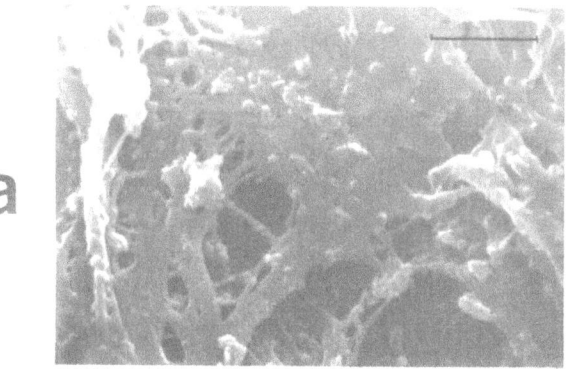

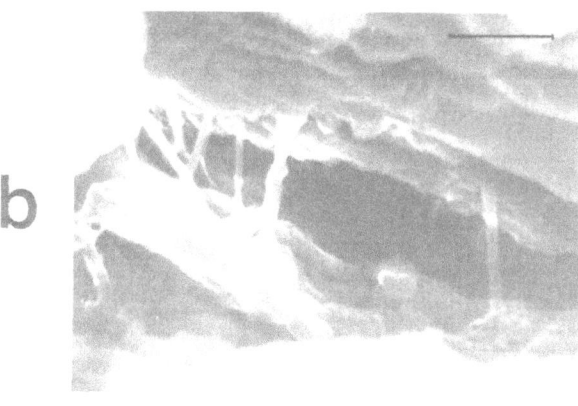

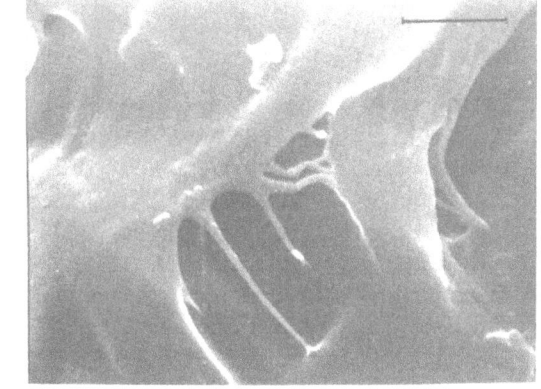

Abbildung 3. Überblick und Details aus einem „spröden" Ermüdungsbruch. Oben: Überblick über gesamte Bruchfläche. a–d: Details aus Rand-, Furchungs- und Spiegelfläche

In sämtlichen Bruchflächen sind verbleibende Mikrorisse, Leerstellen und Fibrillen sichtbar, die auf Fließvorgänge beim Bruch schließen lassen. Abbildung 3 gibt einen Überblick über die Bruchfläche der „sprödesten" Probe. Die Probe stammt aus einem getemperten Rohr mit geringer Abkühlungsgeschwindigkeit $\Delta T = 130$ K bei niederer Massetemperatur (210 °C). Die Bruchflächen wurden überblicksmäßig in einer früheren Arbeit beschrieben (1). Hier sind die Mikrofibrillen in der Spiegelfläche, in den Furchungsflächen und in den Randzonen bei hoher Vergrößerung ausschnittweise wiedergegeben. Es ist eindeutig erkennbar, daß in allen Bereichen, vor allem auch in der Spiegelfläche, diese charakteristischen Mikrofibrillen auftreten.

Abbildung 4 bestätigt, daß die gleichen Fließerscheinungen um eine Größenordnung größer in der Bruchfläche der „duktilsten" Probe aus einem ungetemperten Rohr mit hoher Abkühlungsgeschwindigkeit ($\Delta T = 210$ K) und hoher Massetemperatur (230 °C) sowohl in der Spiegel- als auch in der Furchungsfläche auftreten.

In früheren Arbeiten konnte gezeigt werden, daß der Bruch immer vom Hauptgefüge unter der Randschicht ausgeht. Die Randschicht reißt erst auf, nachdem die inneren Zonen gebrochen sind. Bei einer „spröden" Probe kommt es an der Außenschicht zu einer zweidimensionalen wellenartigen Verwerfung mit den deutlich ausgeprägten Vorzugsrichtungen parallel und senkrecht zur Extrusionsrichtung.

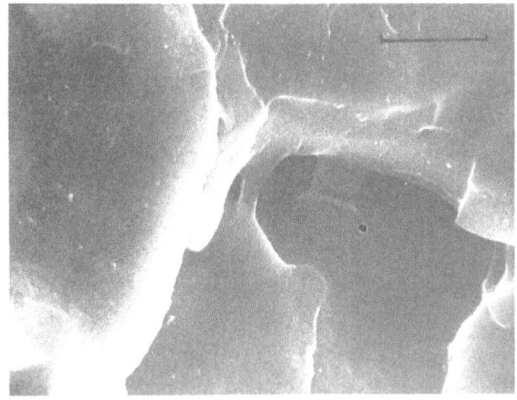

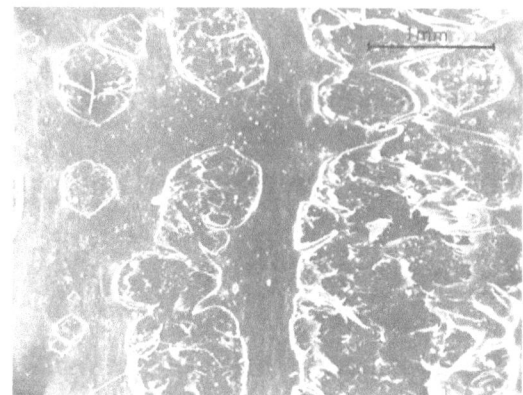

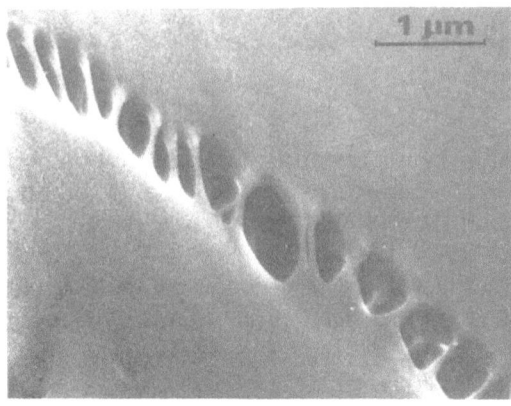

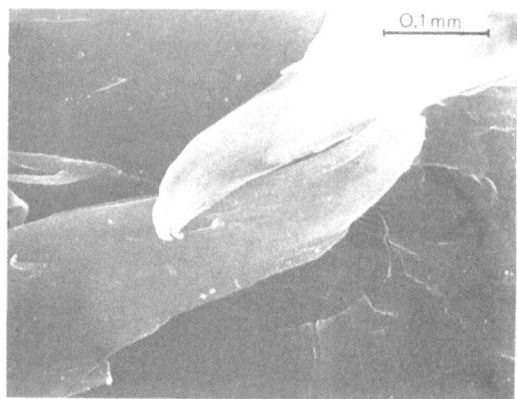

Abbildung 4. Details aus einem „duktilen" Ermüdungsbruch. Oben: Furchungsfläche. Unten: Spiegelfläche

Abbildung 6. Hautplatzungen und bleibende Verstreckungen an der Außenhaut eines „duktilen" Ermüdungsbruches. Oben: Überblick. Unten: Detail

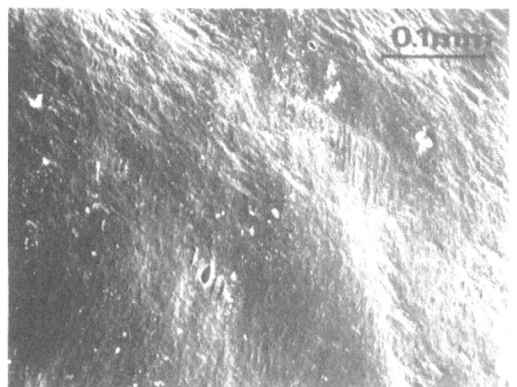

Abbildung 5. Verwerfung und Ausbildung von Kerbstellen am „spröden" Ermüdungsbruch

bilden sich an der Außenhaut kraterförmige Aufwerfungen aus, die nach Platzen der Haut zum Teil elastisch rückverformt werden können (Abb. 6). Zusammenfassend kann gesagt werden, daß beim Ermüdungsbruch die kleinsten feststellbaren Fibrillen eine Länge von etwa 0,2 bis 0,3 μm und einen Durchmesser von etwa 15 bis 40 nm haben.

Sprödbruch

Um die Praxisversuche den Bedingungen des idealen Sprödbruches besser anzunähern, wurden Schlagbrüche bei 77 K und Brüche nach Zugbeanspruchung bei 4,2 K untersucht. Die Zugversuche wurden von *H. A. Koch*, Institut für Angewandte Physik der TU Wien an einer 200 kN Universalprüfmaschine mit einer Zerreißgeschwindigkeit von 0,01 mm/s bei Heliumtemperatur durchgeführt. Die Versuchsbedingungen sind in einer Kurz-

Abbildung 5 zeigt diese Wellung und die Ausbildung von Kerbstellen an der Oberfläche. Bei „duktilen" Proben kann die Außenhaut eine größere Verformung nach dem Bruch des Hauptgefüges mitmachen. Es

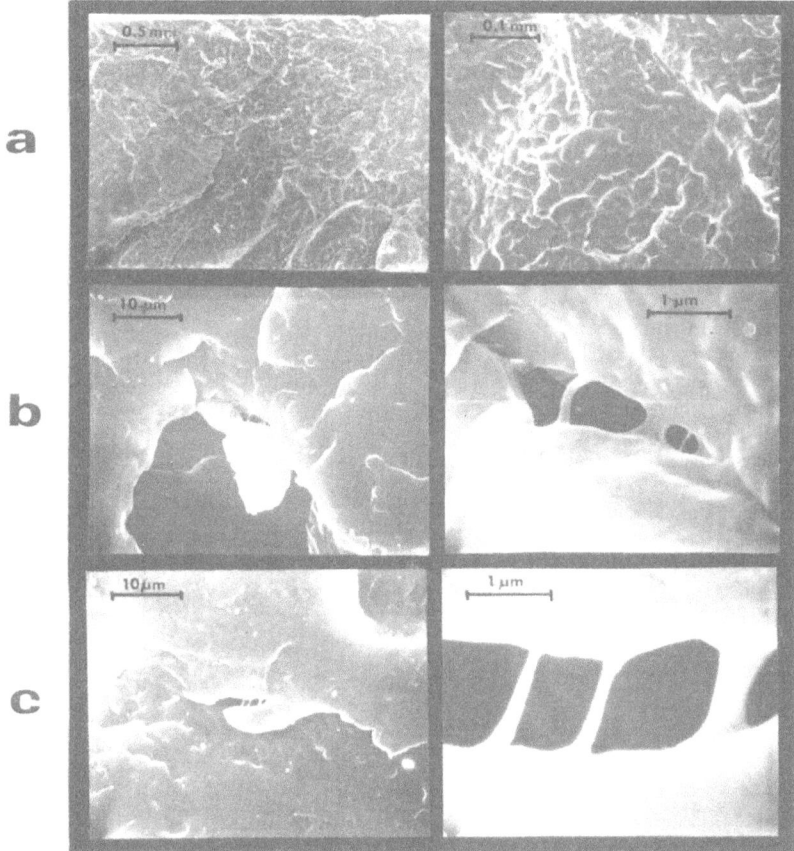

Abbildung 7. Mikrofibrillen in der Spiegelfläche eines „Sprödbruches" bei 77 K

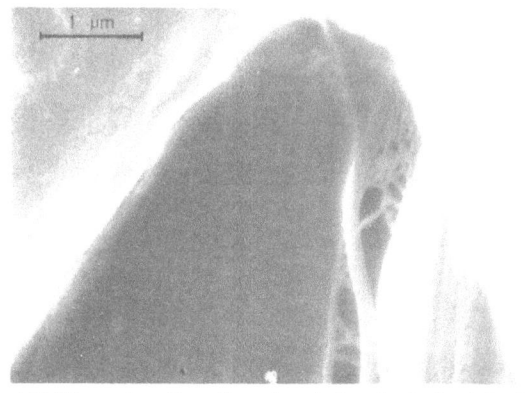

Abbildung 8. „Sprödbruchverhalten" bei 4,2 K. a: Überblick und Detail aus der gesamten Bruchfläche; b: Ausschnitte aus dem Probenrand; c: Ausschnitte aus der Probenmitte

mitteilung angegeben (10). In beiden Fällen zeigten die Proben makroskopisches Sprödbruchverhalten. Im Rasterelektronenmikroskop konnten jedoch sowohl bei 77 K (Abb. 7) als auch bei 4,2 K (Abb. 8) an makroskopisch „glatten" Spiegelflächen Fließerscheinungen nachgewiesen werden, die ebenfalls als Mikrofibrillen zu deuten sind. Die Abmessungen liegen dabei in der gleichen Größenordnung der Fibrillen im Ermüdungsbruch. Die kleinsten Längen betragen etwa 0,1 bis 0,3 μm, die kleinsten Durchmesser 15 bis 30 nm.

Der Autor dankt dem Forschungsförderungsfonds der gewerblichen Wirtschaft für die Unterstützung der Arbeit, den Herren Dr. *H. A. Koch* und Dr. *H. Dragaun* für die Durchführung von Untersuchungen und Herrn Prof. Dr. *P. Skalicky* für wertvolle Diskussionsbeiträge.

Zusammenfassung

Es wurde an Ermüdungsbrüchen und an makroskopischen „Sprödbrüchen" bis zu 4,2 K gezeigt, daß in Bruchflächen aus isotaktischem Polypropylen Mikrofibrillen mit einer kleinsten Länge von 0,1 μm und einem kleinsten Durchmesser von etwa 15 nm auftreten. Damit ist auch gezeigt, daß die Bedingungen der klassischen Bruchmechanik selbst bei Heliumtemperatur nicht erfüllt sind und daß daher die weitere Anwendung der Fließbruchmechanik versucht werden sollte. Die Fließvorgänge, die zur Fibrillenbildung führen, sind auf Grund der Abmessungen als Sphärolit-Fibrillen-Transformation zu interpretieren (11).

Summary

On fatigue fractures and macroscopic "brittle fractures" it is shown up to 4,2 K that at the fracture surfaces in isotactic polypropylene microfibrils with a minimal length of 0,1 μm and a smallest diameter of 15 nm occur. It is evident by this micronecks that the basic criterions of classical fracture mechanics are not fulfilled even at liquid-helium-temperature. Therefore the further application of flow fracture mechanics is suggested. The flow processes forming microfibrils are to be described as spherulite-to-fibril-transformations by evidence of their dimensions.

Literatur

1) *Dragaun, H., H. Hubeny, H. Muschik, G. Detter*, Kunststoffe **65**, 311–316 (1975).

2) *Dragaun, H.*, Dissertation (Wien 1974).

3) *Kerkhof, F.*, Colloid & Polymer Sci. **251**, 545–553 (1973).

4) *Goldbach, G.*, Kunststoffe **64**, 475–481 (1974).

5) *Kausch, H. H.*, Materialprüf. **12**, 77–81 (1970).

6) *Seeger, A.*, Kristallplastizität, in: *S. Flügge*, Handbuch der Physik, Bd. VII/2, Kristallphysik II (Berlin 1958).

7) *Freudenthal, A. M.*, Fatigue, Handbuch der Physik, Bd. VI, Elastizität und Plastizität (Berlin 1958).

8) DEFA/KC Prüfprogramm Bosch (1970).

9) *Dragaun, H,*. Progr. Colloid & Polymer Sci. **62**, 59–64 (1977).

10) *Hubeny, H., H. Dragaun*, Microfibrils in brittle-fracture-surfaces on isotactic polypropylene at 4,2 °K, Mat. Sci. Eng. **24**, 293–294 (1976).

11) *Robertson, R. E.*, J. Polymer Sci, Phys. **10**, 2437–2452 (1972).

Anschrift des Verfassers:

Prof. Dr. *H. Hubeny*
Laboratorium für Kunststofftechnik, LKT-TGM
Severingasse 9
A-1090 Wien

Progr. Colloid & Polymer Sci. **62**, 71–87 (1977)
© 1977 Dr. Dietrich Steinkopff Verlag GmbH & Co. KG, Darmstadt
ISSN 0340-255 X

Vorgetragen auf der Frühjahrstagung des Fachausschusses Physik
der Hochpolymeren in der Deutschen Physikalischen Gesellschaft
in Bad Nauheim vom 29. März bis 2. April 1976

*Institut für Physikalische Chemie der Universität Mainz und Sonderforschungsbereich 41,
Chemie und Physik der Makromoleküle*

Zusammenhang zwischen Verstreckbedingungen, Orientierung und morphologischer Struktur von Polyäthylenterephthalat

H. J. Biangardi und *H. G. Zachmann*

Mit 20 Abbildungen und 4 Tabellen

(Eingegangen am 15. Juni 1976)

A. Einleitung

Die morphologische Struktur von kristallisiertem Polyäthylenterephthalat hängt stark von der Orientierung ab, die das Material vor der Kristallisation hatte. Das isotrope Material kristallisiert, wie *Keller* (1, 2) sowie in neuerer Zeit *Watkins* und *Hansen* (3) zeigten, unter Ausbildung von Sphärolithen, die aus tordierten Lamellen bestehen. In hochorientierten Proben entsteht dagegen, wie Untersuchungen von *Bonart* (4, 5, 6) sowie *Heffelfinger* und *Lippert* (7, 8) ergeben haben, ein parakristallines Schichtgitter aus Lamellen, die *Fakirov* und *Fischer* (9) zufolge in Mosaikblöcke zerfallen. Im Zwischenbereich, also im schwach sowie mittelstark orientierten Material, findet man eine Reihe von weiteren morphologischen Strukturen, deren Röntgenstreuung von *Dulmage* und *Geddes* (10) sowie *Liska* (11) bestimmt wurde. Ein befriedigendes Modell konnte bisher nur für die sogenannte *a*-Orientierung beim schwach orientierten Material gefunden werden (12).

Das Ziel der vorliegenden Arbeit ist es, im amorphen Material durch Variation der Verstreckbedingungen verschiedene Orientierungszustände herzustellen und zu untersuchen, welchen Einfluß die Orientierung auf die morphologische Struktur hat, die bei einer anschließenden Kristallisation erhalten wird. Es soll insbesondere festgestellt werden, welche Zwischenstufen zwischen der sphärolithischen Struktur des nichtorientierten Materials auf der einen Seite und dem bereits gut untersuchten parakristallinen Schichtgitter im hochorientierten Material auf der anderen Seite auftreten und wie man das Entstehen dieser Struktur aufgrund der vor der Kristallisation vorliegenden Orientierung verstehen kann. Schließlich soll auch der Einfluß der Kristallisationstemperatur auf die entstehenden Strukturen bestimmt werden.

Es werden hierzu folgende Untersuchungen ausgeführt: Amorphe Proben aus Polyäthylenterephthalat werden unter verschiedenen Bedingungen verstreckt. Der erhaltene Orientierungszustand wird durch Messungen der Dichte, der Doppelbrechung und der Röntgenstreuung charakterisiert. Anschließend werden die verstreckten Proben unter festgehaltenen Enden kristallisiert und danach einer erneuten Strukturuntersuchung unterzogen. Da Polyäthylenterephthalat bereits im amorphen Zustand gut verstreckt werden kann, stellt es eine geeignete Modellsubstanz dar, um allgemeine Gesetzmäßigkeiten über den Einfluß einer Orientierung des amorphen Materials auf die nachfolgende Kristallisation festzustellen.

B. Experimentelle Verfahren

Die Verstreckung sowie die Messung der mechanischen Eigenschaften der Proben wurden mit einer Materialprüfmaschine der Fa. Instron, Modell 1113, und der zugehörigen Temperaturkammer durchgeführt. Das Verstreckverhältnis wurde aus der Abstandsänderung von Punkten bestimmt, die vor dem Verstrecken mit Tusche auf der Probe eingezeichnet worden waren.

Die Dichte wurde nach der Schwebemethode in einem Dichtegradienten aus CCl_4 und *n*-Hexan ermittelt.

Die Messung der Doppelbrechung erfolgte am Polarisationsmikroskop mit Hilfe eines Kippkompensators K der Firma Leitz.

Die Weitwinkel-Röntgenstreubilder wurden mit einer Siemens-Flachkammer, die Kleinwinkel-Textur-streubilder mit einer 40 cm Kiessig-Kammer aufgenommen. Bei der Berechnung der Intensitätsverteilung der Röntgenweitwinkelreflexe in Abhängigkeit von der Orientierung wurde die von *Daubeny* und *Bunn* (13) ermittelte Gitterzelle zugrunde gelegt. Die Änderungen in den Abmessungen der Elementarzelle, die sich aufgrund der neueren Messungen von *Fakirov* und *Fischer* (14) ergeben haben, wirkten sich bei diesen Berechnungen der Intensitätsverteilung nicht wesentlich aus.

C. Experimentelle Ergebnisse

a) *Verstreckte Proben vor dem Tempern*

Streifen einer 220 μ dicken und 49 mm breiten amorphen Polyäthylenterephthalat-Folie der Firma Kalle AG wurden mit verschiedenen Geschwindigkeiten und bei verschiedenen Temperaturen verstreckt und danach mit Preßluft auf Raumtemperatur abgeschreckt. Von den so erhaltenen Proben wurden die Dichte, die Doppelbrechung sowie die Röntgenweitwinkelstreuung bestimmt.

Abbildung 1 zeigt die Doppelbrechung Δn_0 als Funktion des Verstreckverhältnisses λ für eine Verstrecktemperatur $T_v = 92$ °C. Parameter ist die Verstreckgeschwindigkeit w. Man sieht, daß die Doppelbrechung und damit die Orientierung mit wachsender Verstreckung zunimmt. Der Anstieg erfolgt dabei desto rascher, je höher die Verstreckgeschwindigkeit

ist. In gleicher Weise wie eine Erhöhung der Verstreckgeschwindigkeit wirkt sich auch eine Erniedrigung der Verstrecktemperatur T_v aus. Das Verstreckverhältnis ist also im allgemeinen kein eindeutiges Maß für die Orientierung.

Einen so großen Bereich des Verstreckverhältnisses wie in Abbildung 1 kann man nicht unter allen Bedingungen erhalten. Beim Kaltverstrecken ($T_v = 20$ °C) erfolgt die Verstreckung über eine Schulter, und man erhält ein Verstreckverhältnis von mindestens 4,3. Bei hohen Verstreckgeschwindigkeiten beginnt häufig das Material bereits bei relativ kleinen Verstreckgraden (z. B. $\lambda = 3,8$) aus den Klemmen zu fließen, so daß ein weiteres Verstrecken nur nach einem erneuten Einspannen der Probe möglich ist.

Bei den folgenden Versuchen wurde λ generell soweit wie möglich konstant gehalten. Bei Verstrecktemperaturen $T_v = 20$ °C lag λ bei 4,4. Bei höheren Verstrecktemperaturen traten wegen des oben beschriebenen Herausfließens aus den Klemmen Werte zwischen 3,8 und 4,4 auf.

Abbildung 2 zeigt die Doppelbrechung Δn_0 in Abhängigkeit von der Verstreckgeschwindigkeit w als Längenänderung in Prozent je Minute. Der Parameter T_v ist die Verstrecktemperatur. Das Verstreckverhältnis λ schwankt, wie oben erwähnt, zwischen 3,8 und 4,4. Für Verstrecktemperaturen T_v, die oberhalb der Einfriertemperatur von 70° liegen, nimmt die Doppelbrechung mit abnehmender Verstreckgeschwindigkeit stark ab. Bei kleineren Verstrecktemperaturen, insbesondere bei $T_v = 20$ °C („kaltverstrecktes

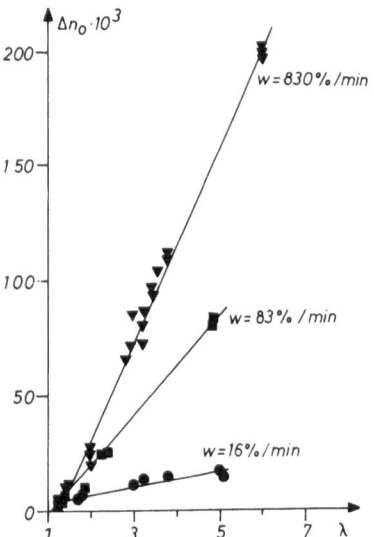

Abb. 1. Doppelbrechung Δn_0 als Funktion des Verstreckverhältnisses λ bei verschiedenen Verstreckgeschwindigkeiten w. Verstrecktemperatur $T_v = 92$ °C

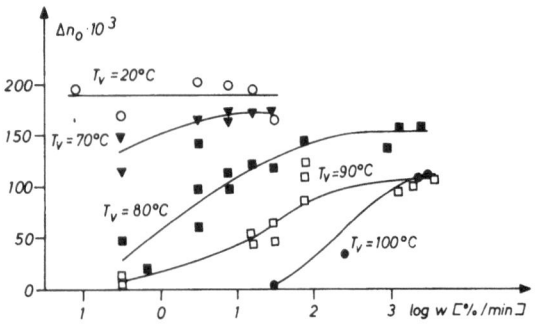

Abb. 2. Doppelbrechung Δn_0 als Funktion der Verstreckgeschwindigkeit w (als Logarithmus zur Basis 10) für Proben unmittelbar nach dem Verstrecken. Parameter ist die Verstrecktemperatur T_v. Das Verstreckverhältnis schwankt zwischen 3,8 und 4,4

Material"), ist die Doppelbrechung und damit die Orientierung dagegen unabhängig von der Verstreckgeschwindigkeit, was vermutlich daher rührt, daß die Verstreckung über eine Schulter erfolgt. Die beim Verstrecken durch Schulterbildung maßgebliche absolute Verstreckgeschwindigkeit in cm je Minute läßt sich aus der von uns angegebenen relativen Geschwindigkeit in Prozent je Minute leicht berechnen, wenn man berücksichtigt, daß die Einspannlänge der Proben generell 6 cm beträgt. Eine Korrektur der Kurven auf konstante λ-Werte, die in der Diskussion vorgenommen wird (s. Abb. 18), ändert nichts Wesentliches an diesen Aussagen.

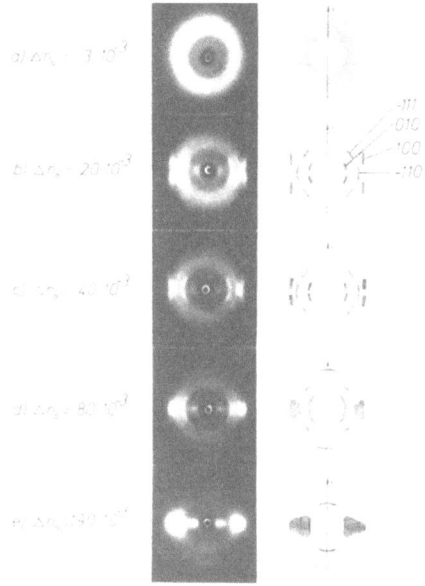

Abb. 4. Röntgenweitwinkelstreuung der Proben unmittelbar nach dem Verstrecken für verschiedene Werte der Doppelbrechung Δn_0. Links die Originalaufnahmen, rechts eine schematische Darstellung der Streuintensität. V gibt die Verstreckrichtung an

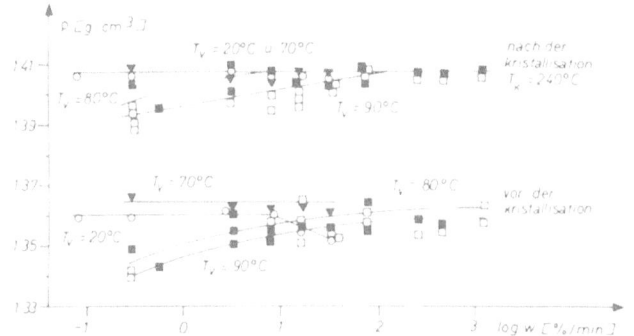

Abb. 3. Dichte ϱ als Funktion der Verstreckgeschwindigkeit w (als Logarithmus zur Basis 10) für Proben unmittelbar nach dem Verstrecken (unten) sowie nach einer zusätzlichen Kristallisation bei $T_k = 240$ °C (oben). Parameter ist die Verstrecktemperatur T_v. ○: $T_v = 20$ °C, ▼: $T_v = 70$ °C, ■: $T_v = 80$ °C, □: $T_v = 90$ °C

In Abbildung 3 geben die unteren Kurven die Dichte ϱ als Funktion der Verstreckgeschwindigkeit w wieder. Parameter ist die Verstrecktemperatur T_v. Man stellt fest, daß bereits allein durch das Verstrecken ohne nachfolgende Temperung eine Erhöhung gegenüber der Ausgangsdichte, die bei 1,333 g/cm³ liegt, eintritt. Ein Vergleich mit Abbildung 2 zeigt, daß die Dichte desto größer ist, je höher die erreichte Doppelbrechung ist. Eine Ausnahme bildet nur der Abfall der Kurve bei $T_v = 20$ °C mit wachsender Verstreckgeschwindigkeit w. Dieser Abfall ist auf eine Bildung von Hohlräumen zurückzuführen.

Die Röntgenweitwinkelstreubilder sind in Abbildung 4 wiedergegeben. Wir konnten feststellen, daß die Streubilder in dem von uns untersuchten Variationsbereich der Verstrecktemperatur und Verstreckgeschwindigkeit nur von der Größe der Doppelbrechung abhängen. Wenn bei verschiedenen Verstrecktemperaturen und Verstreckgeschwindigkeiten die gleiche Doppelbrechung auftritt, so erhält man auch die gleiche Röntgenstreuung. Als einziger Parameter wurde daher die Doppelbrechung verwendet. Bei einer sehr kleinen Doppelbrechung erhält man einen gleichmäßig geschwärzten Halo, an dem keine Orientierung erkennbar ist. Bei größeren Werten der Doppelbrechung treten zusätzlich Kristallreflexe auf. Diese sind zunächst aufgespalten. Mit zunehmender Doppelbrechung nimmt aber die Aufspaltung ab, und die Reflexe konzentrieren sich immer mehr auf dem Äquator. Inwieweit die Intensität des Halos mit zunehmender Doppelbrechung am Äquator stärker bzw. am Meridian schwächer wird, läßt sich wegen der anwesenden Kristallreflexe nicht entscheiden.

Die Aufspaltung der Kristallreflexe bei kleineren Doppelbrechungen zeigt, daß die c-Achsen der Kristallite nicht in Verstreckrichtung liegen, sondern mit dieser einen bestimmten Winkel einschließen. Mit zuneh-

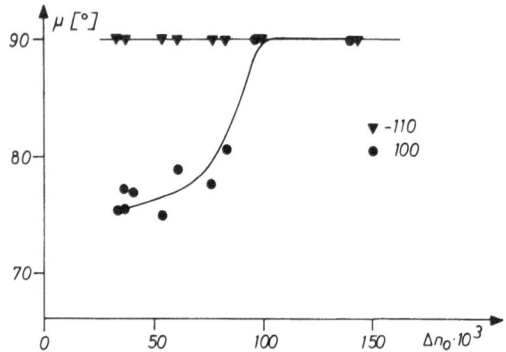

Abb. 5. Azimutaler Winkel μ bezogen auf den Meridian des -110- bzw. 100-Reflexes in Abhängigkeit von der Doppelbrechung Δn_0 für Proben unmittelbar nach dem Verstrecken

mender Doppelbrechung wird dieser Winkel immer kleiner. Abbildung 5 zeigt den azimutalen Winkel μ, den der 100- bzw. -110-Kristallreflex bezüglich des Meridians besitzt, als Funktion der Doppelbrechung Δn_0. Der -110-Reflex liegt, wie man sieht, immer auf dem Äquator ($\mu = 90°$), während der 110-Reflex erst mit wachsender Doppelbrechung zum Äquator hinwandert. Abbildung 6 gibt die aus Abbildung 5 berechneten mittleren Winkel $\varkappa$ zwischen der Kettenrichtung und der Verstreckrichtung wieder. Aufgrund der schwachen Ausbildung der Reflexe ist deren Auswertung notwendigerweise ungenau.

Es fällt in Abbildung 4 auf, daß der 100- sowie der -110-Reflex bei den Proben mit

der Doppelbrechung $20 \cdot 10^{-3}$ sowie $40 \cdot 10^{-3}$ zu Geraden verbreitert sind, die parallel zum Meridian verlaufen. Dies weist in Analogie zur Deutung der Schichtlinien bei der Kleinwinkelstreuung (4, 15) darauf hin, daß die entsprechenden „Netzebenen" nicht ideal parallel verlaufen, sondern eine Wellung zeigen.

Das Diagramm bei $\Delta n_0 = 190 \cdot 10^{-3}$ wurde ausführlich von *Bonart* (5) diskutiert, so daß wir hier nicht weiter darauf eingehen.

b) Verstreckte Proben nach der Kristallisation

Die verstreckten Proben mit den oben beschriebenen Eigenschaften wurden mit festgehaltenen Enden fünf Stunden lang bei 240 °C im Vakuum kristallisiert. Nach der Kristallisation wurden wiederum die Doppelbrechung, die Dichte, die Röntgenkleinwinkelstreuung sowie die Röntgenweitwinkelstreuung bestimmt.

Abbildung 7 zeigt die Doppelbrechung Δn_k der kristallisierten Proben als Funktion der Verstreckgeschwindigkeit. Parameter ist wieder die Verstrecktemperatur T_v. Um den Einfluß der Kristallisation auf die Doppelbrechung aufzuzeigen, ist in Abbildung 8 Δn_k als Funktion der Doppelbrechung vor der Kristallisation, Δn_0, aufgetragen. Man kann dabei drei Bereiche von Δn_0 unterscheiden: Bei Folien, die vor der Kristallisation nur sehr wenig orientiert waren ($\Delta n_0 = 3 \cdot 10^{-3}$), wird die Doppelbrechung nach der Kristallisation

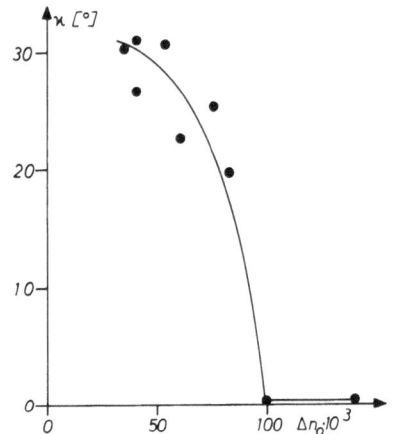

Abb. 6. Winkel $\varkappa$ zwischen der c-Achse (Kettenrichtung im Kristall) und der Verstreckrichtung in Abhängigkeit von der Doppelbrechung Δn_0 für Proben unmittelbar nach der Verstreckung

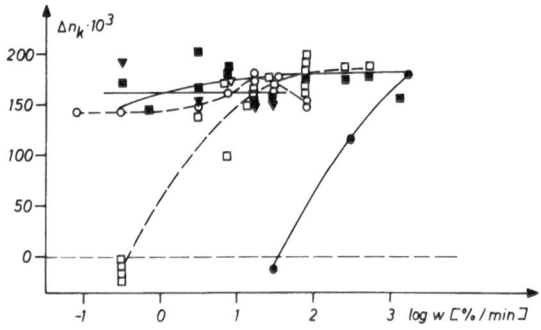

Abb. 7. Doppelbrechung Δn_k als Funktion der Verstreckgeschwindigkeit w (als Logarithmus zur Basis 10) für Proben, die nach dem Verstrecken bei $T_k = 240$ °C 5 Stunden lang mit festgehaltenen Enden kristallisiert worden sind. Parameter ist die Verstrecktemperatur T_v. Das Verstreckverhältnis λ schwankt zwischen 3,8 und 4,4. $\bigcirc$: $T_v = 20$ °C, $\blacktriangledown$: $T_v = 70$ °C, $\blacksquare$: $T_v = 80$ °C, $\square$: $T_v = 90$ °C, $\bullet$: $T_v = 100$ °C

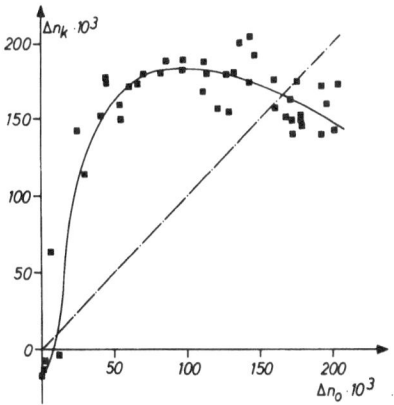

Abb. 8. Doppelbrechung Δn_k nach einer fünfstündigen Kristallisation bei $T_k = 240$ °C als Funktion der Doppelbrechung Δn_0 vor der Kristallisation

negativ. Folien mit etwas höherer Ausgangsorientierung ($\Delta n_0 = 20 \cdot 10^{-3}$ bis $70 \cdot 10^{-3}$) weisen nach dem Tempern eine erhöhte Doppelbrechung auf. Bei den Proben mit noch höherer Doppelbrechung führt die nachfolgende Kristallisation zu einer Erniedrigung der Doppelbrechung.

Ein interessantes Verhalten beobachtet man, wenn man die Länge der Proben während der Kristallisation untersucht. Die Länge der Proben mit sehr niedriger und sehr hoher Doppelbrechung bleibt während des Kristallisierens mit festgehaltenen Enden unverändert.

Proben mit mittlerer Doppelbrechung zeigen dagegen eine Längung bis zu 12%, was sich darin äußert, daß die vor der Kristallisation gespannte Probe nach Abschluß der Kristallisation durchhängt. Es ist bemerkenswert, daß die Längung genau bei solchen Proben auftritt, bei denen eine deutliche Aufspaltung der 100- bzw. 010-Reflexe vorhanden ist ($\Delta n_0 \approx 20$ bis $100 \cdot 10^{-3}$, siehe auch Abb. 4). Kristallisiert man die Proben nicht mit festgehaltenen, sondern mit freien Enden, so zeigen alle Proben ein Schrumpfen. Die Ergebnisse sind in Tabelle 1 zusammengefaßt.

Die Werte der Dichte der Proben nach der Kristallisation sind zusammen mit den Werten vor der Kristallisation in Abbildung 3 angegeben. Man sieht, daß die Kristallisation, wie zu erwarten war, eine Erhöhung der Dichte zur Folge hat.

Abbildung 9 zeigt die Röntgenweitwinkel- sowie die Röntgenkleinwinkelstreuung der Proben nach der Kristallisation. Links stehen jeweils die photographischen Aufnahmen, rechts findet man schematische Zeichnungen, die das Wesentliche der Aufnahmen deutlicher zum Ausdruck bringen. Δn_0 ist die Doppelbrechung vor und Δn_k die Doppelbrechung nach der Kristallisation. Der von *Heffelfinger* (8) beschriebene Effekt einer planar-axialen Orientierung bei verstreckten PET-Folien tritt nur bei den extrem gut orientierten Folien auf

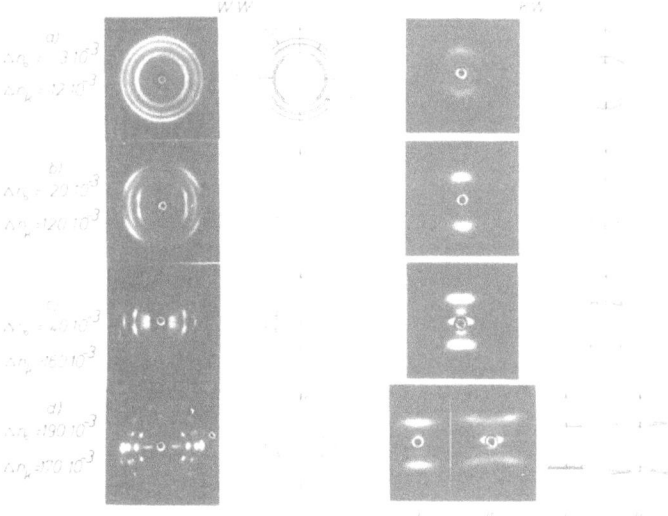

Abb. 9. Röntgenweitwinkelstreuung (WW) und Röntgenkleinwinkelstreuung (KW) der Proben nach einer fünfstündigen Kristallisation bei $T_k = 240$ °C für verschiedene Werte der Doppelbrechung Δn_0 vor der Kristallisation. Links die Originalaufnahmen, rechts eine schematische Darstellung der Streuintensität

Tab. 1. Längenänderung der Proben mit verschiedenen Ausgangsorientierungen bei der Kristallisation mit festgehaltenen bzw. mit freien Enden

| Δn_0 | 5^h Kristallisation bei 240 °C mit festen Enden | | mit freien Enden | |
	Δn_k	Δl	Δn_k	Δl
0.8 10^{-3}	− 15.4 10^{-3}	0	− 23.9 10^{-3}	−19 %
3.5 10^{-3}	0	+ 0.5 %	inhomogen*)	−40 %
6.0 10^{-3}	64.5 10^{-3}	+ 4.0 %	inhomogen*)	−45 %
23.0 10^{-3}	168.1 10^{-3}	+13.0 %	inhomogen*)	−38 %
55.0 10^{-3}	177.6 10^{-3}	+ 5.0 %	166.1 10^{-3}	− 3 %
68.6 10^{-3}	179.5 10^{-3}	+ 1.0 %	169.7 10^{-3}	0
77.5 10^{-3}	179.0 10^{-3}	+ 5.0 %	174.0 10^{-3}	0
104.0 10^{-3}	192.5 10^{-3}	0	170.3 10^{-3}	− 6 %
177.7 10^{-3}	150.0 10^{-3}	0	152.8 10^{-3}	−21 %
203.2 10^{-3}	174.0 10^{-3}	0	177.0 10^{-3}	−21 %

*) Durch den starken Schrumpf entstehen sehr unterschiedlich orientierte Bereiche, deren Doppelbrechung sowohl positiv als auch negativ sein kann und starke Schwankungen im Betrag aufweist.

($\Delta n_0 = 190 \cdot 10^{-3}$). Dementsprechend sind bei dieser Doppelbrechung zwei Kleinwinkelaufnahmen gezeigt, von denen sich eine auf Durchstrahlung senkrecht zur Folienoberfläche bezieht und die andere auf eine Durchstrahlung parallel zur Folienoberfläche. Bei den übrigen Proben sind wegen der Rotationssymmetrie jeweils nur eine Aufnahme angeführt.

In Abbildung 9a ist das Streubild einer sehr schwach orientierten Probe gezeigt, bei der man nach der Kristallisation eine negative Doppelbrechung beobachtet. Das Weitwinkel-

streubild zeigt, daß der 100-Reflex, der −110-Reflex sowie der nur sehr schwach erkennbare −111-Reflex sichelförmig verbreitert um den Meridian liegen, während das Intensitätsmaximum der 010- und das des 0-11-Reflexes am Äquator liegen. Das Kleinwinkelstreubild hat ein Intensitätsmaximum am Meridian. Mit wachsender Doppelbrechung, d.h. mit zunehmender Orientierung, beobachtet man nun eine Wanderung der 100- und −110-Reflexe zum Äquator (siehe Abb. 9b–9d). Der −111-Reflex wandert bei einer nur geringen Steigerung der Doppelbrechung vom Meridian zum Äquator; bei einem weiteren Ansteigen der Doppelbrechung (ca. $40 \cdot 10^{-3}$) findet wieder eine Aufspaltung statt. In Abbildung 10 ist zur Verdeutlichung der Wanderung der Reflexe der jeweilige azimutale Winkel μ des Reflexes bezogen auf den Meridian in Abhängigkeit von der Doppelbrechung für die vier wichtigsten Weitwinkelreflexe graphisch wiedergegeben.

Die ursprünglich auf einem Debye-Kreis liegenden Kleinwinkelreflexe (Abb. 9a) gehen über ein Zwei-Punkt-Diagramm (Abb. 9b) immer mehr zu einem Vier-Punkt-Diagramm über (Abb. 9c und 9d). Bei der axial-planar orientierten Probe (Abb. 9d) sind die Reflexe bei Durchstrahlung senkrecht zur Folienoberfläche zu geraden Schichtlinien, die parallel zum Äquator liegen, verbreitert. Bei Durchstrahlung parallel zur Folienoberfläche erhält man dagegen eine Intensitätsverteilung mit Vierpunktcharakter, wobei die Schichtlinien mit der Verstreckrichtung bemerkenswerter-

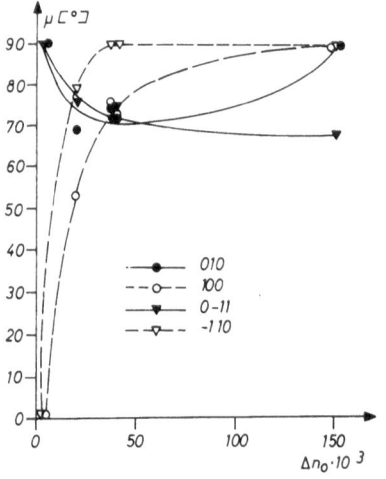

Abb. 10. Auf den Meridian bezogener azimutaler Winkel μ einiger Kristallreflexe in Abhängigkeit von der vor der Kristallisation auftretenden Doppelbrechung Δn_0 für Proben, die fünf Stunden lang bei $T_k = 240$ °C kristallisiert worden sind

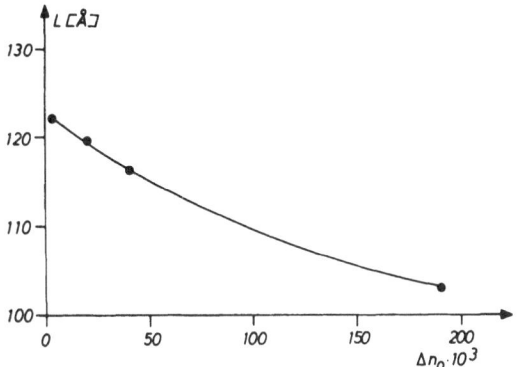

Abb. 11. Abhängigkeit der Langperiode L von der Doppelbrechung Δn_0 vor der Kristallisation für kristallisiertes PET. $T_k = 240\ °C$

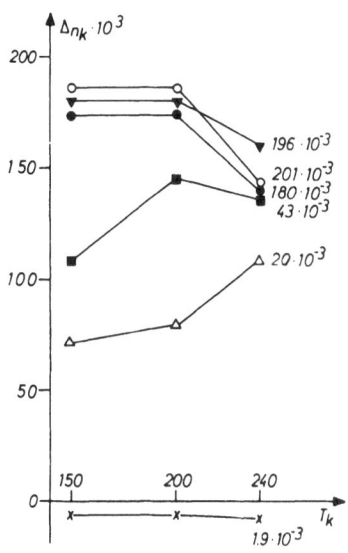

Abb. 12. Doppelbrechung Δn_k nach der Kristallisation als Funktion der Kristallisationstemperatur T_k. Parameter ist die Doppelbrechung vor der Kristallisation Δn_0

weise einen Winkel einnehmen, der kleiner als 90° ist.

Abbildung 11 zeigt die Langperiode als Funktion der Doppelbrechung Δn_0. Man sieht daß die Langperiode mit zunehmender Orientierung des Materials abnimmt.

Bei den bisher gebrachten Ergebnissen lag die Kristallisationstemperatur T_k ausnahmslos bei 240 °C. Geht man zu tieferen Kristallisationstemperaturen über, so treten charakteristische Änderungen in den Ergebnissen auf. Abbildung 12 gibt die Doppelbrechung Δn_k nach der Kristallisation als Funktion der Kristallisationstemperatur T_k an. Parameter ist die Doppelbrechung Δn_0 vor der Kristallisation. Man erkennt, daß bei den hochorientierten Proben die Doppelbrechung mit abnehmender Kristallisationstemperatur zunimmt. Bei kleineren Doppelbrechungen (z. B. $\Delta n_0 = 20 \cdot 10^{-3}$) findet dagegen eine Abnahme statt. Gleichzeitig erkennt man aus einer Untersuchung der Intensität der Röntgenweitwinkelreflexe, daß mit abnehmender Kristallisationstemperatur bei den hochorientierten Proben die planare Ausrichtung der Kristallite immer geringer wird.

In Tabelle 2 sind die radialen und azimutalen Halbwertsbreiten einiger Kristallreflexe angegeben. Bei den hochorientierten Proben nimmt die azimutale Halbwertsbreite mit abnehmender Kristallisationstemperatur zu. Bei den mäßig orientierten Proben ist kein eindeutiger Gang erkennbar. Die azimutale Verbreiterung der Reflexe ist allerdings wegen deren Überlagerung nicht genau bestimmbar.

D. Modelle für die Struktur des kristallisierten Materials

Im folgenden werden Modelle zur Deutung der experimentellen Befunde vorgeschlagen. Es wird gezeigt, daß man mit zunehmender Orientierung einen stetigen Übergang erhält von der sphärolithischen Struktur des unverstreckten Materials zu dem in Mosaikblöcke

Tab. 2. Einfluß der Kristallisationstemperatur auf die radiale und azimutale Halbwertsbreite (HWB) der Röntgenweitwinkelreflexe für Proben verschiedener Ausgangsorientierung Δn_0

Doppelbrchg. vor der Kristallis. Δn_0	Reflex	T_k	HWB radial	HWB azimutal
		150°	0.70°	28°
	0–1 1	200°	0.70°	32°
		240°	0.60°	32°
$20 \cdot 10^{-3}$		150°	1.50°	37°
	1 0 0	200°	1.40°	31°
		240°	1.00°	40°
		150°	0.70°	2.15°
	0–1 1	200°	0.67°	2.01°
		240°	0.50°	1.58°
$180 \cdot 10^{-3}$		150°	0.92°	3.47°
	0 1 0	200°	0.88°	2.99°
		240°	0.63°	2.33°

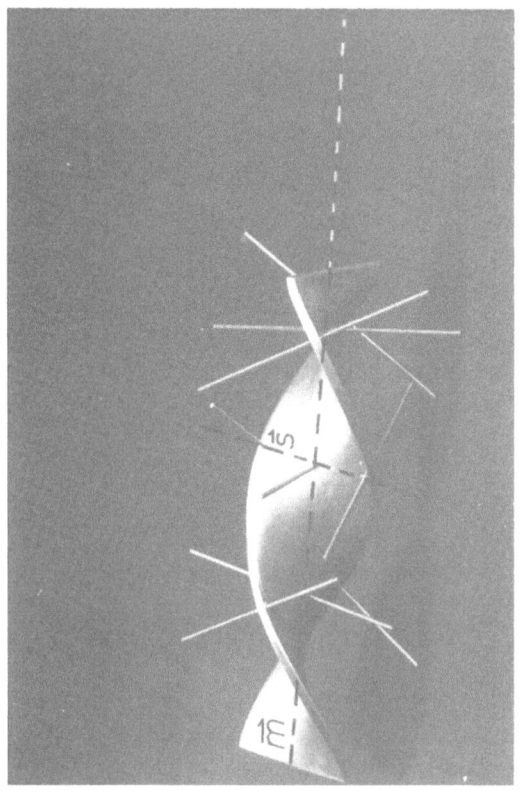

Abb. 13. Modell einer tordierten Lamelle. Die Stäbe geben die Richtung der Lamellenoberflächennormale an einigen Punkten an, die Gerade $\vec{m}$ die Richtung der Torsionsachse (Lamellenachse)

aufgespaltenen parakristallinen Schichtgitter des hochverstreckten Materials.

Wir gehen von tordierten Lamellen aus (s. Abb. 13), wie sie von *Keller* (1, 2) sowie *Watkins* und *Hansen* (3) für unverstrecktes Polyäthylenterephthalat und ferner von *Keller* und *Machin* (16) sowie *Nadkarni* (17) für schwach orientiertes Polyäthylen angenommen worden sind. Die Kristallite sind in der Lamelle so angeordnet, daß die 001-Ebene parallel zur Lamellenoberfläche und die *a*-Achse des Kristalls senkrecht zur Torsionsachse (Lamellenachse) $\vec{m}$ der Lamelle stehen. Der Winkel zwischen der Kettenrichtung und der Flächennormale der Lamelle ist dann 36°. Bei ebenen Lamellen, die bei lösungskristallisierten Einkristallen vorkommen, wird die Lamellenoberfläche ebenfalls von der (001)-Ebene gebildet (18).

Die maximale Änderung der Richtung der Lamellenflächennormale beim Fortschreiten

längs der Gerade $\vec{s}$, die senkrecht auf $\vec{m}$ steht, nennen wir $2\Delta\delta_0$. Diese Größe ist ein Maß für die Stärke der Torsion. Ist b die Breite der Lamelle, dann wird eine vollständige Torsion (d. h. eine Änderung des Winkels der Lamellenflächennormale beim Fortschreiten längs der Torsionsachse $\vec{m}$ um 360°) auf einer Länge m_0 erreicht, die gegeben ist durch

$$m_0 = 180 \cdot b \cdot tg\Delta\delta_0 .$$

Die angegebenen Kenngrößen zur Beschreibung der Lamelle sowie weitere Kenngrößen zur Charakterisierung der im folgenden besprochenen Strukturen sind in Tabelle 3 zusammengestellt.

Von solchen Lamellen ausgehend kommt man zu den im folgenden besprochenen Modellen.

Tab. 3. Bedeutung der einzelnen Parameter bei der Beschreibung der Modelle. Wegen der Bedeutung der Bezeichnungen sei auf die Abbildungen 13 und 14 verwiesen

Bezeichnung	Bedeutung
$2\Delta\delta_0$	Maximale Änderung der Richtung der Lamellenflächennormalen längs einer Geraden $\vec{s}$, die senkrecht auf der Lamellenachse (= Torsionsachse) steht. Ist b die Breite der Lamelle, dann wird eine vollständige Torsion um 360° auf eine Länge $m_0 = 180\ b\ tg\Delta\delta_0$ erreicht.
$2\Delta\psi_0$	Maximale Änderung der Richtung der Lamellenflächennormalen beim Fortschreiten längs der Mittellinie $\vec{m}$ auf der Lamellenoberfläche. Bei genügend langen Lamellen ist $2\Delta\psi_0 = 360°$. $2\Delta\psi_0$ ist ein Maß für die Vollständigkeit der Torsion.
ω	Mittlerer Winkel zwischen der Lamellenflächennormalen und der Verstreckrichtung V bei nichttordierten Lamellen.
$2\Delta\omega_0$	Schwankungsbereich des Winkels ω.
ω^*	Mittlerer Winkel zwischen der Mittellinie $\vec{m}$ der Lamelle und der Verstreckrichtung V.
$2\Delta\omega_0^*$	Schwankungsbereich des Winkels ω^*.
$2\Delta\phi_0$	Schwankungsbereich des Winkels zwischen der Lamellenachse $\vec{m}$ und der Verstreckrichtung.
$\varkappa$	Mittlerer Winkel zwischen der Kettenrichtung und der Verstreckrichtung.

a) Nichtorientiertes und sehr schwach orientiertes Material (Abb. 14 und 14 a)

Unverstrecktes Polyäthylenterephthalat besteht, wie andere Autoren (1, 2, 3) gezeigt haben, aus Sphärolithen, die aus tordierten Lamellen aufgebaut sind. Ein solcher Aufbau ist in Abbildung 14a angedeutet. Jeder Strang entspricht einem Büschel tordierter Lamellen, die vom Zentrum ausgehen.

Für sehr schwach orientiertes Material ($\Delta n_0 = 3 \cdot 10^{-3}$), das nach der Kristallisation eine sogenannte „a-Orientierung" aufweist, wurden von uns in einer früheren Arbeit (12) zwei Modelle vorgeschlagen (Abb. 14a): entweder Blöcke tordierter Lamellen, die um die Verstreckrichtung axialsymmetrisch angeordnet sind, oder aber „abgeflachte Sphärolithe" aus tordierten Lamellen. Der Schwankungsbereich der Richtung der Torsionsachsen $\bar{m}$ ist durch einen mit $2\Delta\phi_0$ bezeichneten Winkel charakterisiert. Der Beweis, daß mit diesen Modellen die experimentell ermittelte Doppelbrechung, Röntgenweitwinkelstreuung und Röntgenkleinwinkelstreuung erklärt werden kann, ist ebenfalls dargelegt (12), so daß hier darauf nicht näher eingegangen wird.

b) Mittelstark orientiertes Material

Geht man mit der Orientierung etwas höher, so kommt man zu dem Modell aus Abbildung 14b. Die sphärolithische Struktur besteht nicht mehr. Es tritt eine axialsymmetrische Verteilung der Lamellen um die Verstreckrichtung auf, wobei die Torsionsachsen der Lamellen, wie bei der a-Orientierung bevorzugt senkrecht auf der Verstreckrichtung stehen. Die Lamellen sind außerdem so kurz, daß keine vollständige Torsion mehr stattfindet. Die maximale Änderung der Richtung der Lamellenflächennormalen beim Fortschreiten längs der Lamellenachse $\bar{m}$ bezeichnen wir mit $2\Delta\psi_0$. Bei vollständig tordierten Lamellen wäre dann $2\Delta\psi_0 = 360°$, bei dem hier angenommenen Modell ist $2\Delta\psi_0$ kleiner als $360°$.

Bei einer weiteren Zunahme der Ausgangsorientierung des Materials wird $2\Delta\psi_0$ so klein (z. B. $20°$ und weniger), daß man anstelle von einer Torsion auch von einer Wellung der Lamelle (siehe Abb. 14c) sprechen kann. Die Lamellenflächennormalen schließen im Mittel einen Winkel ω mit der Verstreckrichtung ein, der von Null verschieden ist, liegen also auf einem Kegelmantel mit dem Öffnungswinkel $2\,\omega$. Die Schwankung des Winkels ω bezeichnen wir mit $2\Delta\omega_0$. Dementsprechend schließt die Lamellenachse mit der Verstreckrichtung den Winkel $\omega^* = 90 - \omega$ ein und schwankt um einen Winkel $2\Delta\omega_0^* = 2\Delta\omega_0$.

Wir wollen nun die beobachtete Röntgenkleinwinkelstreuung unter Zugrundelegung der angegebenen Modelle erklären. Beim Modell der Abbildung 14b beobachtet man bei der Kleinwinkelstreuung das in Abb. 9b unter *KW* gezeigte Zwei-Punkt-Diagramm. Dieses entsteht in folgender Weise: Bei vollständig tordierten Lamellen nimmt der Winkel zwischen der Lamellenflächennormalen und der Verstreckrichtung gleichmäßig alle Werte zwischen 0 und $180°$ an, was zu dem in Abbildung 9a gezeigten Diagramm führt. Ist die Torsion nicht mehr vollständig, so nimmt der Winkel nur noch Werte zwischen $\pm\Delta\psi_0$ an. Dadurch wird die Sichelbreite des Kleinwinkelreflexes auf $2\Delta\psi_0$ beschränkt, wie man leicht durch eine Konstruktion analog zu der aus Abbildung 15 unserer früheren Arbeit (12) erkennt. Für die Probe in Abbildung 9b ist $2\Delta\psi_0 = 20°$.

Zum Modell in Abbildung 14c gehört das Vier-Punkt-Diagramm aus Abbildung 9c unter *KW*. Die Abänderung der Reflexform vom Debye-Kreis zu einem zu einer Schichtlinie verbreiterten Vier-Punkt-Diagramm ist eine Folge der Tatsache, daß der mittlere Winkel ω zwischen der Lamellenflächennormalen und der Verstreckrichtung von Null abweicht (15). Bei einem vollkommen einheitlichen Winkel ω müßte man in der Röntgenkleinwinkelstreuung vier scharfe Punkte beobachten, deren azimutaler Winkel bezogen auf den Meridian gleich ω ist. Die Verschmierung zu einer Schichtlinie ist eine Folge der Schwankung des Winkels ω sowie auch der Langperiode. Trotz der Verschmierung des Vier-Punkt-Diagramms läßt sich ein Abstand der beiden Punkte schätzen, woraus der Winkel ω berechnet werden konnte. Das Resultat ist in Abbildung 15 wiedergegeben.

Die Röntgenweitwinkelstreuung des Modells in Abbildung 14b ist in Abbildung 9b unter *WW* gezeigt. Die genaue azimutale Lage der einzelnen Reflexe kann aus Abbildung 10 entnommen werden. Um die Lagen der Reflexe zu erklären, geht man am besten von einem Kristall aus, der so orientiert ist, daß die (001)-Netzebenennormale genau parallel

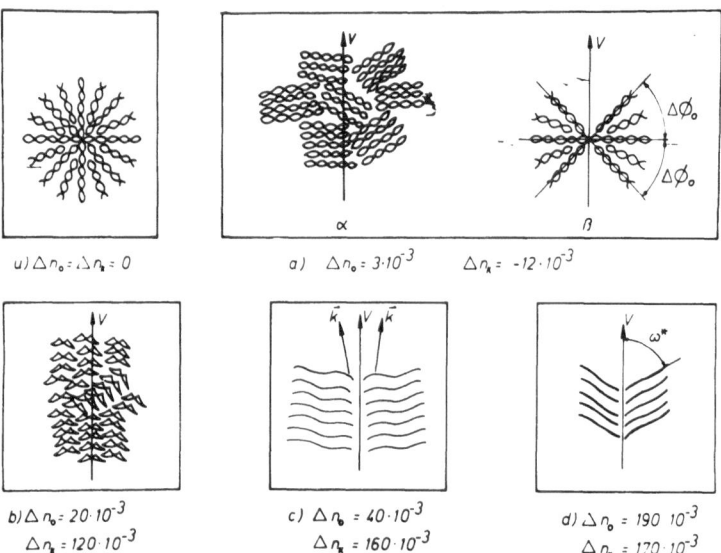

Abb. 14. Modelle für die Struktur der orientierten kristallisierten Proben. Δn_0 ist die Doppelbrechung vor der Kristallisation und Δn_k die nach der Kristallisation. V ist die Verstreckrichtung, $\vec{k}$ die Richtung der Ketten

zur Verstreckrichtung liegt. Tabelle 4 zeigt den für einen so liegenden Kristall berechneten Azimutwinkel μ_{ber} der einzelnen Reflexe im Vergleich zu dem tatsächlich gemessenen Winkel μ_{gem}, der aus Abbildung 10 entnommen wurde. Man findet eine befriedigende Übereinstimmung. Die Abweichung der Lamellenflächennormale von der Verstreckrichtung, die durch die geringfügige Torsion oder durch andere Effekte verursacht wird, äußert sich in einer azimutalen Verschmierung der Reflexe. Tabelle 4 zeigt auch die gemessene azimutale Halbwertsbreite der Reflexe sowie zum Vergleich die berechnete Halbwertsbreite unter Annahme einer Torsion, wie sie aus der Röntgenkleinwinkelstreuung kommt, d. h. $2\Delta\psi_0 = 20°$.

In der Röntgenweitwinkelstreuung des Modells aus Abbildung 14c äußert sich der von Null verschiedene Winkel zwischen der Lamellenflächennormale und der Verstreckrichtung darin, daß der 100- und 010-Reflex näher zum Äquator rücken. Wegen des Fehlens der Torsion werden außerdem die Halbwertsbreiten der Reflexe kleiner als bei denen in Abbildung 9b.

Die Doppelbrechung der Proben in Abbildung 9b und 9c ist positiv und dem Betrag nach desto größer, je mehr die Kettenachse mit der Verstreckrichtung übereinstimmt. Um dieses Ergebnis zu erklären, führen wir ein Koordinatensystem ein, dessen z-Achse mit der Verstreckrichtung zusammenfällt. Den

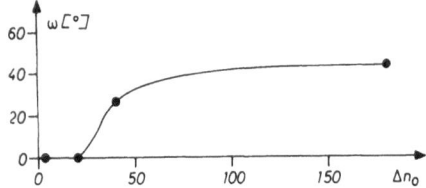

Abb. 15. Auf den Meridian bezogener azimutaler Winkel ω des Kleinwinkelreflexes in Abhängigkeit von der vor der Kristallisation herrschenden Doppelbrechung Δn_0 für Proben, die nach dem Verstrecken bei $T_k = 240\,°C$ fünf Stunden lang kristallisiert worden sind

Tab. 4. Meridianwinkel μ und Halbwertsbreite der Reflexe einer tordierten Lamelle, deren Oberflächennormale um die Verstreckrichtung in einem Bereich um $\pm 10°$ schwankt

Netzebene	$\mu_{exp.}$	$\mu_{ber.}$	HBW$_{exp.}$	HWB$_{ber.}$
1 0 0	53.2°	54.1°	40°	20°
0 1 0	61.3°	56.9°	25°	20°
−1 1 0	108.0°	110.4°	22°	20°
0−1 1	80.0°	78.5°	39°	42°
−1 1 1	84.0°	83.3°	32°	33°

Kristall legen wir in der Weise in das Koordinatensystem, daß die 001-Ebene mit der x, y-Ebene und die a-Achse mit der x-Achse zusammenfallen. Nach *Keller* (2) sowie *Pinnock* und *Ward* (19) haben die Hauptachsen des Brechungsindexellipsoids eines Polyäthylenterephthalat-Kristalls die folgenden Lagen (siehe Abb. 16): Die längste Achse γ liegt in Richtung der Kette, schließt also mit der z-Achse einen Winkel $\varkappa$ ein. Die zweitlängste Achse β liegt annähernd in der 100-Ebene und ist nahezu so groß wie γ. Die dritte Achse α ist dagegen bedeutend kleiner als γ. Um die gemessenen Werte der Doppelbrechung zu erklären, muß man nun eine entsprechende Mittelung über die verschiedenen auftretenden Orientierungen vornehmen. Den Brechungsindex senkrecht zur Verstreckrichtung, $n_\perp$, erhält man, indem man über alle Brechungsindices in der Ellipse E, die sich als Schnittpunkt der x, y-Ebene mit dem Brechungsindexellipsoid ergeben, mittelt. Nach dieser Mittelung ist der Brechungsindex parallel zur Verstreckrichtung, $n_\parallel$, bei Lamellen, die keine Torsion aufweisen, gleich n_z, wobei sich n_z aus dem Schnittpunkt des Brechungsindexellipsoids mit der z-Achse ergibt. $n_\perp$ ist wegen des relativ kleinen Wertes von α bedeutend kleiner als $n_\parallel$, so daß die Probe positiv doppelbrechend wird. Tritt eine geringfügige Torsion der Lamellen um einen Winkel $2\Delta\psi_0$ auf, so muß man auch bei der Bestimmung von $n_\parallel$ ent-

sprechend mitteln, was aber den Wert nicht wesentlich verändern wird, da bei der Schwankung zum Teil größere und zum Teil kleinere Werte als n_z auftreten (31).

Wenn die Ketten als Folge einer Kippung der Lamellen immer mehr in Verstreckrichtung weisen, wie in Abbildung 14c angedeutet wurde, so wird der Wert des Brechungsindex n_z immer größer und erreicht schließlich den Wert γ, wenn die Ketten genau in Verstreckrichtung weisen. Da in der Mittelung in der x, y-Ebene keine so große Änderung auftritt, wird dadurch die Doppelbrechung immer größer in Übereinstimmung mit den Meßergebnissen.

c) *Stark orientiertes Material* (Abb. 14d)

Für das hochorientierte Material wurde unter Zugrundelegung der Arbeiten von *Bonart* (4, 5, 6), *Heffelfinger*, *Burton* und *Lippert* (7, 8) sowie *Fakirov* und *Fischer* (9) das Modell aus Abbildung 14d angenommen. Es weist Lamellen auf, deren Flächennormalen im Mittel einen bestimmten Winkel ω mit der Verstreckrichtung V einschließen. Die Lamellen liegen allerdings nicht, wie bei den anderen weiter oben besprochenen Strukturen, rotationssymmetrisch um die Verstreckrichtung V, sondern sind so angeordnet, daß die 100-Ebene der Kristalle parallel zur Folienoberfläche liegen (uniplanar-axiale Orientierung). Untersuchungen von *Fakirov* und *Fischer* (9) zufolge zerfallen die Lamellen noch in einzelne Mosaikblöcke.

Bei unseren Streubildern tritt als Besonderheit eine Krümmung der Schichtlinien nach oben auf, während sie i. a. nach unten gekrümmt sind (20). Nach *Bonart* (21) kann man

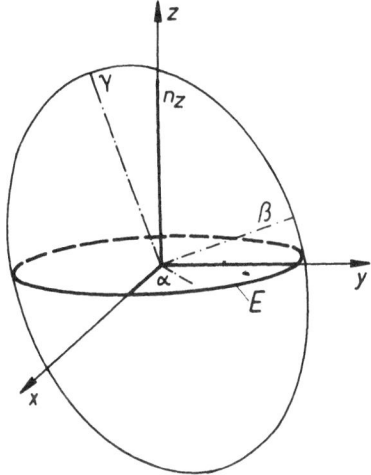

Abb. 16. Lage des Brechungsindexellipsoids für einen Kristall, dessen 001-Ebene mit der x, y-Ebene und die a-Achse mit der x-Achse zusammenfallen

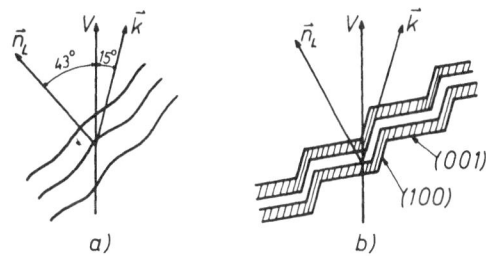

Abb. 17. Lage und Aufbau der Lamellen in kristallinem, hochorientiertem Material ($\Delta n_0 = 180 \cdot 10^{-3}$). a) Orientierung der Lamellen relativ zur Verstreckrichtung, b) Feinaufbau der Lamellen, der die Mosaikstruktur zum Ausdruck bringt

aus der Lage und Form dieser Schichtlinie den mittleren Winkel ω zwischen Lamellen-flächennormale und der Verstreckrichtung sowie den mittleren Winkel $\varkappa$ zwischen der Kettenrichtung und der Verstreckrichtung bestimmen. Man erhält $\omega = 43°$ und $\varkappa = 15°$ (siehe Abb. 17a).

Ein mehr ins Einzelne gehendes Modell für die Wellung der Lamellen und die Mosaik-struktur erhält man mit Hilfe der Vorstellun-gen von *Güllemann* (22), denen zufolge die La-melle abwechselnd von zwei verschiedenen Netzebenen begrenzt wird. Wir nehmen an, daß eine dieser Netzebenen die (001)-Ebene ist, die andere aber, im Unterschied zu *Güllemann*, die (100)-Ebene. Wir kommen dann zu dem in Abbildung 17b gezeigten Aufbau der Lamelle. Man kann sich das Zustandekommen dieser Struktur dadurch erklären, daß eine ursprüng-lich ebene Lamelle, die nur durch die 001-Ebene begrenzt ist, durch Abgleiten einzelner Teile in Kettenrichtung in Mosaikblöcke zerfällt.

Güllemann hat neben der (100)-Ebene, im Unterschied zu uns, die (0-11)-Ebene als zweite Begrenzungsfläche der Lamelle ange-nommen. Wir konnten dies nicht tun, weil dann die (100)-Ebene gerade senkrecht zur Folienoberfläche stehen müßte, was im Wider-spruch zu dem röntgenographischen Befund steht. Die von uns getroffene Wahl der (100)-Ebene als zweite Begrenzungsfläche hat über-dies den Vorteil, daß diese Fläche als Abgleit-fläche gedeutet werden kann.

Eine von *Groves* und *Hirsch* (23) vorge-schlagene Deutung des Streubildes durch besonders angeordnete Domänen von gesta-pelten Lamellen erscheint uns nicht so be-friedigend zu sein, da damit nicht die Mosaik-struktur erklärt werden kann.

Daß bei diesen Proben die Doppelbrechung Δn_k nach der Kristallisation kleiner als die Doppelbrechung Δn_0 vor der Kristallisation ist, wird durch die uniplanar-axiale Orientie-rung verursacht. Für einen Kristall, dessen (100)-Ebenen parallel zur Folienoberfläche lie-gen und bei dem das polarisierte Licht senk-recht auf die Folienoberfläche trifft, ist $n_\| = \gamma$ und $n_\perp = \beta$, so daß wegen $\beta \approx \gamma$ die Größe $\Delta n_k = 0$ ist. Daß die Doppelbrechung nicht auf Null zurückgeht, ist einerseits auf den amorphen Anteil und andererseits auf jene Kristallite, deren (100)-Ebenen nicht parallel zur Folienoberfläche liegen, zurückzuführen.

E. Diskussion

1. Verwendung der Doppelbrechung zur Charakteri-sierung des verstreckten Zustandes vor der Kristallisation

Abbildung 14 zeigt, daß die morphologische Struktur mit wachsender Doppelbrechung Δn_0 der Ausgangsprobe kontinuierlich alle Zu-stände zwischen dem sphärolithisch kristalli-sierten unorientierten Material und dem aus Mosaikblöcken bestehenden parakristallinen Schichtgitter des hochorientierten Materials durchläuft. Welcher Zustand dabei erreicht wird, hängt im Rahmen der von uns durchge-führten Variationen allein von der Doppel-brechung im Ausgangszustand ab. Als zweiten Parameter müßte man im Prinzip auch noch die Kristallinität in Betracht ziehen, die die Probe – wenn auch in geringem Maße – während der Verstreckung erhält. Offenbar ist diese aber bei dem von uns untersuchten Bereich der Verstreckgeschwindigkeit und Verstrecktemperatur bei gleichbleibender Doppelbrechung jeweils dieselbe.

Von anderen Autoren wird als Parameter zur Charakterisierung der Orientierung ge-wöhnlich das Verstreckverhältnis λ und nicht die Doppelbrechung genommen. Solange man die Verstreckung unter gleichen Bedingungen ausführt, d. h. bei gleicher Temperatur T_v und gleicher Verstreckgeschwindigkeit w, ist das Verstreckverhältnis λ tatsächlich ein geeignetes Maß für die Orientierung. Führt man aber die Versuche bei verschiedenen T_v- und w-Werten durch, so ist das Verstreckverhältnis als Maß für die Orientierung völlig ungeeignet, was eindeutig aus Abbildung 1 hervorgeht.

2. Abhängigkeit der Doppelbrechung von den Ver-streckbedingungen

Die beim Verstrecken entstehende Doppel-brechung hängt, wie die Abbildungen 1 und 2 zeigen, von der Verstrecktemperatur T_v, der Verstreckgeschwindigkeit w und dem Ver-streckverhältnis λ ab. Die Abhängigkeit von λ ist weitgehend linear, diejenige von T_v und w ist komplizierter.

Bei einer eingehenderen Diskussion der Abhängigkeit von T_v und w stört es, daß das

Verstreckverhältnis in Abbildung 2 aus experimentellen Gründen nicht streng konstant ist, sondern zwischen 3,8 und 4,4 schwankt. Wir haben daher eine Korrektur der Kurven in Abbildung 2 vorgenommen, indem wir alle Werte der Doppelbrechung unter Annahme eines linearen Zusammenhangs zwischen λ und Δn_0 auf das konstante Verstreckverhältnis $\lambda = 4,4$ umgerechnet haben. Abbildung 18 zeigt die Ergebnisse. Man erkennt, daß als Folge dieser Korrektur die Werte der Doppelbrechung für die Verstreckung bei $T_v = 70\,°C$ größer werden und mit denen bei $T_v = 20\,°C$ praktisch zusammenfallen. Außerdem sieht man, daß die bei $T_v = 90\,°C$ und $T_v = 100\,°C$ erhaltenen Kurven nach der Korrektur mit wachsender Verstreckgeschwindigkeit nicht in einen konstanten unterhalb der maximal erreichbaren Doppelbrechung liegenden Wert einmünden, sondern weiter ansteigen.

Um den Einfluß der Verstreckbedingungen auf die Doppelbrechung gut überblicken zu können, erscheint es uns zweckmäßig, in einem aus der Verstrecktemperatur und dem Logarithmus der Verstreckgeschwindigkeit gebildeten Koordinatensystem Kurven konstanter Doppelbrechung einzuzeichnen. Das Verstreckverhältnis ist dabei konstant zu halten. Abbildung 19 zeigt ein entsprechendes Diagramm für $\lambda = 4,4$. Man sieht, daß man z. B. eine Doppelbrechung von $\Delta n_0 = 40 \cdot 10^{-3}$ bei einer Reihe von verschiedenen Werten von T_v und w erhält, wobei w desto größer sein muß, je höher T_v ist. Ähnliches gilt für alle übrigen Werte der Doppelbrechung bis etwa $\Delta n_0 = 190 \cdot 10^{-3}$. Doppelbrechungswerte von $\Delta n_0 =$

$190 \cdot 10^{-3}$ bis $210 \cdot 10^{-3}$ erreicht man bei dem von uns eingehaltenen Verstreckverhältnis $\lambda = 4,4$ nur beim Verstrecken über eine Schulter. Da dabei, wie bereits angedeutet, eine Verstreckgeschwindigkeit in Prozent je Minute nicht maßgebend ist, sind die entsprechenden Punkte nicht in das Diagramm eingezeichnet. Da das Verstrecken über eine Schulter von *Allison* und *Ward* (24, 25) ausführlich untersucht worden ist, gehen wir darauf nicht weiter ein.

Das Diagramm müßte man noch zur Berücksichtigung verschiedener Verstreckverhältnisse λ in eine dritte Dimension erweitern. Man könnte dann daraus mit einem Blick ablesen, welche Verstreckverhältnisse man unter vorgegebenen Bedingungen wählen muß, um eine bestimmte Doppelbrechung zu erreichen. Durch Erweiterung der Messungen auf Temperaturen oberhalb der Schmelztemperatur würde man durch ein derartiges Diagramm auch die Verhältnisse beim Spinnen von Fasern erfassen.

Pinnock und *Ward* (26) haben vorgeschlagen, amorphes Polyäthylenterephthalat bei Temperaturen oberhalb der Glastemperatur wie einen vernetzten Kautschuk zu behandeln. Dies wurde von *Retting* (27) auch für andere Polymere diskutiert. Die Netzstellen bestehen beim amorphen Polyäthylenterephthalat nicht aus chemischen Bindungen, sondern sind durch Verschlaufungen der Ketten verursacht. Wir wollen nun prüfen, inwieweit sich unsere

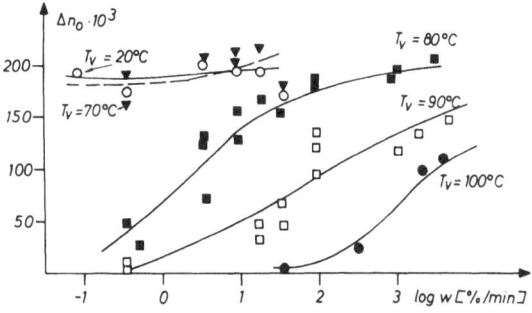

Abb. 18. Auf konstantes Verstreckverhältnis $\lambda = 4,4$ korrigierte Doppelbrechung Δn_0 als Funktion der Verstreckgeschwindigkeit w für Proben unmittelbar nach dem Verstrecken. Parameter ist die Verstrecktemperatur T_v

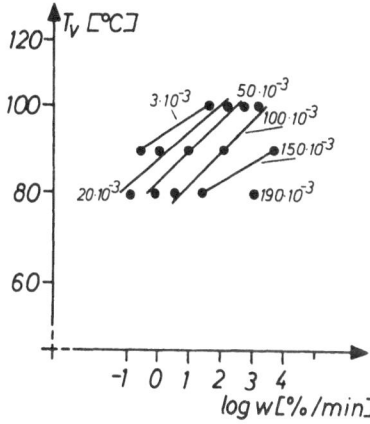

Abb. 19. Kurven konstanter Doppelbrechung in einem Diagramm, dessen Koordinatenachsen die Verstrecktemperatur T_v und den Logarithmus der Verstreckgeschwindigkeit w angeben

Ergebnisse mit diesen Vorstellungen erklären lassen.

Für ein vernetztes System gilt allgemein

$$\Delta n_0 = \frac{AN'}{kT}\left(\lambda^2 - \frac{1}{\lambda}\right), \qquad [1]$$

wobei N' die Anzahl der Netzstellen je Volumeneinheit, T die thermodynamische Temperatur und k die Boltzmannkonstante sind. Die Konstante A hat nach *Pinnock* und *Ward* (26) für amorphes Polyäthylenterephthalat den Wert $5{,}5 \cdot 10^{-10}$ cm²/dyn. In Abbildung 20 ist der über Gl. [1] berechnete Verlauf von Δn_0 als Funktion von λ für verschiedene Werte des Vorfaktors $G = AN'/kT$ wiedergegeben. Zum Vergleich sieht man gestrichelt die Meßergebnisse aus Abbildung 1. Man findet bei der großen Verstreckgeschwindigkeit $w = 830$ % je Minute und nicht allzu großen Werten von λ eine gute Übereinstimmung mit der theoretisch berechneten Kurve für $G = 8{,}4$, was einer Netzstellendichte von $N' = 3 \cdot 10^{23}$ entspricht. Für große Werte von λ bleibt allerdings die tatsächlich gemessene Doppelbrechung Δn_0 immer weiter hinter der theoretisch berechneten zurück. Des weiteren wird auch mit kleiner werdender Verstreckgeschwindigkeit die Übereinstimmung immer schlechter.

Dieses Resultat ist gut verständlich, wenn man bedenkt, daß die Netzstellen nicht über alle Zeiten fest sind, sondern in Form von Kettenverschlaufungen mit zunehmender Zeit und ebenso auch mit zunehmender Spannung aufgelöst werden können. Ein Zurückbleiben der experimentellen Doppelbrechungswerte hinter den theoretisch berechneten Werten bedeutet dann, daß die Netzstellenzahl N' während der Vernetzung abnimmt, so daß die Meßpunkte nicht auf einer Kurve konstanten G-Wertes bleiben, sondern auf Kurven mit immer niedrigeren G-Werten abfallen. Außerdem muß man bei hohen Verstreckverhältnissen auch das Schaffen von Verknüpfungen durch die einsetzende Kristallisation beachten. Zur quantitativen Auswertung unserer Ergebnisse werden zur Zeit Relaxationszeiten an Proben unter Spannung gemessen.

3. Erklärung des Einflusses der Orientierung auf die morphologische Struktur

Keller und *Machin* (16, 28) haben die Entstehung von Bündeln tordierter Lamellen bei der Kristallisation von Polymeren unter Spannung auf eine reihenförmige Kristallkeimbildung zurückgeführt: Längs ausgezeichneter Linien, z. B. längs Bündeln aus parallelen, gestreckten Ketten, bilden sich eine Reihe von nebeneinanderliegenden Keimen. Bei mäßiger Orientierung der Ketten würde von jedem Keim aus im Prinzip ein Sphärolith aus tordierten Lamellen wachsen. Wegen der gegenseitigen Behinderung des Wachstums in Richtung der Linie, auf der die Keimzentren liegen, entstehen jedoch nur kreisscheibenförmige Gebilde aus in radialer Richtung wachsenden tordierten Lamellen. Bei stärkerer Orientierung kann sich eine Torsion der Lamellen nicht mehr ausbilden, weil hierzu große Änderungen in der Richtung der einzelnen Kettensegmente erfolgen müßten.

Wir übernehmen diese Vorstellungen auch für die Kristallisation des orientierten Polyäthylenterephthalats, führen aber zusätzlich noch folgende Gesichtspunkte an:

1. Ein bevorzugtes Wachstum der Lamellen in Richtung senkrecht zur Verstreckrichtung wird nicht nur durch eine Keimbildung längs Reihen verursacht, sondern kann auch allein eine Folge der Orientierung der Ketten sein. Bei Lamellen, die in Verstreckrichtung wachsen, liegen nämlich die Ketten alle senkrecht

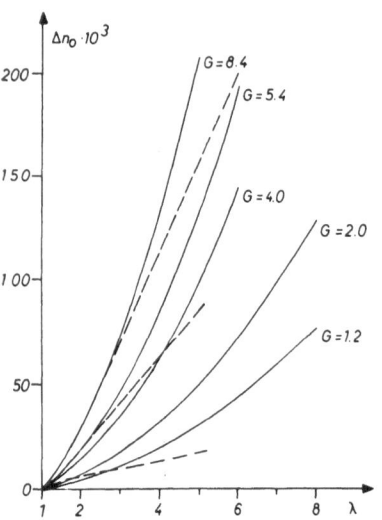

Abb. 20. Die über Gl. [1] berechnete Abhängigkeit der Doppelbrechung Δn_0 vom Verstreckverhältnis λ (——), verglichen mit den experimentellen Ergebnissen (------)

zur Verstreckrichtung, so daß bei solchen Lamellen stärkere Umorientierungsvorgänge erforderlich sind als bei Lamellen, die senkrecht zur Verstreckrichtung wachsen. Das Wachstum von Lamellen in Verstreckrichtung ist daher kinetisch benachteiligt.

2. Mit wachsender Orientierung wird die Dichte der Kristallkeime auch auf Linien, die senkrecht auf die Verstreckrichtung stehen, zunehmen. Die Lamellen können dann auch senkrecht zur Verstreckrichtung nicht mehr ungehindert wachsen, worauf auch von *Nadkarni* (17) hingewiesen wurde.

3. Bei Polyäthylenterephthalat stehen wegen der triklinen Gitterzelle die Ketten nicht senkrecht auf die (001)-Ebene. Es erhebt sich nun die Frage, ob eine angelegte mechanische Spannung dazu führt, daß die Ketten sich parallel zur Kraftrichtung legen, oder dazu, daß sich die (001)-Ebenen, also die Lamellenoberfläche, senkrecht zur Kraftrichtung stellen. Es hat den Anschein, daß schwache Spannungen bzw. Orientierungen auf die Lage der (001)-Ebene wirken, starke Spannungen dagegen eine Orientierung der Ketten in Kraftrichtung bewirken. Der in Abbildung 17b dargestellte Mosaikaufbau der Lamelle könnte eine Folge des Wechselspiels dieser Kräfte sein.

Berücksichtigt man die Vorstellungen von *Keller* und *Machin* (16, 28), *Nadkarni* (17) sowie die oben genannten drei Gesichtspunkte, so kommt man zu folgenden Erklärungsmöglichkeiten für die Abhängigkeit der morphologischen Struktur von der Orientierung des Polyäthylenterephthalats:

Im schwach orientierten Material herrscht weitgehend die Tendenz zum Sphärolithwachstum vor. Lediglich das Wachstum von Lamellensträngen in Richtung der Verstreckung ist aus den oben unter 2. genannten Gründen stark benachteiligt. Wenn keine Keimbildung längs Reihen auftritt, so werden daher abgeflachte Sphärolithe entstehen, wie in Abbildung 14a *β* angedeutet. Bei einer Keimbildung längs Reihen bilden sich dagegen die von *Keller* und *Machin* betrachteten Lamellenbüschel aus (Abb. 14a *α*).

Bei höheren Orientierungen können zwei Umstände die Ausbildung einer Torsion der Lamellen behindern: Die bereits von *Keller* und *Machin* angeführte Tatsache, daß hierfür eine starke Drehung einzelner Kettensegmente erforderlich ist, sowie der Umstand, daß die

jetzt höhere Keimdichte dazu führt, daß die Lamellen relativ kurz bleiben, das Wachstum der Lamelle also abgebrochen wird, bevor die Torsion vollständig ist (siehe Abb. 14b). Letzteres wird auch von *Nadkarni* (17) für Polyäthylen angenommen.

Beim hochorientierten Material schließlich macht sich der Umstand bemerkbar, daß die bei der Orientierung und Kristallisation auftretenden starken Kräfte dazu führen, daß sich die Ketten nahezu parallel zur Verstreckrichtung stellen, die Lamellenoberflächen also nicht mehr senkrecht zur Verstreckrichtung stehen. Die von *Fakirov* und *Fischer* (9) beobachtete Mosaikstruktur kann eine Folge der gegenteiligen Bestrebungen der Ketten sowie der Lamellenflächennormalen, in Verstreckrichtung zu liegen, sein. Dies kann auch die Ursache für die in Abbildung 14c angegebene Wellung der Lamellen sein, so daß dann dieses Modell dem der Abbildung 17a vorgezogen werden mußte. Die Mosaikstruktur kann andererseits auch eine Folge der unter 2. beschriebenen hohen Dichte der Kristallkeime im stark orientierten Material sein.

4. Längung der Proben mit mittlerer Orientierung während der Kristallisation

Wie bereits erwähnt, beobachtet man an verstreckten Proben mit einer Doppelbrechung von etwa $6 \cdot 10^{-3}$ bis $70 \cdot 10^{-3}$ bei der Kristallisation mit festgehaltenen Enden eine irreversible Längung (siehe Tab. 1). Kristallisiert man mit freien Enden, so bleibt die Länge der Proben entweder unverändert, oder es tritt ein Schrumpf bis zu etwa 45 % ein. Bei Proben, die eine ausgeprägte Längung zeigen, liegen die bereits vor der Kristallisation vorhandenen, beim Verstrecken entstandenen Kristallite so, daß die Ketten in ihnen mit der Verstreckrichtung einen Winkel $\varkappa$ einschließen, der mit zunehmender Orientierung abnimmt (siehe Abb. 6).

Es erscheint uns nicht möglich, die Längung der Probe durch eine Drehung der Kristallite während der Kristallisation in die Verstreckrichtung zu erklären, wie das von *Liska* (11) versucht wurde. Erstens würde nämlich eine solche Drehung nicht ausreichen, um die beobachtete Längung, die bis zu 13 % beträgt, zu bewirken. Darüber hinaus liegen bei den hier betrachteten Proben mittlerer Orientierung die Kristallite auch nach der Kristallisation so, daß die Ketten nicht mit der Verstreckrichtung zusammenfallen.

Keller und *Machin* (16) haben die beim Beginn der Kristallisation des Kautschuks auftretende Längung auf die Ausbildung von Kristallen mit gestreckten Ketten zurückgeführt, während sie den nachfolgenden Schrumpf mit der Ausbildung von Faltkristallen erklärten. Auch diese Deutung können wir nicht übernehmen. Bei uns tritt nämlich eine Längung während des gesamten Kristallisationsprozesses auf, so daß wir, beim Zutreffen dieser Deutung, schließen müßten, daß unser kristallisiertes Material vorwiegend aus Kristallen mit gestreckten Ketten besteht. Dies kann nicht der Fall sein, weil die Langperiode in der Größenordnung von 100 Å liegt.

Wir glauben, daß der Effekt der Längung bei unseren Proben die folgende Ursache hat: Die in die amorphe Matrix eingebetteten, beim Verstrecken entstandenen Kristallite sind die Keime der nachfolgenden Kristallisation. Während die Ketten in den Kristalliten annähernd in Verstreckrichtung orientiert sind, weisen die Ketten in den amorphen Bereichen nahezu keine Orientierung auf. Während der nachfolgenden Kristallisation müssen sich daher die Ketten in den amorphen Bereichen orientieren. Die hierfür erforderliche Drehung der einzelnen Segmente in den amorphen Ketten sind die Ursache für die Längung. In Übereinstimmung mit dieser Erklärung bleibt im hochorientierten Material eine Längung der Proben bei der Kristallisation aus, weil hier auch die Ketten in den amorphen Bereichen bereits vor der Kristallisation orientiert worden sind.

Daß beim Tempern der Proben mit freien Enden keine Längung auftritt, ist vermutlich auf folgendes zurückzuführen: Beim Tempern mit freien Enden können die Kristallite als Folge von Relaxationsprozessen wieder desorientiert werden. Kristallite ohne Vorzugsorientierung können auch nicht zu einer Orientierung der sie umgebenden amorphen Kettenteile bei deren Kristallisation führen. Werden nun vor der Kristallisation alle Kristallite desorientiert, so beobachtet man lediglich ein Schrumpfen. Wird dagegen nur ein Teil der Kristallite desorientiert, so muß man eine Überlagerung von Schrumpfen und

einer Längung beobachten. Beim Tempern mit freien Enden der Proben mit einer Doppelbrechung zwischen $50 \cdot 10^{-3}$ und $77,5 \cdot 10^{-3}$ scheint sich nun das Schrumpfen und die Längung gerade zu kompensieren, während bei den Proben mit geringerer Doppelbrechung das Schrumpfen deutlich überwiegt.

5. Einfluß der Kristallisationstemperatur T_k

Aus den in Tabelle 2 angegebenen azimutalen Halbwertsbreiten der Reflexe muß man schließen, daß bei den hochorientierten Proben mit zunehmender Kristallisationstemperatur T_k die Orientierungsverteilung der Kristallite immer schmäler, die Orientierung also immer besser wird.

Aussagen über die Orientierung der Ketten in den nichtkristallinen Bereichen können wir bei den hochorientierten Proben nicht gewinnen. Abbildung 12 zeigt zwar, daß die Doppelbrechung mit zunehmender Kristallisationstemperatur abnimmt. Man kann aber nicht daraus schließen, daß die Gesamtorientierung der Ketten mit zunehmender Kristallisationstemperatur abnimmt, weil die Abnahme der Doppelbrechung zumindest zum Teil durch die ebenfalls beobachtete Zunahme der planaren Orientierung der Kristalle bedingt ist.

Aufgrund von Vorstellungen von *Park, Statton* und *De Vries* (29) sowie Beobachtungen von *Dimow* und *Duschewa* (30) zufolge sollte man allerdings annehmen, daß die Doppelbrechung der nichtkristallinen Bereiche mit wachsender Kristallisationstemperatur abnimmt, weil höhere Temperaturen das Entstehen von Kettenschlaufen begünstigen. Eine solche Annahme wird auch durch Messungen der magnetischen Kernresonanz (31) gestützt, denen zufolge der starre nichtkristalline Anteil im verstreckten Material mit zunehmender Kristallisationstemperatur abnimmt.

Wir danken Herrn Prof. Dr. *E. W. Fischer* und Herrn Prof. Dr. *J. Schultz* für zahlreiche wertvolle Diskussionen. Unser Dank gilt ferner der Firma Kalle AG für die Überlassung der Polyäthylenterephthalat-Folien sowie der Deutschen Forschungsgemeinschaft für die finanzielle Unterstützung dieser Arbeit.

Zusammenfassung

Amorphe Proben von Polyäthylenterephthalat wurden bei Temperaturen zwischen 20 °C und 100 °C mit Verstreckgeschwindigkeiten zwischen 0,5 und 8000 % min^{-1} verstreckt. Das Verstreckverhältnis betrug 4,4. Nach dem Verstrecken wurden die Proben 5h lang bei Temperaturen T_k zwischen 150 °C und 240 °C kristallisiert. Die Dichte, die Röntgenkleinwinkelstreuung, die Röntgenweitwinkelstreuung und die Doppelbrechung der Proben wurden gemessen, um Informationen über die morphologische Struktur zu erhalten.

Es zeigt sich, daß die erhaltene morphologische Struktur im wesentlichen durch die Doppelbrechung Δn_0 der Proben unmittelbar nach dem Verstrecken vor der Kristallisation bestimmt wird. Für kleine Werte von Δn_0 (bis zu etwa $\Delta n_0 = 5 \cdot 10^{-3}$) besteht das Material aus tordierten Lamellen, wobei die Torsionsachse vorwiegend senkrecht zur Verstreckrichtung steht. Mit steigenden Werten von Δn_0 wird die Torsion immer weniger stark ausgeprägt. Wenn Δn_0 auf Werte über $60 \cdot 10^{-3}$ ansteigt, fällt der Winkel zwischen den Lamellen und der Verstreckrichtung allmählich von 90° auf 47°.

Die morphologische Struktur wird auch durch die Kristallisationstemperatur T_k beeinflußt. Mit wachsenden Werten von T_k wird die Orientierung der Kristalle besser, während die der Ketten in den nichtkristallinen Bereichen schlechter wird.

Summary

Amorphous films of polyethyleneterephthalate were stretched at temperatures between 20 °C and 100 °C with stretching rates between 0.5% min^{-1} and 8000% min^{-1}. The elongation ratio was 4.4. After stretching the samples were crystallized for 5 hours at temperatures T_k ranging from 150 °C to 240 °C. The density, the small angle and the wide angle X-ray scattering, the NMR, and the birefringence of the samples were measured in order to get information on the morphological structure.

The morphological structure obtained was determined mainly by the birefringence of the samples after stretching before crystallization, Δn_0. For low values of Δn_0 (up to approx. $\Delta n_0 = 5 \cdot 10^{-3}$) the material is built up of twisted lamellae, the twisting axis being oriented preferentially perpendicular to the stretching direction. With increasing values of Δn_0 the twisting becomes gradually less pronounced $60 \cdot 10^{-3}$. For values of Δn_0 above $60 \cdot 10^{-3}$ the angle between the surface of the lamellae and the stretching direction decreases gradually from 90° to 47°. The morphological structure is also influenced by the crystallization temperature T_k. With increasing values of T_k the orientation of the crystals improves while that of the chains in the noncrystalline regions become weaker.

Literatur

1) *Keller, A.,* J. Polym. Sci. **17**, 291 (1955).
2) *Keller, A.,* J. Polym. Sci. **17**, 351 (1955); **17**, 447 (1955).
3) *Watkins, Hansen,* Textil Res. J. **38**, 388 (1968).

4) *Bonart, R.,* Kolloid-Z. Z. Polymere **199**, 136 (1964).
5) *Bonart, R.,* Kolloid-Z. Z. Polymere **213**, 1 (1966).
6) *Bonart, R.,* Kolloid-Z. Z. Polymere **231**, 438 (1969).
7) *Heffelfinger, C. J., E. L. Lippert,* J. Appl. Polymer Sci. **15**, 2699 (1971).
8) *Heffelfinger, C. J., R. L. Burton,* J. Polymer Sci. **46**, 289 (1960).
9) *Fischer, E. W., S. Fakirov,* J. Material Sci. **11**, 1041 (1976).
10) *Dulmage, W. J., A. L. Geddes,* J. Polymer Sci. **31**, 499 (1958).
11) *Liska, E.,* Kolloid-Z. **251**, 1028 (1973).
12) *Biangardi, H. J., H. G. Zachmann,* Makromol. Chem. **177**, 1173 (1976).
13) *de Daubeney, P., C. W. Bunn, C. J. Brown,* Proc. Roy. Soc. **226 A**, 531 (1954).
14) *Fakirov, S., E. W. Fischer, G. F. Schmidt,* Makromol. Chem. **176**, 2459 (1975).
15) *Bonart, R.,* Kolloid-Z. **211**, 14 (1966).
16) *Keller, A., M. J. Machin,* J. Macromol. Sci. (Phys.) **B 1(1)**, 41 (1967).
17) *Nadkarni, V. M.,* Ph. D. Thesis, University of Delaware (1973).
18) *Yamashita, Y.,* J. Polym. Sci. **A 3**, 81 (1965).
19) *Pinnock, P. R., I. M. Ward,* Brit. J. Appl. Phys. **15**, 1559 (1964).
20) *Berg, H.,* Chemiefas./Textilind. **3**, 215 (1972).
21) *Bonart, R.,* Kolloid-Z. **210**, 16 (1966).
22) *Güllemann, H.,* Melliand Textilber. **53**, 910 (1972).
23) *Groves, G. W., P. B. Hirsch,* J. Material Sci. **4**, 929 (1969).
24) *Allison, S. W., I. M. Ward,* Brit. J. Appl. Phys. **15**, 1151 (1967).
25) *Ward, I. M.,* Brit. J. Appl. Phys. **18**, 1165 (1967).
26) *Pinnock, P. R., I. M. Ward,* Trans. Faraday Soc. **62**, 1308 (1966).
27) *Retting, W.,* Kolloid-Z. Z. Polymere **253**, 852 (1975).
28) *Keller, A.,* J. Polym. Sci. **15**, 31 (1955).
29) *Park, J. B., W. O. Statton, K. L. De Vries,* private Mitteilung.
30) *Dimov, K., M. Duschewa,* Chemiefas./Textilind. **23**, 975 (1973).
31) *Biangardi, H. J., H. G. Zachmann,* in Vorbereitung.

Anschrift der Verfasser:

Prof. Dr. *H. G. Zachmann*
Institut für Physikalische Chemie der Universität
Jacob-Welder-Weg 15
D-6500 Mainz

Progr. Colloid & Polymer Sci. **62**, 88–92 (1977)
© 1977 Dr. Dietrich Steinkopff Verlag GmbH & Co. KG, Darmstadt
ISSN 0340-255 X

Vorgetragen auf der Frühjahrstagung des Fachausschusses Physik
der Hochpolymeren in der Deutschen Physikalischen Gesellschaft
in Bad Nauheim vom 29. März bis 2. April 1976

*Institut für Physikalische Chemie der Universität Mainz und Sonderforschungsbereich 41,
Chemie und Physik der Makromoleküle*

Einfluß des Diäthylenglykolgehalts auf die Kristallisation und das Schmelzen von Polyäthylenterephthalat

W. P. Frank und *H. G. Zachmann*

Mit 7 Abbildungen und 2 Tabellen

(Eingegangen am 15. Juni 1976)

1. Einleitung

Gegenwärtig sind hauptsächlich zwei Verfahren zur Herstellung von Polyäthylenterephthalat bekannt. Die ältere Methode besteht in der Umesterung von Dimethylterephthalat mit Äthylenglykol zu Bis(2-hydroxyäthyl)Terephthalat und Methanol. Die neuere Methode geht direkt von hochgereinigter Terephthalsäure aus. Diese wird mit Äthylenglykol verestert zu oligomerem Polyäthylenterephthalat. Beide Zwischenprodukte werden unter Druck, Temperatur und einem geeigneten Katalysator polymerisiert.

Dabei läßt sich eine störende Nebenreaktion nie ganz verhindern (1, 2). Äthylenglykol kann kondensieren zu dem Äther Diäthylenglykol. Wegen dessen geringerer Flüchtigkeit und der etwa gleichen Reaktionsfähigkeit im Verhältnis zum Äthylenglykol wird er bevorzugt in die Molekülketten eingebaut werden.

Somit handelt es sich bei dem üblicherweise hergestellten Polyäthylenterephthalat immer um ein statistisches Copolymeres aus einer Komponente Polyäthylenterephthalat und einer Komponente Diäthylenglykol; in herkömmlichem Polyäthylenterephthalat werden daher immer 1 bis 3 Mol-% Diäthylenglykol vorhanden sein.

Die Menge an Diäthylenglykol beeinflußt ganz entscheidend das physikalisch-chemische Verhalten des Polymeren. Ziel unserer Untersuchung war es, den Einfluß des Diäthylenglykols auf die Einfriertemperatur, den Schmelzpunkt sowie die isotherme Kristallisation zu bestimmen.

2. Bestimmung des Diäthylenglykolgehalts

Bei den von uns untersuchten Proben handelt es sich um amorphes Polyäthylenterephthalat der Firma BASF mit unterschiedlichen Gehalten an Diäthylenglykol zwischen 1,8 und 14,9 Mol-%. Der Diäthylenglykolgehalt wurde vom Hersteller gaschromatographisch bestimmt. Wir ermittelten diesen nochmals mit Hilfe der hochauflösenden Kernresonanz.

Zur Gewinnung des Resonanzspektrums wurden die Proben in deuteriertem Nitrobenzol gelöst. Die Lösung wurde in einem 90-MHz-Spektrometer der Firma Bruker untersucht. Abbildung 1 zeigt ein typisches Reso-

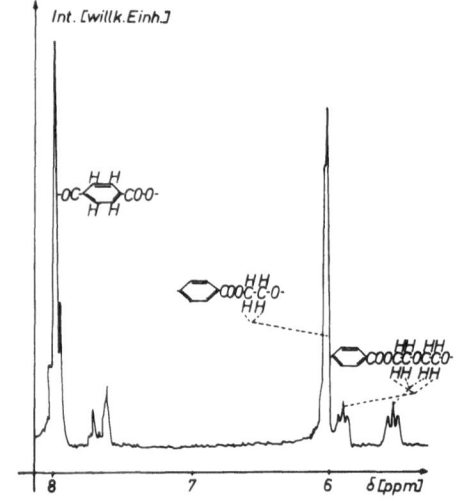

Abb. 1. Spektrum der magnetischen Kernresonanz von Polyäthylenterephthalat mit einem geringen Anteil an Diäthylenglykol

Tab. 1. Diäthylenglykolgehalt der Polyäthylenterephthalat-Proben

Probenart	Gaschromato-graphische Werte (Mol-%)	Kernresonanz-Werte (Mol-%)
7360/14	1,76	3,51 ± 0,42
7360/30	1,83	3,2 ± 0,18
7360/57	3,09	4,46 ± 0,5
7360/20	3,60	3,35 ± 0,27
7360/60	4,27	4,22 ± 0,52
7643/102	5,8	9,34 ± 0,84
7643/154	14,9	15,52 ± 1,36

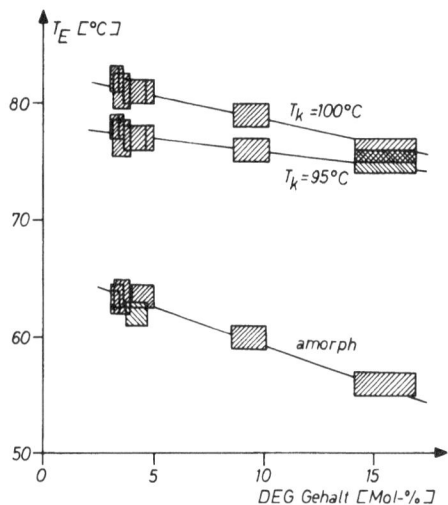

Abb. 2. Einfriertemperatur als Funktion des Diäthylenglykolgehaltes für amorphe Proben sowie für
Proben, die bei der Temperatur T_k kristallisiert worden
sind

nanzspektrum. Links erkennt man das Signal
der Phenyl-Protonen beider Komponenten,
rechts das Signal der Methylen-Protonen des
Polyäthylenterephthalats sowie, getrennt davon, dasjenige der Methylen-Protonen des
Diäthylenglykols. Letzteres besteht wegen der
indirekten Spin-Spin-Wechselwirkung aus
zwei Triplets. Der Anteil des Diäthylenglykols
wurde aus dem Flächenanteil des zugehörigen
Signals bestimmt.

Die Ergebnisse sind in Tabelle 1 wiedergegeben. Zum Vergleich sind in dieser Tabelle
auch die vom Hersteller gaschromatographisch
erhaltenen Werte angeführt. Im allgemeinen
weichen die Werte der magnetischen Kernresonanz nur geringfügig von den gaschromatographisch bestimmten Werten ab. In den
folgenden Messungen werden die Werte der
magnetischen Kernresonanz zugrunde gelegt.

3. Bestimmung der Einfriertemperatur

Als erstes haben wir den Einfluß des
Diäthylenglykolgehalts auf die Einfriertemperatur untersucht. Die Einfriertemperaturen
wurden dilatometrisch aus der Lage des
Knicks der Volumentemperaturkurve bestimmt. Als Dilatometerflüssigkeit wurde
Quecksilber verwendet.

Unsere Proben wurden ohne weitere Vorbehandlung so aufgeheizt, daß bei jeder Meßtemperatur das thermische Gleichgewicht ab-
gewartet wurde.

Abbildung 2 zeigt die Ergebnisse. Die
untere Kurve bezieht sich auf die amorphen
Proben, so wie sie vom Hersteller erhalten
wurden. Man erkennt eine deutliche Abnahme
der Einfriertemperaturen mit steigendem Diäthylenglykolgehalt. Die Unsicherheit in der

Bestimmung der Einfriertemperatur betrug
ca. ± 1 °C, der relative Fehler bei der Bestimmung des Diäthylenglykolgehalts mit der
Methode der hochauflösenden Kernresonanz
betrug ca. 10 %. Die beobachtete Abnahme
der Einfriertemperatur läßt sich erklären mit
der größeren Beweglichkeit der Molekül-
kette, die das Polyäthylenterephthalat-Molekül
durch den zusätzlichen Einbau von Diäthylen-
glykoleinheiten erfährt.

Weiterhin sind in der Abbildung die Einfriertemperaturen von isotherm kristallisierten Proben eingetragen. Bei der unteren
Kurve betrug die Kristallisationstemperatur
95 °C, bei der oberen 100 °C. Die Einfriertemperatur im kristallisierten Material liegt,
wie bereits bekannt, generell höher als im
amorphen Material. Auch hier ist noch der
Einfluß des Diäthylenglykolgehalts in Form
einer Abnahme zu erkennen, die aber nicht
mehr so deutlich ausfällt wie bei den amorphen
Proben.

4. Bestimmung des Schmelzpunktes

Als nächstes haben wir den Schmelzpunkt
von möglichst gut kristallisierten Proben
bestimmt. Um einen hohen Kristallisations-
grad zu erhalten, nutzt man den Effekt der
Rekristallisation aus (3). Die Proben wurden
im Vakuum bei 280 °C 15 min lang aufge-

schmolzen und langsam auf Raumtemperatur abgekühlt. Anschließend wurden sie in einem Dilatometer bis ca. 5 °C unter den Schmelzpunkt erhitzt und dort bis zum Erreichen eines praktischen konstanten Kristallisationsgrades (10 Stunden lang) getempert. Die dabei erhaltenen Kristallisationsgrade sind in Tabelle 2 wiedergegeben. Von diesen bestmöglich kristallisierten Proben wurden dann die Schmelzkurven in gleicher Weise wie bei der Bestimmung der Einfriertemperatur aufgenommen.

Bei der Berechnung der Kristallisationsgrade in Tabelle 2 wurde vorausgesetzt, daß die Dichten der nichtkristallinen Bereiche und der Kristalle unabhängig vom Diäthylenglykolgehalt sind. Untersuchungen von *Fakirov, Fischer* u. *Schmidt* (4) zufolge ist die Dichte der Kristalle unabhängig vom Diäthylenglykolgehalt bis zu Werten von 4,2%. Allerdings finden diese Autoren bei allen Proben eine höhere Dichte, als diese hier nach *Daubeny, Bunn* u. *Brown* (5) vorausgesetzt wurde.

Abbildung 3 zeigt den Schmelzpunkt T_S als Funktion des Diäthylenglykolgehalts. Man erkennt eine deutliche Abnahme des Schmelzpunktes mit steigendem Diäthylenglykolgehalt. Der auf 0 Mol-% Diäthylenglykolgehalt extrapolierte Schmelzpunkt liegt bei etwa 277 °C. Durch Extrapolation der Schmelzpunkte der entsprechenden Oligomere erhielt *Taylor* (6) einen Wert von 279 °C. Innerhalb der Fehlergrenzen der Extrapolationen stimmen beide Werte befriedigend überein.

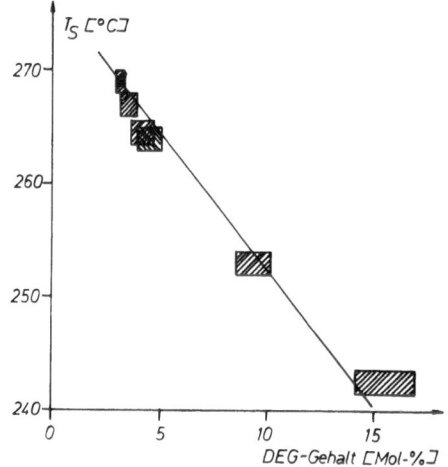

Abb. 3. Schmelzpunkte als Funktion des Diäthylenglykolgehaltes von Proben, die bestmöglich kristallisiert worden sind

5. Bestimmung der Halbwertszeiten der Kristallisation

Die isotherme Kristallisation wurde auf zwei Arten vorgenommen:

1. in einem Temperaturbereich von 90 °C bis 110 °C durch Aufheizen der amorphen Proben aus dem Glaszustand,

2. in einem Temperaturbereich von 200 °C bis 250 °C durch Abkühlen aus der Schmelze.

Diese getrennte Aufnahme ist notwendig, da die Halbwertszeiten der Kristallisation durch ein Minimum gehen. Dieses liegt nach *Cobbs* und *Burton* (7) bei 190 °C, wobei die Halbwertszeiten hier nur einige Sekunden betragen.

Abbildung 4 zeigt die Ergebnisse der

Tab. 2. Dichtewerte und Kristallisationsgrade der möglichst gut kristallisierten Polyäthylenterephthalat-Proben. Für die Dichte der Kristalle und der nichtkristallinen Bereiche wurden die Werte $\varrho_k = 1,455$ g/cm³ bzw. $\varrho_a = 1,331$ g/cm³ nach *Bunn* et al. (5) zugrundegelegt

Diäthylenglykol-Gehalt (Mol-%)	Dichte (g/cm³)	Kristallisations-grad α
3,2	1,4219	0,75
3,35	1,4193	0,73
3,51	1,4194	0,73
4,22	1,4142	0,69
4,46	1,4129	0,68
9,34	1,4154	0,70
15,52	1,3990	0,57

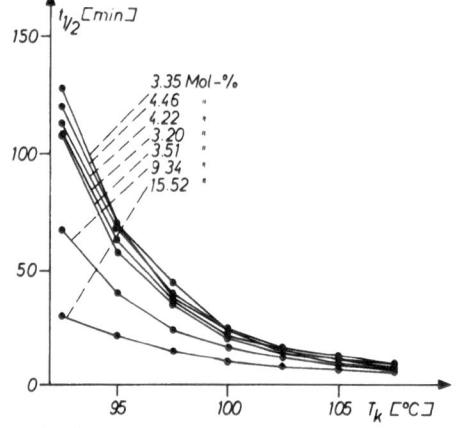

Abb. 4. Halbwertszeiten der Kristallisation als Funktion der Kristallisationstemperatur T_k. Parameter ist der Diäthylenglykolgehalt

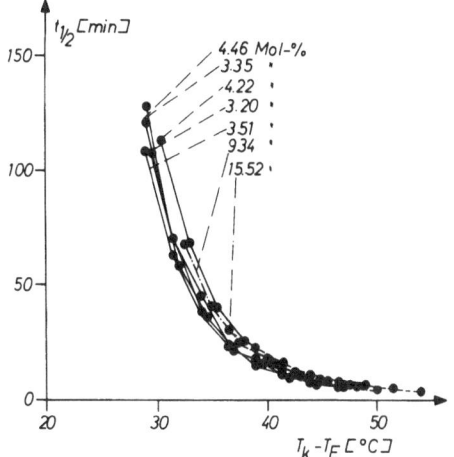

Abb. 5. Halbwertszeiten der Kristallisation als Funktion der Temperaturdifferenz $T_k - T_E$ zwischen der Kristallisationstemperatur und der Einfriertemperatur. Parameter ist der Diäthylenglykolgehalt

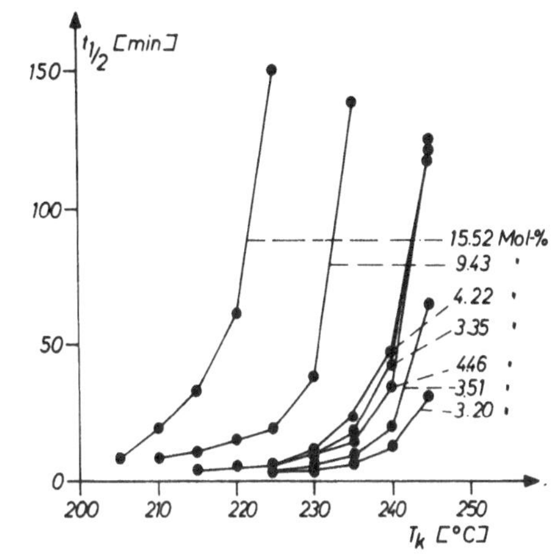

Abb. 6. Halbwertszeiten der Kristallisation $t_{1/2}$ als Funktion der Kristallisationstemperatur T_k. Parameter ist der Diäthylenglykolgehalt

Kristallisation aus dem Glaszustand. Aufgetragen ist die Halbwertszeit als Funktion der Kristallisationstemperatur T_k. Parameter ist der Diäthylenglykolgehalt. Die Halbwertszeiten nehmen mit abnehmender Temperatur zu, was auf die Annäherung an die Einfriertemperatur zurückzuführen ist. Weiterhin erkennt man, daß bei gleicher Kristallisationstemperatur, z. B. 95 °C, die Halbwertszeiten mit steigendem Diäthylenglykolgehalt abnehmen.

Abbildung 5 zeigt die Halbwertszeit als Funktion der Differenz zwischen der Kristallisationstemperatur T_k und der Einfriertemperatur T_E. Man sieht, daß bei dieser Auftragung die Kurven annähernd zusammenfallen. Dies zeigt, daß die Abnahme der Halbwertszeit mit zunehmendem Diäthylenglykolgehalt bei gleichbleibender Kristallisationstemperatur eine Folge der Verschiebung der Einfriertemperatur ist.

Bei der Untersuchung der isothermen Kristallisation durch Abkühlen aus der Schmelze ergab sich zunächst folgendes Problem: Beim Aufschmelzen der Proben entstanden Gasblasen, die eine Beobachtung der Volumenabnahme bei der anschließenden Kristallisation störten. Daher wurden die Proben zunächst im Vakuum aufgeschmolzen und entgast. Außerdem zeigte es sich, daß die Halbwertszeiten der Kristallisation davon abhingen, bei welchen Temperaturen und wie lange die Proben aufgeschmolzen worden

waren (8). Dieser Schwierigkeit wurde dadurch Rechnung getragen, daß alle Proben in gleicher Weise vorbehandelt wurden.

Es wurde folgende Vorbehandlung gewählt: Das Material wurde jeweils bei einer Temperatur von 280 °C 15 min lang im Vakuum aufgeschmolzen und danach langsam auf Raumtemperatur abgekühlt. Anschließend wurde es in ein Dilatometer gefüllt, nochmals bei der gleichen Temperatur von 280 °C 15 min lang aufgeschmolzen und dann bei einer bestimmten Kristallisationstemperatur T_k kristallisiert.

Abbildung 6 zeigt die Ergebnisse. In dieser Abbildung ist die Halbwertszeit als Funktion

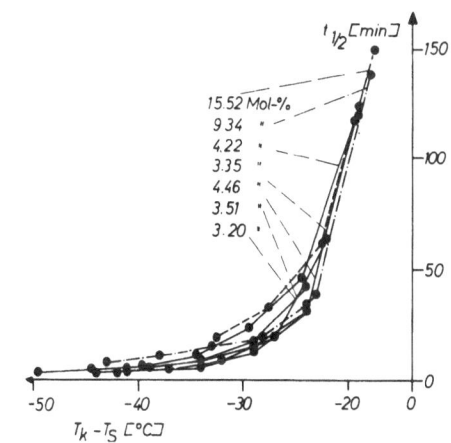

Abb. 7. Halbwertszeiten der Kristallisation als Funktion der Temperaturdifferenz $T_k - T_S$ zwischen Kristallisationstemperatur und Schmelzpunkt. Parameter ist der Diäthylenglykolgehalt

der Kristallisationstemperatur aufgetragen. Der Parameter gibt den Diäthylenglykolgehalt an. Man erkennt, daß die Halbwertszeiten mit zunehmender Temperatur zunehmen, was auf die allgemein bekannte Abnahme der Keimbildungsgeschwindigkeit zurückzuführen ist. Man sieht ferner, daß bei einer bestimmten Kristallisationstemperatur T_k, z. B. 252 °C, die Halbwertszeit desto größer ist, je höher der Diäthylenglykolgehalt ist.

Abbildung 7 zeigt die Halbwertszeit als Funktion der Differenz zwischen der Kristallisationstemperatur T_k und dem Schmelzpunkt T_S. Wie zu erkennen ist, führt diese Auftragung dazu, daß die Kurven weitgehend zusammenfallen. Die Zunahme der Halbwertszeiten mit steigendem Diäthylenglykolgehalt ist also weitgehend eine Folge der Verschiebung der Schmelzpunkte.

6. Schlußfolgerungen

Unsere Untersuchungen zeigen, daß der Diäthylenglykolgehalt in Polyäthylenterephthalat mit Hilfe der hochauflösenden Kernresonanz bestimmt werden kann, wobei die Ergebnisse in befriedigender Weise mit den gaschromatographisch ermittelten Werten übereinstimmen.

Die nachgewiesene Abhängigkeit der Kristallisationsgeschwindigkeit vom Diäthylenglykolgehalt kann auf entsprechende Veränderung in der Einfriertemperatur und im Schmelzpunkt zurückgeführt werden.

Wir danken der Firma BASF, insbesondere Herrn Dr. *H. Pohlemann* und Herrn Dr. *H. J. Kunde* für die Herstellung der Proben sowie für wertvolle Diskussionen. Unser Dank gilt ferner der Deutschen Forschungsgemeinschaft für die finanzielle Unterstützung dieser Arbeit.

Zusammenfassung

Mit steigendem Diäthylenglykolgehalt nimmt sowohl die Einfriertemperatur als auch der Schmelzpunkt von Polyäthylenterephthalat ab. Der Diäthylenglykolgehalt beeinflußt auch die Halbwertszeiten der Kristallisation, was jedoch allein auf die angegebene Änderung der Einfriertemperatur bzw. des Schmelzpunktes zurückzuführen ist.

Summary

The glass transition temperature as well as the melting point of polyethylenterephthalate decreases with increasing content of diethylenglycol. The amount of diethylenglycol influences also the rate of crystallization. This influence can be explained completely by the occurring changes in the glass transition temperature and the melting point.

Literatur

1) *Hergenrother, W. L.*, J. Polymer Sci., Polymer Chemical Edition, **12**, 875 (1974).
2) *Hovenkamp, S. G., J. P. Munting*, J. Polymer Sci. A–1, **8**, 679 (1970).
3) *Zachmann, H. G.*, Kunststoffhandbuch Bd. 1, (München 1975).
4) *Fakirov, S., E. W. Fischer, G. F. Schmidt*, Die makromolekulare Chemie **176**, 2459 (1975).
5) *Daubeny, R. P. de, C. W. Bunn, C. J. Brown*, Proceedings of the Royal Society A **226**, 531 (1954).
6) *Taylor, G. W.*, Polymer **3**, 543 (1962).
7) *Cobbs, W. H., R. L. Burton*, J. Polymer Sci. **10**, 275 (1953).
8) *Frank, W. P., H. G. Zachmann*, in Vorbereitung.

Für die Verfasser:

Prof. Dr. *H. G. Zachmann*
Institut für Physikalische Chemie der Universität
Jakob-Welder-Weg 15
D-6500 Mainz

Progr. Colloid & Polymer Sci. **62**, 93–98 (1977)
© 1977 Dr. Dietrich Steinkopff Verlag GmbH & Co. KG, Darmstadt
ISSN 0340-255 X

Vorgetragen auf der Frühjahrstagung des Fachausschusses Physik
der Hochpolymeren in der Deutschen Physikalischen Gesellschaft
in Bad Nauheim vom 29. März bis 2. April 1976

Fachbereich für physikalische Chemie der Universität Marburg, Institut Polymere

Fluoreszenzpolarimetrische Orientierungsmessungen und eine einfache Methode der Auswertung

F. H. Müller und *H. Springer*

Mit 10 Abbildungen

(Eingegangen am 21. August 1976)

Eine der moderneren Methoden für die Untersuchung der molekularen Ordnung des nichtkristallinen Bereiches polymerer Festkörper ist die Messung der polarisierten Fluoreszenzintensitäten. Diese Meßmethode dient im wesentlichen zur Untersuchung zweier verschiedener Problemkreise:

1) Bestimmung molekularer Beweglichkeiten und

2) Charakterisierung von Orientierungen.

Die ersten Untersuchungen gehen zurück auf Arbeiten von *Perrin* (1, 2) und wurden in jüngerer Zeit auf dem Gebiet der Polymere vor allem von *Nishijima* et al. (3–10) durchgeführt.

Wir befassen uns hier mit der Untersuchung von Orientierungen in polymeren Festkörpern. Die Verwendung der Fluoreszenzpolarisation zu diesem Zweck setzt erst ein, nachdem hochempfindliche Photomultiplier, gute Monochromatoren und Polarisatoren und elektronische Datenverarbeitung zur Verfügung standen. Zahlreiche und grundlegende Arbeiten gehen auf *Nishijima* et al. (8–17) zurück. Weitere wichtige Arbeiten zur Orientierungsbestimmung mit Hilfe der Fluoreszenzpolarisation geben die Literaturhinweise (18–29) an.

Das Meßverfahren für die polarisierten Fluoreszenzintensitäten ist in Abbildung 1 schematisch dargestellt:

Die mit einem Fluoreszenzstoff angefärbte Polymerprobe *S* wird mit gefiltertem, polarisiertem UV-Licht bestrahlt. Das emittierte Fluoreszenzlicht passiert einen Analysator und einen das UV-Licht sperrenden Filter und wird mit einem Photometer registriert.

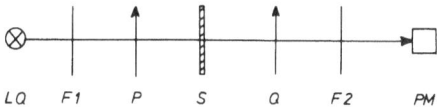

Abb. 1. Schema zur Messung der Fluoreszenzpolarisation *LQ* Erregerlichtquelle, *F*1 Erregerlichtfilter, *P* Polarisator, *S* Probe, *Q* Analysator, *F*2 Fluoreszenzlichtfilter, *PM* Photometer

Bei der Verwendung stark optisch-anisotroper Fluoreszenzmoleküle erhält man infolge der zweifachen Anisotropie – in Absorption und Emission – das zweite und vierte Moment der Orientierungsverteilung. Die Abbildung 2 zeigt die Struktur eines solchen, auch von uns verwendeten Fluoreszenzmoleküls. Es sei hier darauf hingewiesen, daß bei Verwendung verschiedenartiger Fluoreszenzmoleküle, deren optische Symmetrieachsen sich zu den Polymersegmenten mit festen, aber unterschiedlichen Winkeln ausrichten, prinzipiell auch höhere Momente der Segmentorientierungsverteilung bestimmt werden können.

Es wurden Messungen an nichtkristallinen PVC- (mit etwa 10 % nachchloriertes PVC) und Bisphenol-A-Polycarbonat-Folien durchgeführt. Zur Untersuchung der relativen Orientierung von Polymersegmenten und

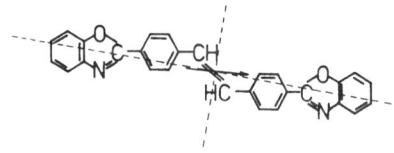

Abb. 2. Struktur von Whitex SWD (4,4′-Dibenzoxasolyl-stilben)

Farbstoffmolekülen wurde auch die Doppelbrechung gemäß der Formel bestimmt:

$$\Delta n = \frac{2\pi N}{9} \frac{(n^2 + 2)^2}{n} (\alpha_{33} - \alpha_{22}) \frac{1}{2}.$$

Diese Formel ist schon zu finden in *F. H. Müller* (30) als Formel 14 auf Seite 160 unter Einsetzung von A aus Formel 1, Seite 159, d.h. aus der Entwicklung der Verteilungsfunktion F nach Kugelfunktionen.

$$(3\langle\cos^2\vartheta_{DB}\rangle - 1)$$

Hierbei ist N die Anzahl der doppelbrechenden Einheiten pro Volumen, n der mittlere Brechungsindex der Probe und α_{33} bzw. α_{22} die Polarisierbarkeit parallel bzw. senkrecht zur Symmetrieachse der doppelbrechenden Einheit; ϑ_{DB} ist der Winkel zwischen den Symmetrieachsen des Polarisierbarkeitstensors und der Orientierungsverteilung der doppelbrechenden Einheiten. Die Messungen zeigten nun, daß auch zwischen der Doppelbrechung

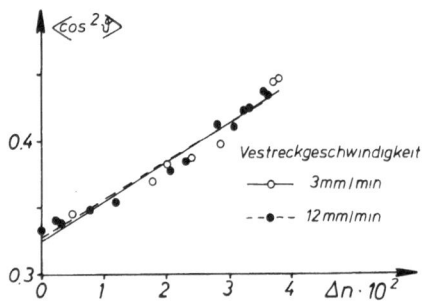

Abb. 3. $\langle\cos^2\vartheta\rangle$ als Funktion der Doppelbrechung bei PC1, $T_v = $ Zimmertemperatur, $p = 0,13$ (PC1: Polycarbonatfolie, mit Whitex SWD im Molverhältnis $1:10^4$ angefärbt)

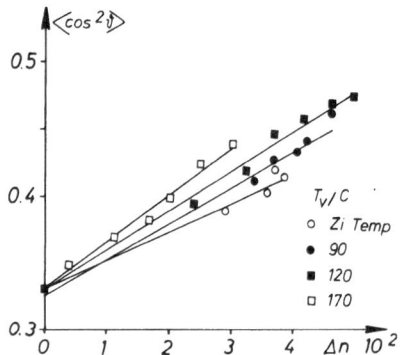

Abb. 4. $\langle\cos^2\vartheta\rangle$ als Funktion der Doppelbrechung bei BF2 Verstreckgeschwindigkeit $v_v = 20\%/\text{min}$, $p = 0,15$ (BF2: Polycarbonatfolie, mit Whitex SWD im Molverhältnis $1:1,5\cdot10^4$ angefärbt)

und dem zweiten Moment der Orientierungsverteilung der fluoreszierenden Einheiten $\langle\cos^2\vartheta\rangle$ ein linearer Zusammenhang besteht, wie Abbildung 3 zeigt.

Abbildung 4 gibt den Zusammenhang zwischen der Doppelbrechung und $\langle\cos^2\vartheta\rangle$ bei verschiedenen Verstrecktemperaturen wieder. Bei konstanter Doppelbrechung werden die Mittelwerte $\langle\cos^2\vartheta\rangle$ mit steigender Verstrecktemperatur höher. Dies bedeutet, daß mit zunehmender Verstrecktemperatur die Orientierung der Fluoreszenzeinheiten gegenüber der Orientierung der doppelbrechenden Einheiten zunimmt. Bei fester Verstrecktemperatur liegen die Meßpunkte jeweils auf einer Geraden. Eine einfache Erklärung für diese Linearität liefert die Annahme, daß die Fluoreszenzeinheiten sich uniaxialsymmetrisch um die Polymersegmente orientieren, oder aber umgekehrt. Wir wollen der Frage der relativen Lage von Polymersegmenten und Fluoreszenzeinheiten hier nicht weiter nachgehen und werden im folgenden stets von Orientierungsmittelwerten der Fluoreszenzeinheiten (im weiteren: FEn) sprechen.

Wie gelangt man in einfacher Weise von den gemessenen Fluoreszenzintensitäten zu den Mittelwerten der Orientierung? Eine ausführliche Behandlung dieser Frage findet man in (31). Bevor eine Auswertung der gemessenen Intensitäten überhaupt denkbar ist, ist eine Reihe von Annahmen und Voraussetzungen zu machen und zu überprüfen. Insbesondere ist der Einfluß von Doppelbrechung (29, 32), lineardichroitischer Absorption (29) und Depolarisation durch Streuung (25, 33, 34) abzuschätzen, kurz: der Einfluß aller Effekte, die den Polarisationszustand des Lichtes ebenfalls verändern und so als Korrekturen zu dem interessierenden Effekt auftreten.

Bei unserem Auswerteverfahren setzen wir im wesentlichen folgendes voraus:

1) Die Orientierungsverteilung der FEn*) ist uniaxialsymmetrisch.

2) Die optische Anisotropie der FEn kann durch ein Absorptions- und ein Emissionsrotationsellipsoid (a_{ij}) bzw. (e_{ij}) beschrieben werden, deren Symmetrieachsen zusammenfallen und deren Anisotropiefaktoren p und q

---

*) Fluoreszenzeinheiten

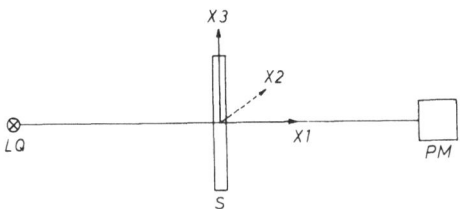

Abb. 5. Koordinatensystem der Probe (S). LQ Lichtquelle, PM Photometer

identisch sind. Hierbei ist $p = 2a_{22}/(2a_{22} + a_{33})$ und $q = 2e_{22}/(2e_{22} + e_{33})$.

3) Die Depolarisation an Inhomogenitäten der Probe ist implizit durch die Anisotropiefaktoren berücksichtigt.

Wir haben uniaxialverstreckte dünne Folien untersucht. In diese legen wir ein Koordinatensystem (X1, X2, X3) so, daß die (X2, X3)-Ebene mit der Folienebene, die X3-Achse mit der Verstreckrichtung und die X1-Achse mit der Durchstrahlungsrichtung zusammenfällt (s. Abb. 5). Nach (18) berechnet man die Fluoreszenzintensitäten $\widetilde{L}_{ij}$ bei Parallelstellung des Polarisators mit der Xi-Achse und des mit der Xj-Achse wie folgt:

$$\widetilde{L}_{ij} = K[(1 - (3/2)p)(1 - (3/2)q)\langle c_i^2 c_j^2\rangle \quad [1]$$
$$+ (1 - (3/2)p)(1/2)q\langle c_i^2\rangle$$
$$+ (1 - (3/2)q)(1/2)p\langle c_j^2\rangle + (1/4)pq].$$

Die c_i sind die Eulerschen Winkel der Symmetrieachsen der FEn, die spitzen Klam-

mern bedeuten Mittelung über die Orientierungsverteilung, beschrieben durch die Orientierungsverteilungsfunktion $w(\vartheta)$.

Wir können Polarisator und Analysator parallel oder orthogonal zueinander simultan um die Durchstrahlungsrichtung drehen. Die Abbildung 6 gibt die Polardiagramme der hierbei erhaltenen Intensitäten von zwei Polycarbonatproben wieder, links: unverstreckt, rechts: uniaxial verstreckt. Die durchgezogenen Linien geben die Parallel-, die gestrichelten die Orthogonal-Intensitäten an. γ ist der Winkel zwischen Polarisator- und Verstreckrichtung.

Bei unseren Voraussetzungen ist die Aufnahme der Polardiagramme nicht nötig, sondern eher irreführend. Die Intensitätsextrema bei $\gamma = 45°$ in der rechten Figur sind meist allein auf die Doppelbrechung zurückzuführen, und nicht etwa auf eine Orientierungsverteilung mit Vorzugsrichtungen parallel und senkrecht zur Verstreckrichtung. Wir benötigen für die Berechnung der Orientierungsmittelwerte lediglich die folgenden Meßdaten (s. Abb. 6):

1) Die Parallel- und Orthogonalintensitäten einer Probe mit statistischer Orientierungsverteilung ($\widetilde{L}_{33}^r$ und $\widetilde{L}_{22}^r$).

2) Von der zu untersuchenden uniaxialverstreckten Probe: die Parallelintensitäten in Verstreckrichtung und senkrecht hierzu ($\widetilde{L}_{33}$, $\widetilde{L}_{22}$) sowie die Orthogonalintensität in Verstreckrichtung ($\gamma = 0°$, $\widetilde{L}_{32}$) – bei dichroitischen Proben auch senkrecht hierzu ($\gamma = 90°$, $\widetilde{L}_{23}$).

Zur Bestimmung der Orientierungsmittelwerte verfahren wir wie folgt: Aus den Meßdaten der statistischen Probe erhält man den Anisotropiefaktor p:

$$p = (2/3) - (1/3)\sqrt{10(\widetilde{L}_{33}^r - \widetilde{L}_{32}^r)/(\widetilde{L}_{33}^r + 2\widetilde{L}_{32}^r)}. \quad [2]$$

Hierauf ist der Proportionalitätsfaktor K aus den Gleichungen [1] zu eliminieren. Für eine nichtdichroitische, nichtdoppelbrechende Probe ergibt sich:

$$K = \frac{1}{3 - 2p + p^2}$$
$$[(3 - 2p)\widetilde{L}_{33} + 8\widetilde{L}_{22} + 4(3 - p)\widetilde{L}_{32}]. \quad [3]$$

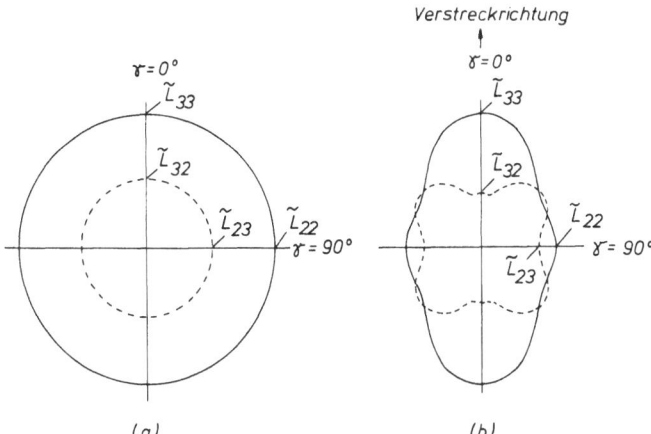

Abb. 6. Polardiagramm der polarisierten Fluoreszenzintensitäten $\widetilde{L}''(\gamma)$ (——) und $\widetilde{L}^\perp(\gamma)$ (-----) von PC1; (a) $\Delta l/l_0 = 0$, (b) $\Delta l/l_0 = 0,72$

Hieraus erhält man die normierten Fluoreszenz-intensitäten $L_{ij} = \widetilde{L}_{ij}/K$ als Funktionen der Mittelwerte $\langle\cos^2\vartheta\rangle$ und $\langle\cos^4\vartheta\rangle$ und des Anisotropieparameters p. Aus diesem Gleichungssystem berechnet man dann $\langle\cos^2\vartheta\rangle$ und $\langle\cos^4\vartheta\rangle$ als Funktionen von L_{ij} und p.

Bei doppelbrechenden, nichtdichroitischen Proben verläuft die Rechnung gleich, bei dichroitischen, doppelbrechenden Proben wird lediglich die Eliminierung des Proportionalitätsfaktors etwas komplizierter (s. (31)).

Zur Diskussion der Voraussetzungen über die Anisotropiefaktoren p und q betrachten wir die Parallel- und Orthogonalintensitäten, $\widetilde{L}^{\parallel}$ bzw. $\widetilde{L}^{\perp}$, einer Probe mit statistischer Orientierungsverteilung. Wären die Fluoreszenzeinheiten ideal optisch anisotrop, d. h. $p = q = 0$, so müßte das Verhältnis $\widetilde{L}^{\perp}/\widetilde{L}^{\parallel}$ gleich 1/3 sein. Die Messungen liefern jedoch i. a. ein größeres Verhältnis, z. B. 1/2. Es muß mithin eine Depolarisation des Lichtes beim Durchgang durch die Probe auftreten, die nicht mehr auf die Absorption und Emission durch statistisch orientierte, lineare Oszillatoren allein zurückgeführt werden kann.

Wir haben an denselben Polymerproben einmal ohne und ein zweites Mal mit Einbettung in ein Immersionsmittel (Clophen A 30/Paraffinöl) die Fluoreszenzintensitäten gemessen. Es ergaben sich stark unterschiedliche Anisotropiefaktoren, die wir mit p bzw. p_I bezeichnen. Die Einbettung in ein Immersionsmittel beseitigt depolarisierende Inhomogenitäten an den Probenoberflächen; der Anisotropiefaktor wird kleiner: $p_I < p$.

Ebenso kann an Inhomogenitäten innerhalb der Probe Depolarisation auftreten.

Berechnet man die Fluoreszenzintensitäten nun einmal unter der Voraussetzung, daß die Fluoreszenzeinheiten ideal optisch anisotrop sind, daß aber das Erreger- und Fluoreszenzlicht in gleichem Maße depolarisiert werden, so erhält man die schon bekannten Formeln für die $\widetilde{L}_{ij}$, in denen jetzt p als mittlere Depolarisation des polarisierten Lichtes zu interpretieren ist. Wir können daher die Mittelwerte genau wie bisher berechnen.

Depolarisations- und Absorptionsmessungen mit und ohne Immersion der Proben legen es nahe, daß eine erhöhte Depolarisation des Fluoreszenzlichtes sowohl auf Inhomogenitäten der Probe als auch auf eine nicht ideale

Anisotropie der FEn zurückzuführen ist. Die Brauchbarkeit unseres Auswerteverfahrens erweist sich an der Übereinstimmung (im Rahmen der Meßgenauigkeit) der Orientierungsmittelwerte, die aus Messungen ohne bzw. mit Immersion berechnet wurden (s. Abb. 9, 10).

Wesentlicher Anreiz für die Messung der Fluoreszenzpolarisation über z. B. der Doppelbrechung hinzu ist die zusätzliche Information, die das vierte Moment liefert. Für die Reihenentwicklung der Orientierungsverteilungsfunktion kann nämlich zusätzlich der Koeffizient der vierten Kugelfunktion bestimmt werden.

Das zweite und vierte Moment ($\langle\cos^2\vartheta\rangle$ und $\langle\cos^4\vartheta\rangle$) einer Orientierungsverteilung sind allerdings nicht ganz unabhängig voneinander, wie Abbildung 7 zeigt, d. h. die Mittelwertpaare müssen innerhalb des schraffierten Gebietes liegen.

Genügt für die Beschreibung der Orien-

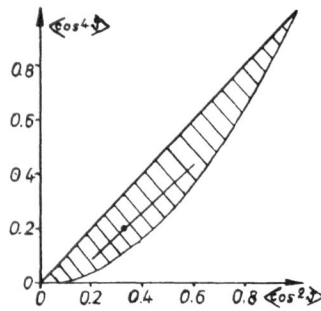

Abb. 7. Erlaubte Mittelwertpaare für $w(\vartheta) = a_0 P_0 + a_2 P_2$

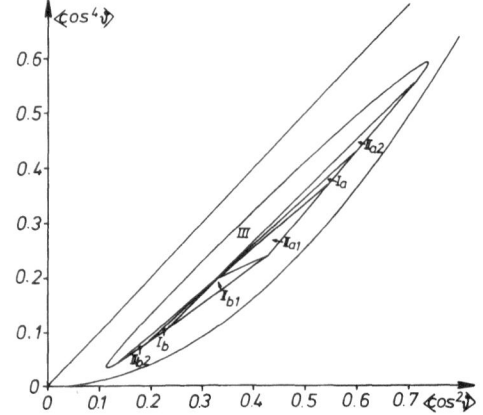

Abb. 8. Erlaubte Mittelwertpaare für $w(\vartheta) = a_0 P_0 + a_2 P_2 + a_4 P_4$

tierungsverteilung schon die zweite Kugelfunktion (verschwinden also die Koeffizienten
aller höheren Kugelfunktionen), dann liegen
die Mittelwertpaare auf der in dem schraffierten
Gebiet eingezeichneten Strecke. Bei Hinzunahme auch der vierten Kugelfunktion zur
Beschreibung der Orientierungsverteilung
können die Mittelwertpaare innerhalb des in
Abbildung 8 gezeigten Gebietes variieren, das
wir nach Typen der Orientierung unterteilen
können:

I. Die Verteilung hat ein Maximum ($a_4 \leq 0$)
   in $0° < \vartheta < 90°$ und zwei Minima bei
   $\vartheta = 0°$ und bei $\vartheta = 90°$.
   Ia Das Maximum liegt bei $\vartheta \geq 54.7°$.
   Ib Das Maximum liegt bei $\vartheta \leq 54.7°$.

II. Die Verteilung hat
   IIa bei $\vartheta = 0°$ ein Maximum und bei
       $\vartheta = 90°$ ein Minimum. In IIa1 ist
       $a_4 \leq 0$ und in IIa2 ist $a_4 \geq 0$.
   IIb bei $\vartheta = 0°$ ein Minimum und bei
       $\vartheta = 90°$ ein Maximum. In IIb1 ist
       $a_4 \leq 0$ und in IIb2 ist $a_4 \geq 0$.

III. Die Verteilung hat ein Minimum ($a \geq 0$)
    in $0° < \vartheta < 90°$ und zwei Maxima bei
    $\vartheta = 0°$ und bei $\vartheta = 90°$.

Die von uns untersuchten Proben haben nun
Orientierungsmittelwertpaare, die gerade um
die in der Abbildung 7 gezeigte Strecke
streuen. Abbildungen 9 und 10 geben hierzu
zwei Beispiele. In die Abbildungen sind
Mittelwerte, erhalten aus Messungen ohne
(offene Kreise) und mit (gefüllte Kreise)
Immersion, eingetragen. Der Orientierungs-
mechanismus hat hiernach für die untersuchten
Proben und Verstreckgrade (bis ca. 100%)
eine mit steigendem Verstreckgrad kontinuierlich wachsende Ausrichtung der FEn in

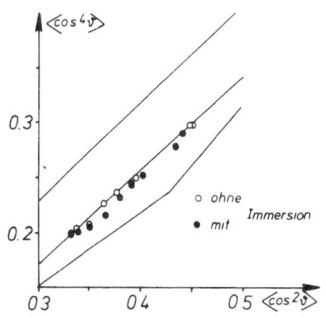

Abb. 9. Mittelwertpaare bei PC 1. $T_v = $ Zimmertemperatur; $v_v = 20\%/$min

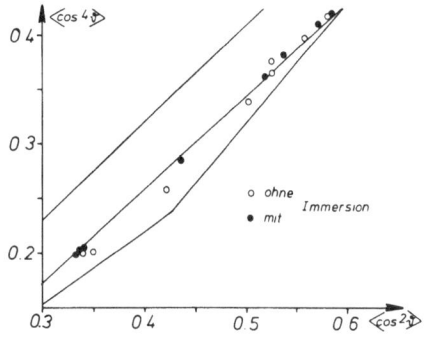

Abb. 10. Mittelwertpaare bei einer Polyvinylchlorid-
folie (PVC von Lonza) $T_v = $ Zimmertemperatur,
$v_v = 20\%/$min

Verstreckrichtung zur Folge, die so schwach
ist, daß die zweite Kugelfunktion zur Beschreibung der Orientierung genügt. Wir
merken an, daß eine höhere Meßgenauigkeit
insbesondere bei niedrigen Verstreckgraden
möglicherweise diese Aussage noch modifiziert.

Zusammenfassung

Unter einer Reihe von Voraussetzungen ist eine
einfache Auswertung der polarisierten Fluoreszenzintensitäten möglich. Hierbei geht die zusätzliche
Depolarisation auf Grund von Probeninhomogenitäten
oder aber infolge nichtidealer optischer Anisotropie
der Fluoreszenzeinheiten in gleicher Weise in die
Berechnung der Fluoreszenzintensitäten ein. Dies
macht verständlich, daß Messungen an Proben mit
bzw. ohne Immersion unterschiedliche Anisotropiefaktoren, aber die gleichen Orientierungsmittelwerte
liefern.

Die an PC- und PVC-Folien durchgeführten
Messungen lassen – zumindest bei mittleren Verstreckgraden (20 bis 100%) – auf eine nur die Verstreckrichtung bevorzugende, nicht sehr starke Ausrichtung
der Fluoreszenzeinheiten schließen. Die Mittelwertpaare lassen erkennen, daß zur Beschreibung der
Orientierungsverteilung bei diesen Proben die zweite
Kugelfunktion genügt. In diesen Fällen ergibt also die
Fluoreszenz-Methode über das z. B. aus der Doppel-
brechungs-Methode Bekannte hinaus nichts Neues.

Summary

With a number of assumptions a simple evaluation
of the polarized fluorescence intensities becomes
possible. The additional depolarisation caused by
inhomogeneities of the sample or by non-ideal optical
anisotropy of the fluorescent elements enters in a
similar manner into the calculation of the fluorescence
intensities. Thus it is plausible, that measurements
with and without immersion result in different
anisotropy factors, but give the same mean values of
orientation.

Measurements of PC- and PVC-samples do not show – at least on samples stretched to the ratio of 20%–100% – strong orientation of the fluorescent elements. The pairs of mean values of this samples are correlated in such a way, that the second spherical function (Kugel-function) is sufficient for the description of the orientation distribution.

Literatur

1) *Perrin, F.*, Ann. Physik **12**, 169 (1926).

2) *Perrin, F.*, J. Phys. Rad. 7, 1 (1936).

3) *Oster, G., Y. Nishijima*, J. Amer. Chem. Soc. **78**, 1581 (1956).

4) *Oster, G., Y. Nishijima*, Fortschr. Hochpolym. Forschg. **3**, 313 (1964).

5) *Nishijima, Y., A. Teramoto, M. Yamamoto, S. Hiratsuka*, J. Polym. Sci. **A-2, 5**, 23 (1967).

6) *Tanaka, H., T. Yamagida, A. Teramoto, H. Fujita*, J. Phys. Chem. **71, 8**, 2416 (1967).

7) *Nishijima, Y., Y. Mito*, Rep. Progr. Polym. Jap. **11**, 425 (1968).

8) *Nishijima, Y.*, Berichte Bunsengesellschaft phys. Chem. **74**, 778 (1968).

9) *Nishijima, Y.*, J. Polymer Sci. **C31**, 353 (1970).

10) *Nishijima, Y., Y. Saito, T. Shibuya*, Rep. Progr. Polym. Phys. Jap. **15**, 433 (1972).

11) *Nishijima, Y., H. Tanaka*, Rep. Progr. Polym. Phys. Jap. **15**, 437 (1972).

12) *Nishijima, Y., Y. Onogi, T. Asai*, J. Polymer Sci. **C15**, 237 (1966).

13) *Nishijima et al.*, Rep. Progr. Polym. Phys. Jap. **9**, 457, 461, 465 (1966).

14) *Nishijima et al.*, Rep. Progr. Polym. Phys. Jap. **10**, 461, 465 (1967).

15) *Nishijima et al.*, Rep. Progr. Polym. Phys. Jap. **11**, 391–424 (1968).

16) *Nishijima et al.*, Rep. Progr. Polym. Phys. Jap. **12**, 429–442 (1969).

17) *Onogi, Y., Y. Nishijima*, Rep. Progr. Polym. Phys. Jap. **14**, 523, 537, 541 (1971).

18) *Kimura, I., M. Kagiyama, S. Nomura, H. Kawai*, J. Polymer Sci. **A-2, 7**, 709 (1969).

19) *Patterson, D., I. M. Ward*, Trans. Faraday Soc. **53**, 1516 (1957).

20) *Desper, C. R., I. Kimura*, J. Appl. Phys. **38, 11**, 4225 (1967).

21) *Nomura, S., H. Kawai, I. Kimura, M. Kagiyama*, J. Polymer Sci. **A-2, 5**, (1967).

22) *Stein, R. S.*, J. Polymer Sci. **A-2, 6**, 1975 (1968).

23) *Nomura, S., H. Kawai, I. Kimura, M. Kagiyama*, J. Polymer Sci. **A-2, 8**, 383 (1970).

24) *Roe, R.-J.*, J. Polymer Sci. **A-2, 8**, 1187 (1970).

25) *McGraw, G. E.*, J. Polymer Sci. **A-2, 8**, 1323 (1970).

26) *Wilkes, G. L.*, Advances Polymer Sci. **8**, 91 (1971).

27) *Bower, D. I.*, J. Polymer Sci. (Phys.) **10**, 2135 (1972).

28) *Kashiwagi, M., A. Cunningham, A. J. Manuel, I. M. Ward*, Polymer **14**, 111 (1973).

29) *Nobbs, J. H., D. I. Bower, I. M. Ward*, Polymer **15**, 287 (1974).

30) *Müller, F. H.*, Kolloid Z. **95**, 138 (1941).

31) *Springer, H.*, Dissertation: Analyse der Orientierung aus Fluoreszenzpolarisationsmessungen (1975).

32) *Onogi, Y., Y. Nishijima*, Rep. Progr. Polymer Phys. Jap. **14**, 523, 537, 541 (1971).

33) *Clough, S., J. J. van Aartsen, R. S. Stein*, J. Appl. Phys. **36, 10**, 3072 (1965).

34) *Binsbergen, F. L.*, J. Macromol. Sci. (Phys.) **B4, 4**, 837 (1970).

Anschrift der Verfasser:

F. H. Müller und *H. Springer*
Fachbereich für physikalische Chemie,
Bereich Polymere
Lahnberge, Gebäude H
D-3550 Marburg

Progr. Colloid & Polymer Sci. **62**, 99–105 (1977)
© 1977 Dr. Dietrich Steinkopff Verlag GmbH & Co. KG, Darmstadt
ISSN 0340-255 X

Vorgetragen auf der Frühjahrstagung des Fachausschusses Physik
der Hochpolymeren in der Deutschen Physikalischen Gesellschaft
in Bad Nauheim vom 29. März bis 2. April 1976

Institut für Angewandte Physik der Universität Regensburg

Orientierungsvorgänge bei der Dehnung von Polyurethan-Elastomeren

G. Müller-Riederer und *R. Bonart*

Mit 6 Abbildungen

(Eingegangen am 14. August 1976)

Problemstellung

Segmentierte Polyurethane (PU-Elastomere) enthalten Hartsegmentdomänen, die in eine Weichsegmentmatrix eingebettet sind. Die Domänen sind kristallisiert oder kristallähnlich aufgebaut, während die Matrix als Schmelze vorliegt. Da die einzelnen segmentierten Ketten sowohl durch die Domänen wie durch die Matrix hindurchlaufen, wirken die Domänen vernetzend, während die Matrix eine Dehnbarkeit um mehrere 100% ermöglicht (1).

Beim Dehnen der segmentierten Polyurethane drehen sich die Weichsegmente kontinuierlich in die Dehnungsrichtung. Die Hartsegmente zeigen dagegen die Tendenz, sich bis zu Dehnungen von ca. 150% zunächst bevorzugt quer zur Dehnungsrichtung einzustellen. Hinweise hierauf ergeben sich aus der Intensitätverteilung der entsprechenden Hartsegmentinterferenzen im Röntgenweitwinkeldiagramm (2). Bei Dehnungen über ca. 150% kommen zunehmend plastische Deformationen der Hartsegmentdomänen ins Spiel, wobei sich dann auch die Hartsegmente mehr und mehr in die Dehnungsrichtung drehen. Die Deformation der Hartsegmentdomänen macht sich unmittelbar in den entsprechenden Röntgenkleinwinkeldiagrammen bemerkbar, die eine gewisse Analogie zur Deformation sphärolitischer Strukturen zeigen (3), bisher aber noch nicht voll befriedigend interpretiert werden können. Um zur weiteren Aufklärung des Deformationsvorganges beizutragen, sollen im folgenden deshalb einige Aspekte der Molekülorientierung während der Deformation diskutiert werden.

Die Orientierung der Hartsegmentdomänen kann wie bereits gesagt an Hand charakteristischer Interferenzen im Röntgenweitwinkeldiagramm verfolgt werden, worauf hier jedoch nicht näher eingegangen wird. Bezüglich der Matrix hat man, sofern die Weichsegmente kristallisationsfähig sind, zwischen kristallisierten und nicht-kristallisierten Segmenten zu unterscheiden. Letztere machen sich im Röntgenweitwinkeldiagramm durch einen amorphen Halo, erstere durch überlagerte Kristallreflexe bemerkbar. Hierbei fällt auf, daß der amorphe Halo bis zu hohen Dehnungsgraden nahezu isotrop bleibt, während die Kristallreflexe der weichen Segmente unmittelbar beim Entstehen die insgesamt maximal erreichbare Orientierung zeigen. Mit zunehmender Dehnung werden die Reflexe infolge der ansteigenden Dehnungskristallisation zwar intensiver, behalten aber ihre ursprüngliche Sichellänge unverändert bei[1]. Erst beim Entlasten des Materials nimmt die Sichellänge zu, wobei die Reflexintensität abnimmt und die Reflexe schließlich verschwinden. Beim erneuten Dehnen beobachtet man zunächst eine etwas größere Sichellänge als bei der erstmaligen Dehnung, die jedoch rasch wieder den Endwert erreicht und dann bei der weiteren Dehnung konstant bleibt, wie es in Abbildung 1 schematisch wiedergegeben ist.

Obwohl man für den Orientierungsvorgang der Weichsegmente einen ähnlichen Mechanismus wie in hauptvalenzmäßig vernetzten Elastomeren erwarten könnte, hat *Puett* bei der Untersuchung der Doppelbrechung charakteristische Abweichungen vom typischen Elasto-

---

[1]) Hierbei wird vorausgesetzt, daß das Ausgangsmaterial voll amorph ist, sich die Kristallbereiche also erst beim Dehnen bilden.

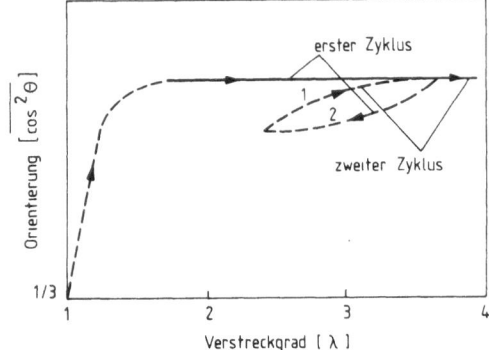

Abb. 1. Orientierung der dehnungsinduzierten Weichsegmentkristallite in Abhängigkeit von der Dehnung (schematisch)

merverhalten beobachtet (4). Nach *Puett* soll nämlich die Doppelbrechung gedehnter PU-Elastomere nicht zur Spannung, sondern zur Dehnung proportional sein, was zunächst nicht ohne weiteres verständlich ist. Wir haben deshalb die Messungen wiederholt und waren hierbei bemüht, Fehlerquellen soweit wie möglich auszuschalten. Tatsächlich können

wird den Befund von *Puett* bestätigen, was zu einer entsprechenden Modifizierung der Kautschuk-Theorie zwingt.

Die Untersuchungen sind an einem ICI-Material[2]) durchgeführt worden, dessen Kettenbau durch Abbildung 2 gekennzeichnet ist. Das Mol. Verhältnis von Weichsegment zu Diisocyanat zu Kettenverlängerer betrug 1:5:4. Das uns zur Verfügung stehende Granulat wurde aus 20%iger Lösung in Diphenylmethanformamid auf einer waagerechten Glasplatte zu Folien vergossen. Nach einer Trockenzeit von 72 Stunden bei 40 °C konnten die Folien von der Glasplatte getrennt werden, ohne daß merkbare Deformationen eintraten. Die für Doppelbrechungsmessungen verwendeten Folien hatten eine Dicke von ca. 30 bis 60 μm.

---

[2]) Das Material wurde uns freundlicherweise von Dr. *Allport*, Blakely/Manchester zur Verfügung gestellt.

A) Weichsegment = Polyäthylenadipat

$$H\left[O-\overset{O}{\underset{\|}{C}}-(CH_2)_4-\overset{O}{\underset{\|}{C}}-O-CH_2-CH_2\right]_n O-\overset{O}{\underset{\|}{C}}-(CH_2)_4-\overset{O}{\underset{\|}{C}}-OH$$

B) Hartsegment

   I) Isocyanat-Komponente = 4.4'-Diphenylmethandiisozyanat

$$O=C=N-\langle\rangle-CH_2-\langle\rangle-N=C=O$$

   II) Kettenverlängerer = Butandiol-1.4

$$HO-(CH_2)_4-OH$$

Mol-Verhältnis 1/5/4

  ~~   *Weichsegment*
  ▭   *Isocyanat-Komponente*
  —   *Kettenverlängerer*

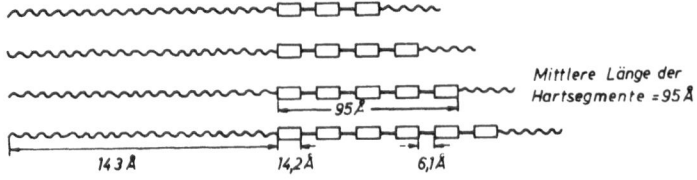

Länge der einzelnen Komponenten bei gestreckter Polymerkette

Abb. 2. Chemische Charakterisierung des untersuchten Materials

Die Meßapparatur

Besonders kritisch an dem Befund von *Puett* schien uns die Dickenbestimmung zu sein. Da die Folien sehr weich sind, kommt eine mechanische Messung kaum in Betracht. Der unvermeidbare Meßdruck muß die Folie geringfügig zusammendrücken, was bei einer Gesamtdicke von nur 30 μm zu erheblichen Fehlern führen kann. Darüber hinaus genügt es nicht, nur die Ausgangsdicke der Folie zu kennen. Selbst wenn man Volumenkonstanz während der Dehnung annimmt, ist nicht sicher, daß sich die Foliendicke eindeutig aus dem Dehnungsverhältnis ergibt. Da man von einem rechteckigen, d.h. nichtisotropen Querschnitt ausgeht, kann befürchtet werden, daß auch die Querschnittsabnahme nicht isotrop ist. Derartige Anisotropieeffekte sind bei der Verstreckung von Thermoplasten wohlbekannt und führen dort trotz einachsigen Zuges zu zweiachsigen Orientierungen (5). Da die PU-Elastomere thermoplastische Domänen enthalten, sind analoge Anisotropieeffekte nicht von vornherein auszuschließen.

Die interferometrische Dickenbestimmung der isotropen, ungedehnten Probe bereitet keinerlei Schwierigkeiten. Da die Folie jedoch doppelbrechend wird und sich die Brechungsindizes beim Dehnen laufend ändern, muß man zu einer etwas komplizierteren Meßmethode übergehen, bei der gleichzeitig mit der Dicke auch die Brechungsindizes $n_{\parallel}$ und $n_{\perp}$ erfaßt werden. Hierfür hat *Theocaris* (6) das folgende Verfahren angegeben (s. Abb. 3).

Ein Laserstrahl trifft über einen Strahlenteiler teils senkrecht, teils schräg auf die zu untersuchende Folie, die exakt im Schnittpunkt beider Teilstrahlen steht. Beide Teilstrahlen werden sowohl an der vorderen wie an der hinteren Folienoberfläche teilweise reflektiert, so daß entsprechende Interferenzen auftreten. Hierbei ist zu beachten, daß die gedehnte Folie doppelbrechend ist und die senkrecht bzw. parallel zur Dehnungsrichtung schwingenden Komponenten der reflektierten Strahlen voneinander unabhängige, sich überlagernde Interferogramme liefern. Durch zwei Polarisationsfilter, die beide entweder senkrecht oder parallel zur Dehnungsrichtung orientiert sind, wird je nachdem nur mit der einen oder der anderen Schwingungsrichtung gearbeitet. Man erhält dann wie bei isotropen Proben klare Streifensysteme, die sich beim Dehnen der Folie verschieben, wobei die Zahl der am jeweiligen Meßpunkt vorbeilaufenden Streifen Δk (im Interferogramm bei senkrechtem Einfall) bzw. Δm (im Interferogramm bei schrägem Einfall) zu zählen sind. Hiermit ergibt sich die Probendicke zu

$$d = \frac{\lambda}{2 \sin \alpha} \left[(K_0 + \Delta k)^2 - (m_0 + \Delta m)^2 \right],$$

$$[1]$$

wobei λ die Wellenlänge des Laserlichtes ist bzw.

α der Winkel, unter dem der geneigte Teilstrahl auf die Probe trifft.

k_0 und m_0 sind die Streifenordnungen am jeweiligen

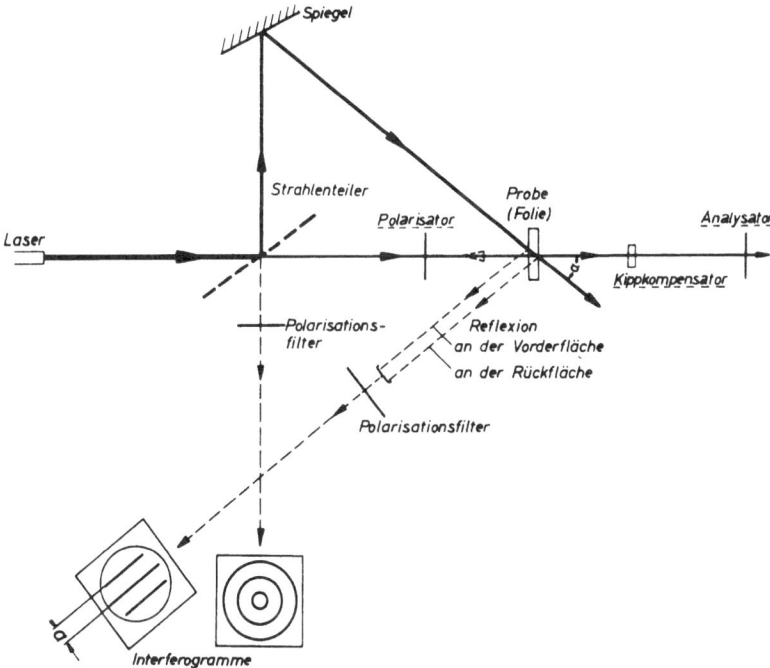

Abb. 3. Prinzipskizze der Meßapparatur zur Bestimmung der Probendicke und der Doppelbrechung in Abhängigkeit von der Dehnung. Die Probe wird bei der Messung senkrecht zur Bildebene gedehnt. Der Polarisator vor der Probe dient in Verbindung mit dem Kippkondensator und dem Analysator hinter der Probe zur Bestimmung der Doppelbrechung. Er wird aus dem Strahlengang entfernt, wenn mit Hilfe der beiden Interferogramme die Probendicke gemessen werden soll

Meßpunkt in den Interferogrammen der ungedehnten Folie. Sie müssen an Hand der Ausgangsdicke d_0 und des Brechungsindex n_0 der ungedehnten Folie berechnet werden. Es ist

$$K_0 = \frac{2}{\lambda} d_0 n_0$$

und

$$m_0 = \frac{2}{\lambda} d_0 \sqrt{n_0^2 - \sin^2 \alpha} \; ,$$

Der Brechungsindex n_0 ist unabhängig von der Probendicke mit Hilfe eines Interferenzmikroskopes und Benzoesäureäthylester sowie Benzonitril als Immersion bestimmt worden, wobei sich im Prinzip gleichzeitig auch die Probendicke ergibt. Um der größeren Genauigkeit willen wurde letztere jedoch an Hand der Interferenzen an planparallelen Platten ermittelt. Hierfür gilt

$$d_0 = \frac{\lambda}{2} \frac{m_1 - m_2}{\sqrt{n_0^2 - \sin^2 \alpha_1} - \sqrt{n_0^2 - \sin^2 \alpha_2}} \; ,$$

wo m_1 und m_2 die Ordnungszahlen zweier Interferenzen sind, die unter den Winkeln α_1 bzw. α_2 auftreten.

Bei zuvor bestimmten Werten für n_0 und d_0 kann man an Hand der Gl. [1] während der Dehnung laufend die Probendicke verfolgen. Im Prinzip könnten aus den Interferogrammen entsprechend Abbildung 3 auch $n_{\parallel}$ und $n_{\perp}$ und damit die Doppelbrechung $\Delta n = (n_{\parallel} - n_{\perp})$ ermittelt werden. Die so bestimmten Werte für $n_{\parallel}$ und $n_{\perp}$ sind jedoch nur auf etwa 1% genau, was für die Ermittlung der Doppelbrechung, die in der Größenordnung von 10^{-3} liegt, offensichtlich nicht ausreicht. Die Doppelbrechung wurde deshalb in einer unabhängigen Messung mit einem Kippkompensator bestimmt. Hierbei fand, um mit Sicherheit die gleiche Probenstelle zu erfassen, die gleiche Meßapparatur Verwendung, indem statt mit dem reflektierten mit dem durchgehenden Licht gearbeitet wurde.

Meßvorgang und Meßergebnisse

In Abbildung 3 sind insgesamt drei Polarisationsfilter wiedergegeben. Das Filter vor der Probe wird nur dann in den Strahlengang eingeklappt, wenn mit Hilfe des Kippkompensators hinter der Probe die Doppelbrechung bestimmt werden soll. Bei der Dickenbestimmung mit Hilfe der beiden Interferogramme muß das Polarisationsfilter vor der Probe dagegen entfernt werden, so daß der Meßvorgang den folgenden Verlauf nimmt.

Bei ausgeklapptem Polarisationsfilter vor der Probe wird die Folie gedehnt, wobei die über die Interferogramme laufenden Interferenz-

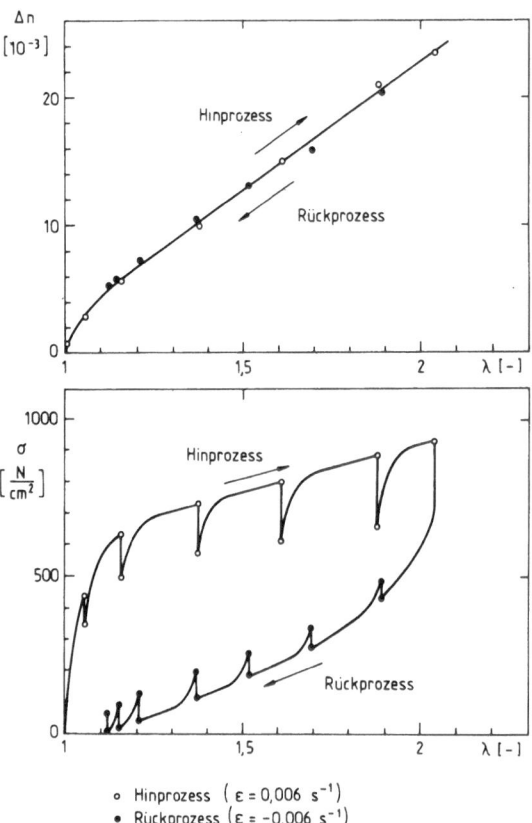

Abb. 4. Doppelbrechung und Rückstellkraft als Funktion der Dehnung. Bei schrittweiser Dehnung mit dazwischengeschalteten Zeiten konstanter Dehnung. Trotz der ausgeprägten Hysterese der Rückstellkraft ist die Doppelbrechung innerhalb der Meßgenauigkeit absolut hysteresefrei.

streifen mit Photodioden erfaßt werden. Bei Dehnungsschritten von ca. 10 bis 20% wird der Dehnungsvorgang unterbrochen, das Polarisationsfilter vor der Probe in den Strahlengang geklappt und mit Hilfe des Kippkompensators die Doppelbrechung bestimmt. Anschließend wird das Polarisationsfilter wieder entfernt und die Dehnung weiter um 10–20% kontinuierlich erhöht. Für die Messung der Doppelbrechung werden jeweils ca. 30 s benötigt, während derer die Probe relaxiert. Entsprechend wird bei der Entlastung der Probe verfahren, wobei die Probenspannung jeweils an den Haltepunkten der Dehnung während der Messung der Doppelbrechung ansteigt. Insgesamt ergeben sich so Zug-Dehnungs-Kurven entsprechend Abbildung 4b sowie die in Abbildung 4a wiedergegebene Abhängigkeit der Doppelbrechung von der Dehnung. Obwohl die Zug-Dehnungs-Kurve eine ausgeprägte Hysterese zeigt, ist bei der Doppelbrechung keinerlei Hysterese erkennbar. Während der Be- und Entlastung werden innerhalb der Meßgenauigkeit exakt die gleichen Werte gefunden. Abgesehen von einer schwachen Krümmung im Anfangsteil der Kurve ergibt sich ein streng linearer Zusammenhang zwischen der Doppelbrechung und der Dehnung, womit die Ergebnisse von *Puett* bestätigt werden.

Diskussion

Andere hier nicht genannte Proben zeigen analoge Befunde, wenn auch mit etwas unterschiedlichen Anfangskrümmungen und Steigungen der Doppelbrechung. Abbildung 4 gibt also keinesfalls ein Zufallsergebnis wieder, sondern beschreibt einen grundsätzlichen Zusammenhang.

Wie dehnungskalorische Untersuchungen gezeigt haben, ist die Rückstellkraft der PU-Elastomeren im wesentlichen entropie-elastisch (7). Sofern keine Dehnungskristallisation auftritt, liegt der Quotient aus Dehnungsarbeit und Dehnungswärme recht gut bei eins. Kristallisationsvorgänge geben zu zusätzlichen Wärmeeffekten, jedoch kaum zu energie-elastischen Rückstellkräften Anlaß, so daß es sinnvoll ist, die Grundgleichung der Kautschuk-Theorie, die die Rückstellkraft mit der Änderung der Entropie verknüpft, auch der Diskussion der PU-Elastomeren zugrundezulegen. Hiernach gilt für die isotherme Nominalspannung

$$K = -\frac{T}{L_0}\left(\frac{\partial S}{\partial \lambda}\right)_T,\qquad [1]$$

wenn L_0 die Ausgangslänge der Probe und $\lambda = L/L_0$ das Dehnungsverhältnis sind. T ist absolute Temperatur und S die dehnungsabhängige Entropie der Probe.

Beim Vergleich mit der Doppelbrechung hat man es allerdings mit wesentlich komplizierteren Verhältnissen als beim hauptvalenzmäßig vernetzten Gummi zu tun. Die Doppelbrechung wird nämlich sowohl durch die harten wie auch durch die weichen Segmente hervorgerufen, die sich beim Dehnen in unterschiedlicher Weise orientieren. Ferner hat man die Formdoppelbrechung der lamellenförmigen Hartsegmentdomänen sowie eventueller durch die Dehnung induzierter Weich-

segmentkristallite zu beachten. Infolgedessen können bisher bestenfalls grob qualitative Vorstellungen zur Deutung der Befunde in Abbildung 4 herangezogen werden, wobei wir uns im folgenden ausschließlich auf die weichen Segmente beschränken, die harten Segmente also unberücksichtigt lassen. Eine umfassendere Diskussion muß späteren Untersuchungen vorbehalten bleiben.

Die konventionelle Kautschuk-Theorie betrachtet statistisch geknäuelte Kettenmoleküle, deren Entropie bei gegebenem Vernetzungsgrad eine eindeutige Funktion der mittleren Segmentorientierung ist. Da auch die Doppelbrechung von der mittleren Segmentorientierung abhängt, ergibt sich so die bekannte Proportionalität zwischen der Doppelbrechung und der Rückstellkraft. Entscheidende Voraussetzung hierfür ist jedoch die Annahme, daß zwischen den aufeinanderfolgenden Segmenten einer Kette wie auch zwischen den räumlich benachbarten Segmenten verschiedener Ketten keinerlei Orientierungskorrelationen bestehen. Im Rahmen der konventionellen Kautschuk-Theorie hat man es deshalb mit einer idealen räumlichen „Durchmischung" der Segmentorientierungen zu tun, während Abweichungen hiervon zu einer „Entmischungs"-Entropie führen, die die Gesamtentropie erniedrigt. Ist die Entmischungsentropie dehnungsabhängig, so liefert sie nach Gl. [1] einen zusätzlichen Beitrag zur Rückstellkraft, der den einfachen Zusammenhang mit der Doppelbrechung zerstört. Letztere ist nämlich, sofern man die Formdoppelbrechung vernachlässigt, von eventuellen Orientierungskorrelationen unabhängig, d.h. allein durch die mittlere Orientierung gegeben.

Wird die mittlere Orientierung durch den Parameter Ω und die Orientierungskorrelation durch den Parameter $\hat{\Omega}$ beschrieben, so ist die Entropie durch $S = S(\Omega, \hat{\Omega})$ und die Rückstellkraft durch

$$K = -\frac{T}{L_0}\left(\frac{\partial S}{\partial \Omega}\frac{d\Omega}{d\lambda} + \frac{\partial S}{\partial \hat{\Omega}}\frac{d\hat{\Omega}}{d\lambda}\right)\qquad [2]$$

gegeben. Der hierin auftretende 2. Term spielt unserer Überzeugung nach bei den PU-Elastomeren eine entscheidende Rolle, während er in der konventionellen Kautschuk-Theorie vernachlässigt wird.

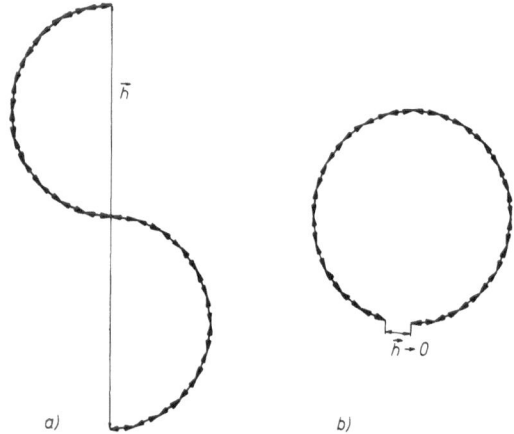

Abb. 5. Isotrop orientierte Segmente in extremer, mechanisch anisotroper (a) bzw. mechanisch isotroper (b) Anordnung. Sofern keine Form-, sondern nur Orientierungsdoppelbrechung auftritt, besitzen beide Anordnungen den gleichen isotropen Brechungsindex. Infolge der unterschiedlichen Korrelationsanisotropie gibt a) zu einer Rückstellkraft Anlaß, b) dagegen nicht. Die Darstellung bezieht sich auf den ebenen Fall. Bei räumlicher Orientierungsisotropie hätte man eine geänderte Orientierungsverteilung zu berücksichtigen.

Die Bedeutung des Zusatztermes in Gl. [2] kann man sich an Hand des in Abbildung 5 skizzierten Extremfalles klar machen. Die kurzen Doppelpfeile mögen einzelne Segmente, die *s*-förmige Aneinanderreihung der Pfeile dagegen einen Netzbogen darstellen. Die einzelnen Segmente sind isotrop orientiert, so daß der Netzbogen als Ganzer optisch isotrop ist und keinerlei Doppelbrechung liefert. Trotzdem ruft der Netzbogen eine Rückstellkraft hervor, die in diesem speziellen Fall nicht durch die Orientierungs-, sondern durch die Korrelationsentropie bedingt ist. Würden die gleichen Segmente rein statistisch aufeinanderfolgen, so hätte man die gleiche optische, jedoch eine andere mechanische Situation ohne Rückstellkraft.

Orientierungskorrelationen treten u.a. bereits dann auf, wenn ein Netzwerk ausreichend viele sehr kurze Netzbögen enthält. Bei der Dehnung entknäueln und strecken sich dann zunächst bevorzugt die kurzen Netzbögen, wobei sich die betreffenden Segmente überdurchschittlich orientieren. Die Rückstellkraft ist deshalb größer, als wenn dieselben Segmentorientierungen homogen über das Netzwerk verteilt wären. Hinzu kommt, daß die kurzen Netzbögen eine Ab-

weichung von der Segmentorientierung eines Gaußschen Netzwerkes zur Folge haben, die gleichfalls die Rückstellkraft erhöht, worauf hier jedoch nicht näher eingegangen werden soll.

Bei den PU-Elastomeren liegen in gewisser Weise ähnliche Verhältnisse wie bei einem Gaußschen Netzwerk mit sehr kurzen Netzbögen vor. Die mittlere Weichsegmentlänge beträgt nur ca. 150 Å, ist also verglichen mit den Netzbögen eines Gaußschen Netzwerkes sehr kurz. Darüber hinaus handelt es sich hierbei nur um den Mittelwert, der im Einzelfall weit unterschritten werden kann, zumal das Weichsegment durch eine Kondensationsreaktion zustande kommt. Insgesamt hat man deshalb bei der Dehnung eines PU-Elastomers mit stark inhomogenen räumlichen Spannungs- und Orientierungsverteilungen zu rechnen. Einen direkten Hinweis hierauf liefert der in Abbildung 1 skizzierte Befund, wonach sich offensichtlich bereits bei Dehnungen ab ca. 150% eine Fraktion praktisch voll orientierter Netzbögen bildet, während die überwiegende Mehrzahl der übrigen Weichsegmente noch weitgehend unorientiert ist. Die voll orientierten Netzbögen wirken als Kristallisationskeime und geben deshalb zu Kristallbereichen Anlaß, die von vornherein voll orientiert sind, ihre Orientierung bei der weiteren Dehnung also nicht erhöhen. Anders als im Hauptvalenznetzwerk kommt es jedoch bei der weiteren Dehnung nicht zu Kettenbrüchen der bereits voll orientierten und dabei maximal belasteten Netzbögen, sondern vielmehr zur plastischen Deformation der beteiligten Hartsegmentdomänen, wie es in Abbildung 6. schematisch angedeutet ist. Dadurch werden die kraftübertragenden Kettenstücke verlängert, indem weitere Weichsegmente an der Kraftübertragung und an der Orientierung beteiligt werden.

In vorausgehenden Arbeiten ist in diesem Zusammenhang von Kraftsträngen gesprochen worden, die ohne Kettenbruch „reißen" und mit fortschreitender Dehnung immer länger werden. Beim Dehnen, d.h. beim „Hin"-Prozeß, sind die Kraftstränge stets voll orientiert, beim Entlasten, also beim „Rück"-Prozeß, desorientieren sie sich dagegen, wie an der Orientierung der in die Kraftstränge eingelagerten Weichsegmentkristallite unmittel-

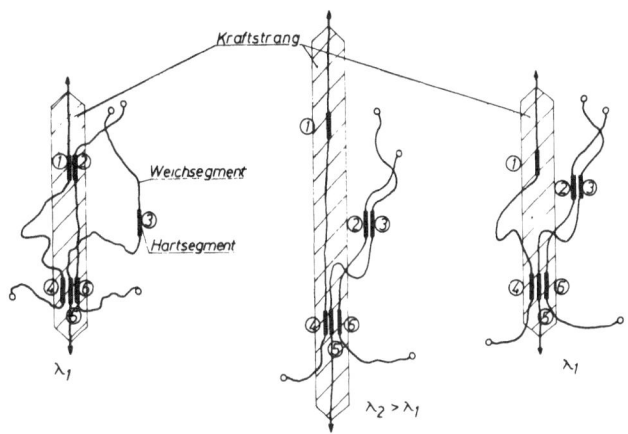

Abb. 6. Schematische Darstellung eines Kraftstranges im Netzwerk. a) geringfügig, b) stark gedehnt, c) nach starker Dehnung wieder entlastet. In a) wird die Kraft von „1" auf „2" und dann durch ein vergleichsweise kurzes Weichsegment auf „6" und weiter auf „5" übertragen. Nach Zerstörung der Assoziation zwischen „1" und „2" erfolgt die Kraftübertragung in b) durch ein vergleichsweise langes Weichsegment direkt von „1" auf „4" und weiter auf „5", wobei sich der Kraftstrang entsprechend gelängt hat. Bei der Entlastung (c) desorientieren sich die zuvor gespannten Weichsegmente. Die mittlere Orientierung und die Doppelbrechung sind etwa die gleichen wie in a). Die räumliche Verteilung der Orientierung auf die verschiedenen Segmente ist jedoch homogener als in a). Dementsprechend tritt eine geringere Rückstellkraft als in a) auf.

bar deutlich wird (vgl. Abb. 1). Trotzdem ist offensichtlich die mittlere Orientierung beim Hin- und beim Rückprozeß beim gleichen Dehnungsgrad gleich groß, wie aus der Doppelbrechung hervorgeht. Die unterschiedliche Rückstellkraft beim Hin- und beim Rückprozeß rührt dann lediglich daher, daß man es im ersten Fall mit einer stark inhomogenen räumlichen Dehnungsverteilung zu tun hat, da die Segmente innerhalb der Kraftstränge sehr hoch, die Segmente außerhalb der Kraftstränge dagegen fast gar nicht orientiert sind. Beim Rückprozeß tragen dagegen einerseits mehr Segmente zu den Kraftsträngen bei als beim Hin-Prozeß, andererseits sind die jetzt längeren Kraftstränge als Ganze weniger orientiert.

Die skizzierte Vorstellung vermag nicht nur die Doppelbrechung zumindest qualitativ zu interpretieren, sondern liefert auch eine Erklärung für die mechanische Hysterese und für das früher diskutierte dehnungskalorische Ver-

halten. Es erklärt jedoch nicht den nahezu linearen Zusammenhang zwischen der Doppelbrechung und der Dehnung (Abb. 4a), was allerdings auch kaum Wunder nehmen kann, da hierbei unbedingt auch die Hartsegmente mit in Rechnung gestellt werden müssen.

Wir danken der Deutschen Forschungsgemeinschaft für die finanzielle Unterstützung der vorliegenden Arbeit.

Zusammenfassung

Um zur Aufklärung des Dehnungsvorganges von PU-Elastomeren beizutragen, wird die Dehnungsdoppelbrechung eines mit Butandiol verlängerten Polyester-Elastomers bestimmt. Hierbei wird die Probendicke interferometrisch nach einem Verfahren von *Theocaris* gemessen, das insbesondere auf doppelbrechende Substanzen anwendbar ist. Es ergibt sich, daß die Doppelbrechung nahezu proportional zur Dehnung ist, jedoch keine einfache Korrelation zur Spannung zeigt. Als Ursache hierfür wird neben der Orientierungs- eine Korrelationsentropie diskutiert, die durch die Existenz sog. Kraftstränge bedingt ist.

Summary

The birefringence of streched PU elastomers with butandiol as chain extender and polyester soft segments is investigated. The thickness of the stretched sample is measured by interferences applying a method as given by *Theocaris* et al. The birefringence is found to be proportional to strain without any stress correlation. This is due as we think to an additional correlation entropy aside the common orientation entropy caused by so called force strands.

Literatur

1) siehe die Literatur in: *Bonart*, Segmentierte Polyurethane, Angew. Makromol. Chemie 1976 (im Druck).
2) *Bonart, R.*, J. Macromol. Sci. **B 2**, 115 (1968).
3) *Gerasimov, V. I., Ya. V. Genin, D. Ya. Tsvankin*, J. Pol. Sci. **B 12**, 2035 (1974); *Yeóng-Jen Peter Chang, Garth L. Willes*, J. Pol. Sci. **B 13**, 455 (1975).
4) *Puett, D.*, J. Polymer Sci. A-2, **5**, 839 (1967).
5) *Bonart, R.*, Koll. Z. u. Z. Polymere **231**, 438 (1969).
6) *Theocaris, P. S., G. B. Philis, C. H. Blontzou*, J. o. Physics E: Scientific Instruments **8**, 611 (1975).
7) *Morbitzer, L., R. Bonart*, Koll. Z. u. Z. Polymere **232**, 764 (1969); *Bonart, R., L. Morbitzer*, Kolloid Z. u. Z. Polymere **241**, 909 (1970).

Für die Verfasser:

Prof. Dr. *R. Bonart*
Universität Regensburg,
Fachbereich Physik
Universitätsstraße 31
D-8400 Regensburg

Progr. Colloid & Polymer Sci. **62**, 106–113 (1977)
© 1977 Dr. Dietrich Steinkopff Verlag GmbH & Co. KG, Darmstadt
ISSN 0340-255 X

Vorgetragen auf der Frühjahrstagung des Fachausschusses Physik
der Hochpolymeren in der Deutschen Physikalischen Gesellschaft
in Bad Nauheim vom 29. März bis 2. April 1976

Forschungslaboratorien der Division Kunststoffe und Additive der CIBA-GEIGY AG, Basel

Glasumwandlung und Kristallitschmelztemperatur in teilkristallinen, vernetzten Epoxidharzsystemen

U. T. Kreibich und *R. Schmid*

Mit 11 Abbildungen und 2 Tabellen

(Eingegangen am 3. Mai 1976)

Einleitung

Die vernetzten Polymeren liegen in der Regel im amorphen Zustand vor. Kurze Abstände zwischen den Vernetzungsstellen des Makromoleküls verhindern die Ausbildung kristalliner Bereiche, zu deren Entstehung eine Mindestkettenlänge benötigt wird. Durch Tempern unterhalb der Glasumwandlung kann eine mit einer Volumenänderung einhergehende schwache Nahorientierung benachbarter Segmente über sehr kurze Distanzen eintreten (1–3). Bei weniger stark vernetzten Polymeren wie z. B. Kautschuk läßt sich durch Dehnung eine Kristallinität induzieren (4). Andererseits ist bei teilkristallinen Thermoplasten eine nachträgliche Vernetzung über chemische Bindungen unter Beibehaltung des kristallinen Zustands bekannt wie z. B. die Strahlungsvernetzung bei Polyäthylen (5, 6) oder verschiedene „Veredelungsreaktionen" bei der Cellulose (7).

Interessant in theoretischer wie in praktischer Hinsicht erscheint der direkte Aufbau vernetzter, teilkristalliner Polymerer, der sowohl bei Epoxidharzen (2, 8, 9) als auch bei Polyurethanen (10–13) durch den Einbau aliphatischer Oligoester realisiert wurde. In der vorliegenden Arbeit wird in vernetzten, teilkristallinen Mehrphasensystemen auf Epoxidharzbasis der Einfluß von Anteil und Struktur des in das Netzwerk eingebauten Oligoesters mit Carboxylendgruppen sowie der Vernetzungsdichte vor allem auf Glasumwandlung und Kristallitschmelztemperatur behandelt.

Experimentelles

Die folgenden während 16 h bei 130 °C vollständig ausgehärteten kristallinen, vernetzten Epoxidharzsysteme wurden untersucht:

a) dreiwertiges Epoxidharz (Triglycidylbishydantoin (TGH) (14) + bifunktioneller Oligoester mit Carboxylendgruppen im Aequivalentverhältnis 1.0:1.0 (s. Abb. 1). Die folgenden Oligomeren des Säure-Alkohol-Verhältnisses 11:10 aus

Bernsteinsäure-Butandiol (4,4)
Adipinsäure-Butandiol (6,4)
Sebazinsäure-Butandiol (10,4)
Dodekandisäure-Butandiol (12,4)
Dodekandisäure-Hexandiol (12,6)

wurden eingesetzt.

b) zweiwertiges Epoxidharz + zweiwertiger Härter + bifunktioneller Oligoester mit Carboxylendgruppen in wechselnden Aequivalentverhältnissen (Abb. 2): Hexahydrophthalsäurediglycidylester (HHPD)(Araldit CY 183®) + Hexahydrophthalsäureanhydrid (HHPA) (Härter HT 907®) + Sebazinsäure-Hexandiol-Oligoester (10,6) mit Säure-Alkohol-Verhältnis 11:10.

® eingetragenes Warenzeichen

Die Glasumwandlung T_g und die Kristallitschmelztemperatur T_m wurden mit dem Differentialkalorimeter DSC-2 von Perkin-Elmer bei einer Aufheizgeschwindigkeit von 10 °/min in einer Stickstoffatmosphäre bestimmt. Auf Grund der teilweise auftretenden Überlagerung von T_g und T_m wurden die kalorimetrischen Messungen durch Untersuchungen mit der Torsionsschwingungsapparatur von *Lonza* (15) in einer Stickstoffatmosphäre bei einer Aufheizgeschwindigkeit von 1 °/min ergänzt. Bei der Ermittlung des T_g/T_m-Verhältnisses wurde für T_g das Maximum des logarithmischen Dekrements Λ der mechanischen Dämpfung verwendet und für T_m das Resultat der kalorimetrischen Untersuchung. Da der mit dem Torsionspendel bestimmte, dynamische T_g-Wert nur um ca. 10 °C über dem statischen liegt und die betreffenden Glasumwandlungen relativ breit sind, erscheint ein derartiges Vorgehen statthaft.

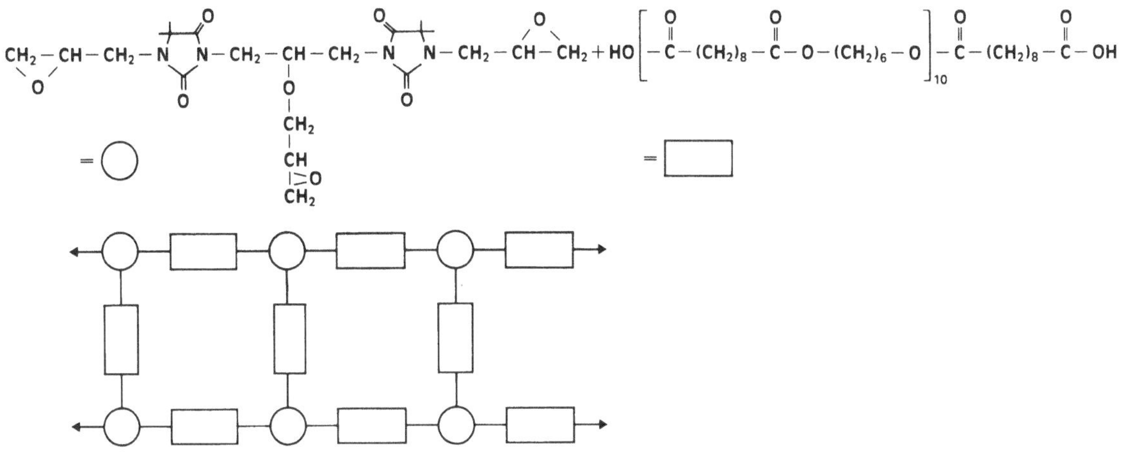

Abb. 1. Reaktion eines trifunktionellen Epoxidharzes (TGH) mit einem zweiwertigen Oligoester mit Carboxylendgruppen (Idealisiertes Netzwerkschema)

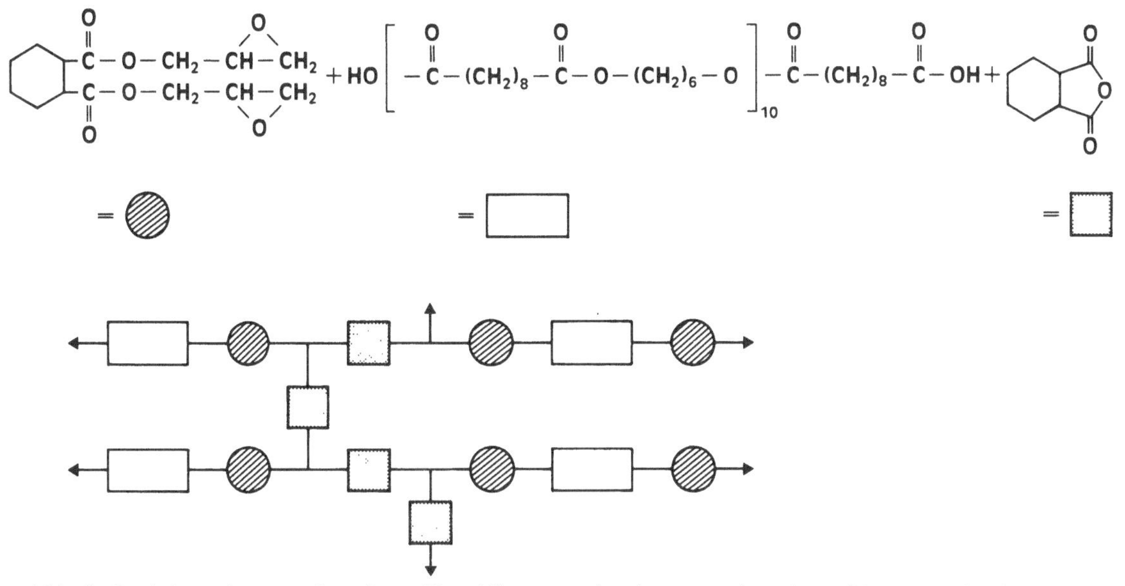

Abb. 2. Reaktion eines zweiwertigen Epoxidharzes mit einem zweiwertigen Härter und einem zwei-wertigen Oligoester mit Carboxylendgruppen (Idealisiertes Netzwerkschema)

Die Messungen der Zugfestigkeit wurden bei Raumtemperatur nach der Norm VSM 77101 durch-geführt.

Die Röntgenbeugungsaufnahmen im ungereckten wie im gereckten Zustand wurden mit einer Unicam Zylinderkamera aufgenommen, CuK$_\alpha$-Strahlung, Ni-Filter.

Resultate und Diskussion

Die Härtungsreaktion von Epoxidharzen mit aliphatischen Oligoestern mit Carboxyl-endgruppen und eventuell einem zusätzlichen Härter führt zu vernetzten, kristallinen Mehr-phasensystemen. Ihr teilkristalliner Zustand äußert sich in deutlichen Diffraktionslinien der Röntgenbeugungsdiagramme (Abb. 3). Die Oligoestersegmente sind in Zickzackketten-bündeln angeordnet, die sich durch Recken parallel zur Zugrichtung orientieren lassen und gute Faserdiagramme (Abb. 3) zeigen.

Aus dem Abstand der einzelnen Schicht-linien läßt sich die Periodizität der Faser in der Streckrichtung bestimmen (Tab. 1). Ihre gute Übereinstimmung mit der Identitätsperiode des Modells der gestreckten Kette zeigt, daß keine merklichen Verdrehungen innerhalb

ungereckt

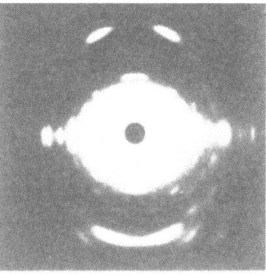
gereckt

Abb. 3. Röntgenbeugungsdiagramme eines teilkristallinen, vernetzten Epoxidharzsystems mit eingebauten Adipinsäure-Butandiol-Segmenten im ungereckten und gereckten Zustand

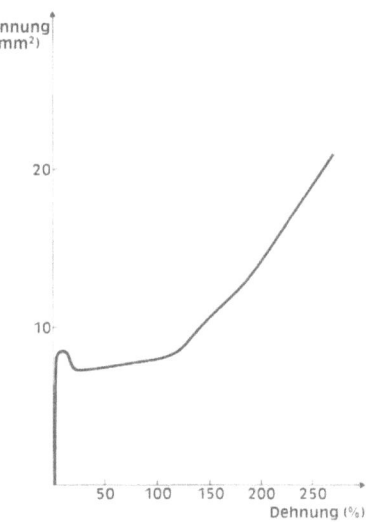

Tab. 1. Langperiodeninterferenzen in Faserrichtung

eingebauterOligoester (Säure-Alkohol-Verhältnis)	Identitätsperiode (Å)	Langperioden interferenz (Å)	Vielfaches der Faserlänge
Adipinsäure-Hexandiol (11:10)	17.2	189	11.0
Sebazinsäure-Hexandiol (11:10)	22.3	181	8.1

Abb. 5. Spannungsdehnungsdiagramm eines teilkristallinen, vernetzten Epoxidharzsystems aus TGH + 12,6-Oligoester

der Kette auftreten. In Abbildung 4 ist die aus den Äquatorreflexen erhältliche Projektion der Struktur auf eine Ebene normal zur Faserrichtung, die die Anordnung innerhalb

der Zelle auf Grund der Raumbeanspruchung und der Symmetrie wiedergibt, dargestellt.

Die mechanischen Eigenschaften der teilkristallinen Epoxidharzpolymeren unterscheiden sich ebenfalls grundlegend von denen der amorphen Systeme. Am Beispiel des Zugversuchs (Abb. 5) sehen wir, daß die Polymeren oberhalb des Yield-Punktes einen Fließbereich zeigen, nachdem sich der Prüfkörper unter Schulterbildung eingeschnürt hat. Erst wenn sich die kristallinen Bereiche in der

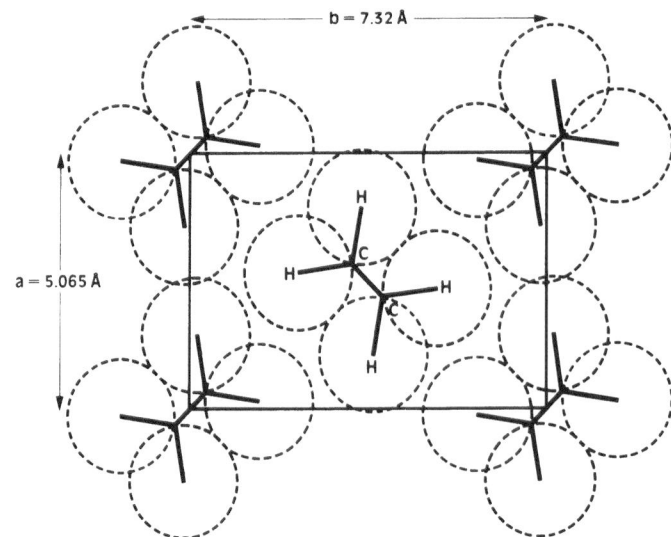

Abb. 4. Raumanordnung eines teilkristallinen, vernetzten Epoxidharzsystems mit Adipinsäure-Butandiol-Segmenten. Projektion auf die Ebene normal zur Faserrichtung

Zugrichtung bis zum Anspannen der ebenfalls betroffenen Vernetzungssegmente gestreckt haben, setzt ein zweiter Spannungsanstieg entsprechend der Elastizität der Netzwerksegmente ein, bis schließlich der Bruch erfolgt.

Im Anschluß an einige Aspekte der kristallinen Epoxidharzsysteme aus Röntgenbeugungsuntersuchungen und mechanischen Resultaten wenden wir uns jetzt dem Einfluß des Oligoestereinbaus auf ihr thermophysikalisches Verhalten zu. Die kalorimetrischen Messungen zeigen, daß die Glasumwandlung T_g eines amorphen Epoxidharzsystems durch den Einbau der Oligoestersegmente wesentlich herabgesetzt wird (Abb. 6), da die Flexibilität der Vernetzungssegmente und die Beweglichkeit der Netzstellen durch den Anteil der benachbarten langkettigen Segmente in der amorphen Phase stark erhöht wird.

Ein Großteil der Oligoestersegmente bildet jedoch eine kristalline Phase, wobei die Kristallitschmelztemperatur T_m gegenüber dem linearen Oligoester um ca. 8–15 °C je nach Struktur und Vernetzungsdichte herabgesetzt ist. Die Schmelzenthalpie der kristallinen Bereiche weist ebenfalls entsprechend tiefere Werte auf. Diese Tatsache steht in Einklang mit dem von *Flory* (16) postulierten Schmelzverhalten vernetzter Polymerer, nach dem die Vernetzung statistischer Ketten die Kristallitschmelztemperatur proportional zur Vernetzungsdichte reduzieren sollte, da die Schmelzentropie auf diese Weise erhöht wird. Außerdem wird durch Copolymerisation bei linearen Polymeren T_m im allgemeinen gemäß der Gleichung (17)

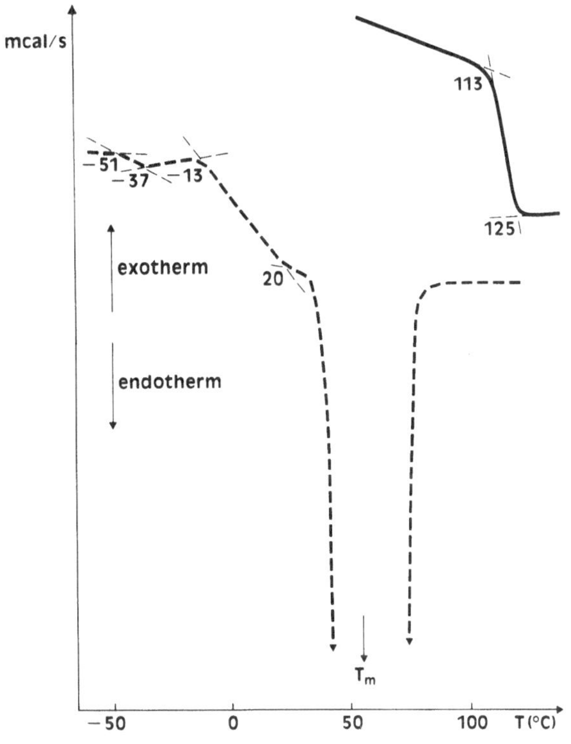

$$\frac{1}{T_m} - \frac{1}{T_m^0} = \frac{-R}{\Delta H} \, ln \, x_A$$

T_m = beobachtete Kristallitschmelztemperatur
T_m^0 = Kristallitschmelztemperatur bei unendlichem Molekulargewicht
x_A = Molenbruch des kristallisierbaren Comonomeren
R = Gaskonstante
ΔH = molekulare Schmelzwärme

herabgesetzt, da die Länge der kristallisierbaren Sequenzen kürzer wird. Die Herabsetzung von T_m weist damit auf den tatsächlichen chemischen Einbau der Oligoester in das Netzwerk hin.

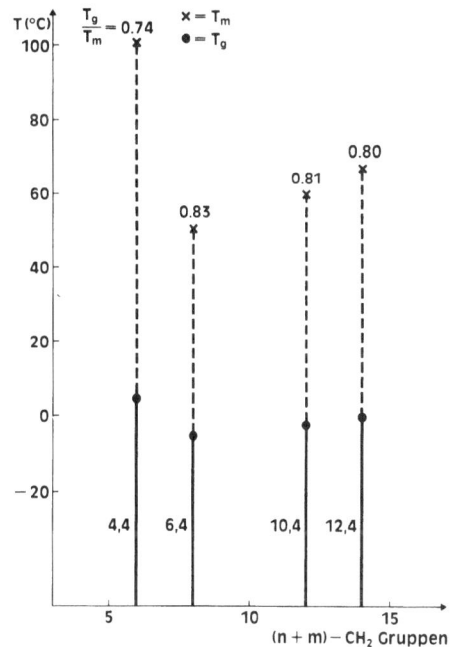

Abb. 6. DSC-Diagramme von Epoxidharzsystemen mit unterschiedlicher Morphologie. —— amorphes Epoxidharzsystem; ----- teilkristallines, vernetztes Epoxidharzsystem

Abb. 7. Einfluß des Polyestersegmentes auf T_g, T_m und T_g/T_m (TGH + Oligoester mit Carboxylendgruppen)

Der Einfluß der Länge der CH_2-Kette der Säurekomponente des Oligoesters bei gleichbleibendem Alkohol und gleichem Säure-Alkohol-Verhältnis nach Vernetzung mit einer Triglycidylverbindung auf die Lage von T_g und T_m ist in Abbildung 7 dargestellt. Ausgehend vom Dodekandisäure-Butandiol-Oligoester führt eine Verringerung der Anzahl der CH_2-Gruppen in der Säurekomponente zu einem kontinuierlichen Abfall der Schmelztemperatur. Die Glasumwandlung ändert sich nur wenig und wird schwach herabgesetzt. Dementsprechend variiert das Verhältnis T_g/T_m, über das in der Literatur schon mehrfach berichtet wurde (18–21), nur geringfügig zwischen 0.80 und 0.83. Beim Übergang vom Adipinsäure- zum Bernsteinsäure-Butandiol-Oligoester steigt T_m jedoch überraschend stark an, während die Glasumwandlung wesentlich weniger heraufgesetzt wird. Diese Abweichung von T_m um über 50 °C deutet auf eine Änderung der Kristallart hin, was auch durch das mechanische Verhalten sowie durch röntgenographische Untersuchungen bestätigt wird. Die Röntgenuntersuchungen lassen eine Helixstruktur vermuten. Der Übergang zu einer anderen Kristallart bewirkt damit eine charakteristische Verschiebung des T_g/T_m-Verhältnisses von 0.83 auf 0.74 bei fast gleichbleibender Vernetzungsdichte.

Ändert man die Vernetzungsdichte, indem ein Teil der carboxylendgruppenhaltigen Oligoestersegmente durch einen niedermolekularen, vernetzenden Härter wie z. B. Hexahydrophthalsäureanhydrid ersetzt wird, stellt man fest, daß sich mit zunehmender Vernetzungsdichte die Glasumwandlung immer stärker zu ihrem ursprünglichen Wert bei höheren Temperaturen (Abb. 8) verschiebt. Die Kristallitschmelztemperatur sinkt infolge Zunahme der Schmelzentropie. Selbst bei einem Anteil von nur 5 Mol % des Oligoesters bildet sich die kristalline Phase noch deutlich aus. T_m liegt jedoch nun direkt im Glasumwandlungsbereich (Tab. 2).

Der Kurvenverlauf der DSC-Diagramme (Abb. 8) zeigt, daß die Hauptrelaxation dieser Polymeren vor allem bei höherer Vernetzungsdichte ein sehr breites Temperaturintervall einnimmt. Die Segmente der amorphen Phase liegen demnach in einer Vielfalt verschiedener Konformationen vor. Ihre Zahl wird im wesentlichen von der infolge Morphologie und

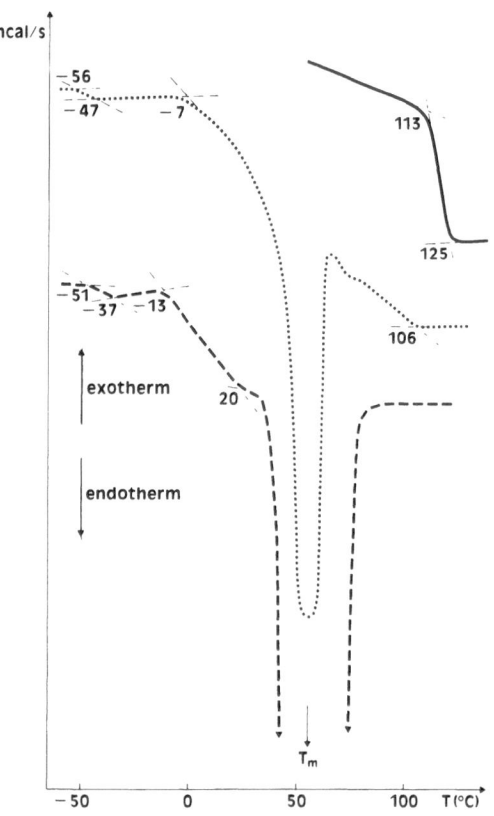

Abb. 8. Einfluß der Vernetzungsdichte auf T_g und T_m. —— HHPD/HHPA; .... HHPD/5 % 10,6-Oligoester + 95 % HHPA; ------ HHPD/83 % 10,6-Oligoester + 17 % HHPA

Tab. 2. Einfluß der Vernetzungsdichte auf das Verhältnis T_g/T_m

% HHPD	/ % 10,6-Oligoester +	% HHPA*)	T_g(°C)	T_m(°C)	T_g/T_m
100	83	17	−10	63	0.78
100	50	50	5	62	0.81
100	33	67	42	59	0.95
100	17	83	52	56	0.99
100	9	91	83	55	1.09
100	5	95	109	55	1.15
100	0	100	125	−	−

*) Vernetzungskomponente bezogen auf Epoxid in Mol %.

Netzwerkaufbau unterschiedlichen Umgebung und damit ihrer verschiedenartigen Beweglichkeit bestimmt. Die chemische Segmentstruktur variiert nur geringfügig. Auf Grund der derart unterschiedlichen amorphen Mikrobereiche, die zwar eine gemeinsame makroskopische

Hauptrelaxation aufweisen, ist es verständlich, daß die Kristallitschmelztemperatur auch unterhalb des Maximums der Glasumwandlung liegen kann. Der Einblick in das Einsetzen von Molekülbewegungen aus dem Verlauf von Schubmodul und logarithmischem Dekrement der mechanischen Dämpfung (Abb. 9) macht dieses Verhalten ebenfalls deutlich. Mit zunehmender Vernetzungsdichte steigt somit das T_g/T_m-Verhältnis von ca. 0.78 im schwach vernetzten System bis zu den beachtlichen Werten von $T_g/T_m \sim 1.15$ in sehr engmaschig vernetzten Polymeren an (Tab. 2). Die T_g/T_m-Werte können so bei gleichbleibendem

Kristallit durch Änderung der amorphen Matrix beeinflußt werden. Der Anstieg der Werte über $\sim 1,15$ wird lediglich durch das Einfrieren des Systems verhindert.

Die Beeinflussung des T_g/T_m-Wertes durch die Änderung der Kristallitstruktur kann durch das folgende bemerkenswerte Experiment veranschaulicht werden: Ein 4,4- und ein 6,6-Oligoester werden über Epoxidharz und Anhydrid zu einem vernetzten Makromolekül aufgebaut, dessen Polyestersegmente unregelmäßig alternieren. Beim Abkühlen entsteht nicht ein Mischkristall, sondern die verschiedenen kristallinen Bereiche bilden sich neben-

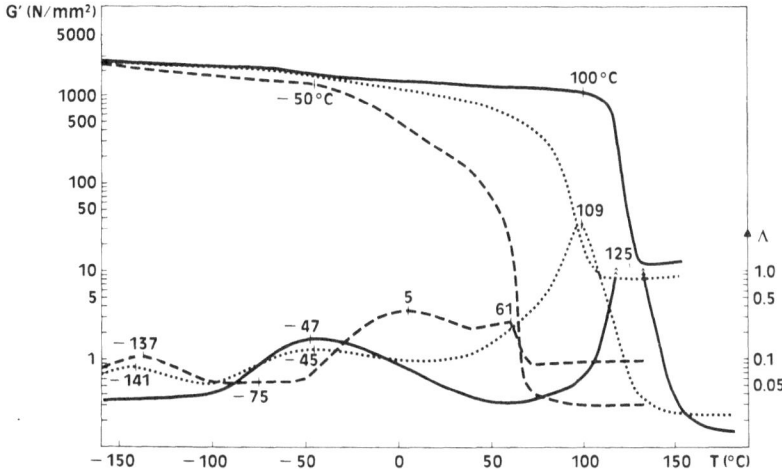

Abb. 9. Einfluß der Vernetzungsdichte auf den Verlauf des Schubmoduls G' und das logarithmische Dekrement Λ in teilkristallinen, vernetzten Epoxidharzsystemen. —— HHPD/HHPA; .... HHPD/5 % 10,6-Oligoester + 95 % HHPA; ------ HHPD/50 % 10,6-Oligoester + 50 % HHPA

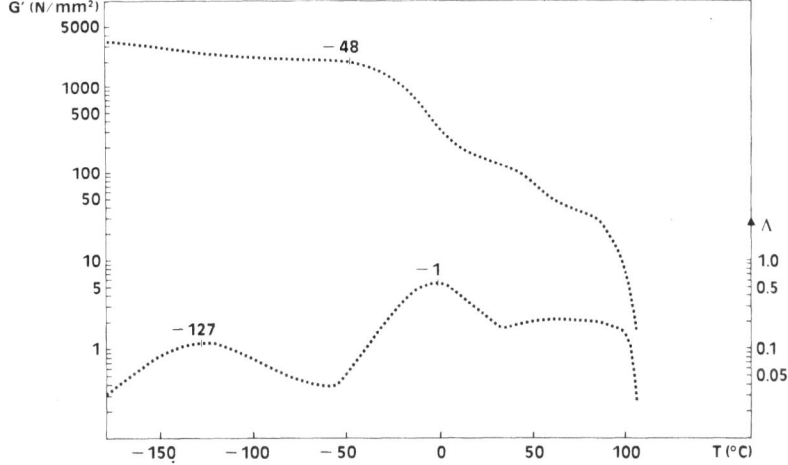

Abb. 10. Verlauf des Schubmoduls G' und des logarithmischen Dekrements Λ eines teilkristallinen Epoxidharzsystems mit zwei eingebauten Oligoestern verschiedener Kristallstruktur (HHPD/HHPA + 4,4- und 6,6-Oligoester)

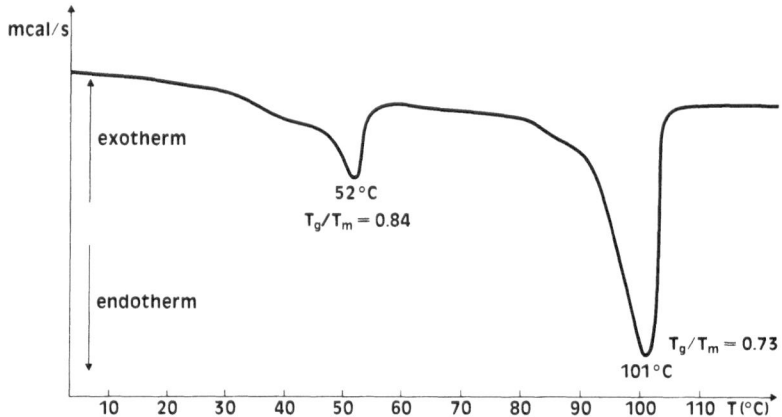

Abb. 11. DSC-Diagramm eines teilkristallinen Epoxidharzsystems mit zwei eingebauten Oligoestern verschiedener Kristallstruktur (HHPD/HHPA + 4,4- und 6,6-Oligoester)

einander in der vernetzten amorphen Matrix aus. Der Verlauf des logarithmischen Dekrements der mechanischen Dämpfung eines derartigen Systems zeigt eine eindeutige gemeinsame Glasumwandlung (Abb. 10) (infolge der starken Dehnung des Prüfkörpers oberhalb des zweiten Schmelzpunktes mußte die Messung vorzeitig beendet werden). Die im DSC-Diagramm (Abb. 11) voneinander getrennt ablaufenden Schmelzprozesse lassen die Existenz der beiden unterschiedlichen kristallinen Phasen klar erkennen. Aus diesem Verhalten resultieren in ein und demselben Makromolekül entsprechend unterschiedliche T_g/T_m-Verhältnisse: ~0.84 für die Adipinsäurehexandiol-Segmente und ~0.73 für die Bernsteinsäurebutandiol-Segmente.

Die kristallinen, vernetzten Epoxidharze liegen als ausgeprägte Mehrphasensysteme mit untrennbarer Wechselwirkung zwischen amorphen und kristallinen Bereichen vor. Das Studium der teilkristallinen, vernetzten Polymeren ermöglicht somit interessante Erkenntnisse über wesentliche Zusammenhänge auf dem Gebiet der Polymerphysik.

Wir möchten dem Forschungsleiter der Division Kunststoffe und Additive der CIBA-GEIGY AG, Prof. Dr. *H. Batzer*, und Dr. *H. Gysling* für die wertvolle Unterstützung der Arbeit unseren besten Dank aussprechen. Dr. *F. Lohse* danken wir für die Synthese diverser Ausgangsprodukte und Dr. *R. Müller* für die Röntgenuntersuchungen herzlich.

Zusammenfassung

Bei geeigneter Wahl der Ausgangskomponenten lassen sich polymere Mehrphasensysteme mit kristallinen Bereichen aus Oligoestersegmenten in einer amorphen Matrix, die die Vernetzungsstellen enthält, herstellen. Auch beim Einbau eines geringen Anteils an derartigen Oligomeren in das Netzwerk bleiben kristalline Bereiche erhalten. Kristallitschmelztemperatur und Glasumwandlung stehen in engem Zusammenhang mit der chemischen Struktur und dem Netzwerkaufbau. Sie lassen sich über relativ weite Bereiche variieren. Innerhalb einer Reihe mit gleichbleibender Vernetzung und unterschiedlicher Anzahl CH_2-Gruppen im wiederkehrenden Segment des Oligoesters verschiebt sich das Verhältnis T_g/T_m nur wenig. Es wird jedoch deutlich durch die Änderung der Kristallstruktur oder der chemischen Struktur und der Vernetzungsdichte in der amorphen Phase beeinflußt.

Summary

Partly crystalline, cross-linked polymer multiphase systems can be produced by introduction of long-chain linear segments of oligoesters into the network. The crystalline regions formed by the oligo-ester segments are embedded into an amorphous matrix containing the cross-links. Partial crystallinity is found even with a low content of the specific oligomers in the network. The crystalline melting temperature and the glass transition show a close correlation to chemical constitution and network structure and can be varied within a relatively wide range. The relation of T_g/T_m alters only slightly within a series of constant cross-linking and different number of CH_2-groups in the repeating segment of the oligo-ester. Changes in the crystalline structure or the chemical constitution and the cross-linking density in the amorphous phase, however, show a distinct influence on the T_g/T_m-ratio.

Literatur

1) *Fava, R. A.*, Polymer **9**, 137 (1968).
2) *Batzer, H., F. Lohse, R. Schmid*, Angew. Makromol. Chem. **29/30**, 349 (1973).
3) *Kreibich, U. T., R. Schmid*, J. Polymer Sci. Symposia **53**, 177 (1975).

4) *Nielsen, L. E.*, Mechanical Properties of Polymers and Composites (New York 1974); *J. R. Katz*, Naturwiss. **13**, 410 (1925).

5) *Illers, K. H.*, Kolloid Z. u. Z. Polymer **231**, 622 (1968).

6) *McCrum, N. G., E. L. Morris*, Proc. Roy. Soc. **A 292**, 506 (1966).

7) Kunststoff-Handbuch Bd. III (München 1965).

8) *Schmid, R., W. Fisch*, Franz. Pat. 1.551.607 (1967).

9) *Lohse, F., R. Schmid*, Chimia **28**, 576 (1974).

10) *Martin, H., F. H. Müller*, Kolloid Z. **191**, 1 (1963); J. Polymer Sci. **C6**, 83 (1963).

11) *Lohse, F., R. Schmid, W. Fisch, H. Batzer*, Schweiz. Pat. 501025 (1970).

12) *Privalko, V. P., Yu. S. Lipatov, Yu. Yu. Kercha*, Vysokomol. soyed. **A 11**, 237 (1969).

13) *Slowikowska, I., I. Daniewska*, J. Polymer Sci. Symposia **53**, 187 (1975).

14) *Habermeier, J.*, Angew. Makromol. Chem. **35**, 9 (1974).

15) *Fritzsche, C.*, Kunst. Plastics **21**, 17 (1974).

16) *Flory, P. J.*, J. Am. Chem. Soc. **78**, 5222 (1956).

17) *Flory, P. J.*, Principles of Polymer Chemistry, Chap. **13**, Cornell University (Ithaca 1953).

18) *Boyer, R. F.*, Rubb. Chem. Technol. **36**, 1303 (1963).

19) *Brune, C. W.*, J. Polymer Sci. **B 1**, 209 (1963).

20) *Lee, W. A., G. J. Knight*, Br. Polym. J. **2**, 73 (1970).

21) *Habermeier, J., L. Buxbaum, U. T. Kreibich, H. Batzer*, Angew. Chem. **55**, 155 (1976).

Anschrift der Verfasser:

U. T. Kreibich und *R. Schmid*
Forschungslaboratorien der Division Kunststoffe und Additive der CIBA-GEIGY AG, Basel
CH-4000 Basel (Schweiz)

Progr. Colloid & Polymer Sci. **62**, 114–116 (1977)
© 1977 Dr. Dietrich Steinkopff Verlag GmbH & Co. KG, Darmstadt
ISSN 0340-255 X

Lectures during the conference of Fachausschuss "Physik
der Hochpolymeren" of Deutsche Physikalische Gesellschaft
in Bad Nauheim March 29–April 2, 1976

University of Marburg, FB 14, Polymer Physics

Temperature-induced and stress-induced
crystallization in oriented polymers

D. Göritz, F. H. Müller, and *W. Sietz*

With 3 figures

(Received August 1, 1976)

Crystallization of an oriented polymer network may be initiated by two different mechanisms:

i) If the polymer is submitted to an orientation at a temperature, the rate of crystallization of the isotropic material is small or even zero (that is the case near T_m, the melting temperature), crystallization is induced directly by the elongation of the sample. In this case crystallization is a consequence of the decrease of conformation entropy by the orientation. In the literature this process is named stress-induced crystallization (1), because orientation of a polymer in the rubber-elastic state is attained by stress.

ii) If temperature of a polymer, already oriented by elongation is lowered from the melting range to temperatures, the isotropic material crystallizes with noticeable rates, the crystallization of the oriented polymer will be accelerated significantly by this temperature change. We have chosen for this process the name: temperature-induced crystallization (1).

Distinction is to be made between these two kinds of crystallization by orientation. Indeed till now there exist measurements of stress-induced crystallization on natural rubber only by *Mitchell* and *Meyer* (2), *Kawai* et al. (3), *Dunning* et al. (4) and *Göritz* and *F. H. Müller* (1). All the other papers, published under the title stress-induced crystallization deal with temperature-induced crystallization of oriented polymer or at least mixtures of both, meanly temperature- and only partially stress-induced crystallization.

The reason is the following: In all experiments it is necessary to take into consideration, that in the first beginning a certain part of stress-induced crystallization takes place as consequence of the elongation of the sample for attaining a given initial orientation (1, 2). Then, when the stretching process is finished, there follows a second kind of crystallization process, which can be intensified by adjusting a proper temperature (therefore temperature induced crystallization). Thus two peaks must be observed, when the crystallized polymer is molten, e.g. in a differential scanning calorimeter.

But we have found, that a preliminary condition for appearance of two different peaks in the DSC-plot is that the orientation of the sample is maintained during the measuring procedure, that means, melting must take place under the condition of constant strain.

Experimental

Material: Natural rubber, crosslinked by Dicumylperoxide (0.29 g for 100 g NK). Preparation and characterization of samples see (5). Measurements were performed by a DSC-calorimeter of DUPONT, Type 990, with a heating rate of 10 °C/min. Experiments were performed, the oriented samples could shrink freely during heating and other experiments, the samples were heated with fixed ends in the capsule (fig. 1). Samples were stretched up to the certain degree of elongation at $T_v = 20$ °C. In case of natural rubber at this temperature the crystallization rate of the isotropic material is extremely low, as can be seen from the plot of reciprocal half-time of crystallization as function of crystallization temperature by *Wood* and *Bekkedahl* (6) (see fig. 2). After stretching and fixing in the capsules the samples were stored in a thermostat at the temperature $T_c = -25$ °C – that is the tempera-

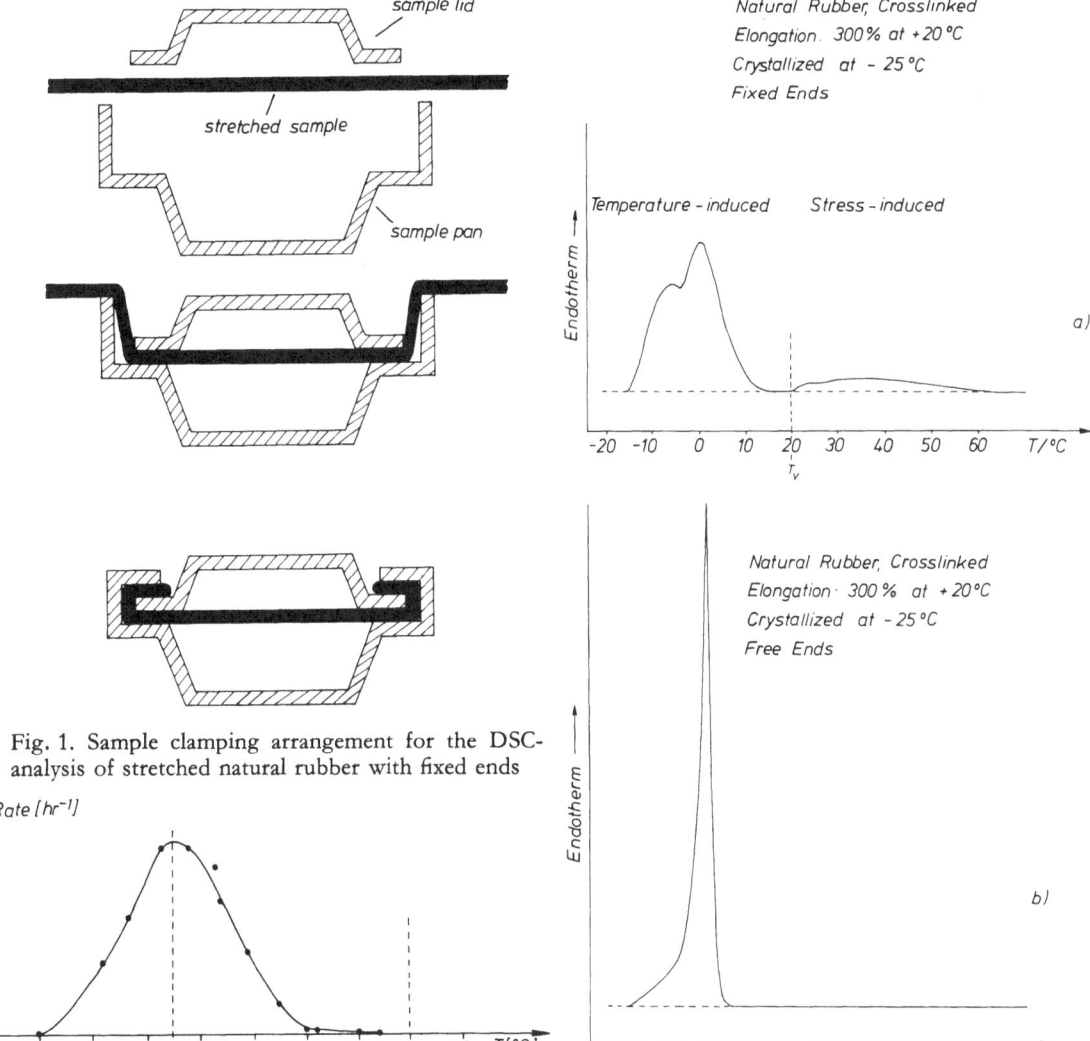

Fig. 1. Sample clamping arrangement for the DSC-analysis of stretched natural rubber with fixed ends

Fig. 2. Crystallization rate versus crystallization temperature for unstretched natural rubber (from *Wood* and *Bekkedahl* (4)). T_v = our deformation temperature, T_c = crystallization temperature of the stretched sample

Fig. 3. DSC-traces of stretched natural rubber, crystallized on conditions given in the figure. a) Melting of the sample with fixed ends; b) Melting of the sample with free ends

ture at which the value of the crystallization rate of isotropic rubber has its maximum.

Thus the samples could continue to crystallize (temperature-induced) for different given times. Then after introduction of the so prepared samples into the DSC-calorimeter – the DSC cell of which was adjusted to temperatures lower than – 60 °C – the thermodiagrams were run.

Results and discussions

Figure 3 shows an example of melting curves as recorded. In figure 3a there is the trace of a sample, the ends fixed (constant strain), figure 3b that of a sample, the ends free

(free shrinking). The curves are standardized in regard to mass of sample and sensitiveness of calorimeter. Thus the areas of the peaks under the curves correspond to the degree of crystallinity.

Traces of a sample with fixed ends show two distinct ranges of melting. In figure 3 the samples were stretched 300 % at $Tv = + 20$ °C. The stress-induced crystallites grown during the stretching process begin to melt above the temperature at which they have grown. They show a wide range of melting, the end of which is a function of the imposed strain (7).

The dependence of the degree of crystallinity

as function of strain and the kinetic of crystallization is discussed in our later paper (12). There is discussed, too, the melting behaviour.

During the annealing of the sample at $-25\,°C$ temperature-induced crystallites have been formed additionally. This corresponds to the trace from $-15°-+10\,°C$. In this range is seen the multiple melting behaviour already found for isotropic rubber by other people (8–11). For temperature-induced crystallization the beginning of melting is a function of crystallization-temperature, the end is a function of the degree of elongation. The whole range of melting is shifted with increasing crystallization temperature to higher temperatures (see 12).

In the case of free shrinkage (fig. 3b) the trace has only one peak, the melting of the temperature-induced crystallization. The stress-induced crystallites, present before the beginning of melting, too, in this sample melt together with the other crystallites, because stress-induced crystallites become instable in consequence of the desorientation of chains. Besides this it is to be seen that melting becomes more the character of a cooperative process. As seen by our experiments analysis of the two steps of crystallization of an oriented sample by the usual method of free shrinking is not possible.

Summary

The crystallization process of natural rubber by orientation can be a consequence firstly by the stretching of sample (stress-induced) and secondly by a variation of temperature of the stretched sample (temperature-induced). It is possible to demonstrate these two ranges separated by DSC-calorimetry if the heating of sample occurs under the condition the length is kept constant during measurement.

Zusammenfassung

Die Kristallisation von orientiertem Naturkautschuk kann einmal durch die Dehnung selbst (spannungsinduziert), zum anderen durch eine Temperaturvariation der gedehnten Probe (temperaturinduziert) ausgelöst werden. Mit der DSC-Kalorimetrie können beide Bereiche getrennt nur nachgewiesen werden, wenn man beim Schmelzen der Probe die Orientierung aufrecht erhält, d. h. wenn man unter konstanter Länge aufheizt.

References

1) *Göritz, D., F. H. Müller,* Kolloid Z. Z. Polymere **251**, 892 (1973).
2) *Mitchell, J. C., D. J. Meyer,* J. Polymer Sci. A-2 **6**, 1689 (1968).
3) *Kawai, H., T. Oda, S. Tomita, I. Furata,* 5th International Congress on Rheology, Kyoto, Japan, Oct. 8 (1968).
4) *Dunning, D. J., P. J. Pennels,* Rubb. Chem. Technol. **40**, 1381 (1967).
5) *Göritz, D., F. H. Müller,* Kolloid Z. Z. Polymere **251**, 679 (1973).
6) *Wood, L. A., N. Bekkedahl,* J. Appl. Phys. **17**, 362 (1946).
7) *Sietz, W., D. Göritz, F. H. Müller,* Colloid & Polymer Sci. **252**, 854 (1974).
8) *Tejtel'baum, B. Ja., N. I. Anoschina,* Vysokomol. Sojedin. **8**, 12, 2176 (1965).
9) *Hammett, R. E., R. E. Wingard, J. E. Land,* Ind. Eng. Chem., Prod. Res. Devel. **4**, 168 (1965).
10) *Kim, H. G., L. Mandelkern,* J. Polymer Sci. A-2, **10**, 1125 (1972).
11) *Edwards, B. C.,* J. Polymer Sci. **13**, 1387 (1975).
12) *Göritz, D., W. Sietz, F. H. Müller,* Colloid & Polymer Sci., in press.

Authors' address:

D. Göritz, W. Sietz, and *F. H. Müller*
University of Marburg
FB 14, Polymer Physics
Lahnberge, Gebäude H
D-3550 Marburg

Progr. Colloid & Polymer Sci. **62**, 117–124 (1977)

© 1977 Dr. Dietrich Steinkopff Verlag GmbH & Co. KG, Darmstadt

ISSN 0340-255 X

Vorgetragen auf der Frühjahrstagung des Fachausschusses Physik
der Hochpolymeren in der Deutschen Physikalischen Gesellschaft
in Bad Nauheim vom 29. März bis 2. April 1976

Bundesanstalt für Materialprüfung (BAM), Berlin-Dahlem

Anomale Diffusion in Reaktionsharzen

J. Sickfeld

Mit 13 Abbildungen und 2 Tabellen

(Eingegangen am 20. April 1976)

1. Einleitung

Der praktische Ausgangspunkt für die vorliegende Arbeit war die Untersuchung der Beständigkeit von Reaktionsharzbeschichtungen gegenüber der Einwirkung organischer Medien im Rahmen eines DFG-Forschungsvorhabens. Hierzu wurde eine große Anzahl von Quellungsversuchen durchgeführt (1, 2). Es zeigte sich dabei, daß bei der Quellung in *unpolaren* *n*-Paraffinen die Gewichtsänderungen während der Einwirkung der Quellmedien von beiden Seiten der verwendeten platten- bzw. folienförmigen Probekörper endlicher Dicke im Anfangsbereich erwartungsgemäß der bekannten $\sqrt{t}$-Beziehung der Diffusion (Näherungslösung des 2. Fickschen Gesetzes für diese Probenform) folgen:

$$\frac{c}{c_s} = \frac{4}{\sqrt{\pi}} \cdot \frac{\sqrt{D \cdot t}}{s}$$

c ist die mittlere Konzentration des Quellmediums im Polymeren zur Zeit *t*, c_s die Sättigungskonzentration, *D* der Diffusionskoeffizient und *s* die Filmdicke (Abb. 1).

Die beobachteten Diffusionskoeffizienten lagen in der Größenordnung von 10^{-6} bis 10^{-7} mm²·min⁻¹ je nach dem Molvolumen des Quellmediums.

Dagegen verlief die Quellung mit *stark polaren* Medien (Ketonen, Estern, primären Alkoholen) „anomal" (Abb. 2 und 3): Die Diffusionskoeffizienten, die formal nach der Formel aus den Quellungskurven ermittelt wurden, ändern sich z. T. sprunghaft vor dem Erreichen der Sättigungskonzentration und liegen beim Maximalwert mit 10^{-3} bis 10^{-4} mm²·min⁻¹ um 3 bis 4 Zehnerpotenzen höher.

Ein derartiges „anomales" Quellverhalten, nach *Crank* und *Park* (3) auch als „nicht-Ficksches" Verhalten bezeichnet, wurde bisher schon bei einigen anderen harten oder glasartigen Polymeren beobachtet, wenn die Quellungsversuche bei Temperaturen unterhalb T_g durchgeführt werden, z.B. bei Cellulosenitrat (4) und -acetat (5) sowie bei Polystyrol (6, 7), aber auch bei Kautschukvulkanisaten (8). Das Phänomen wird u. a. auf das Auftreten „innerer Spannungen" bei der Quellung zurückgeführt. Es war das Ziel der vorliegenden Untersuchungen, die Ursache für diese Spannungen bei *EP*-Harzfilmen phänomenologisch zu deuten.

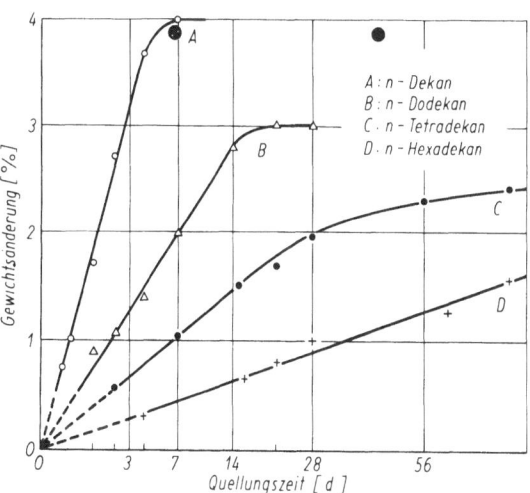

Abb. 1. Quellung von Polyurethanharzfilmen (350 µm); Abhängigkeit von der Kettenlänge aliphatischer Kohlenwasserstoffe

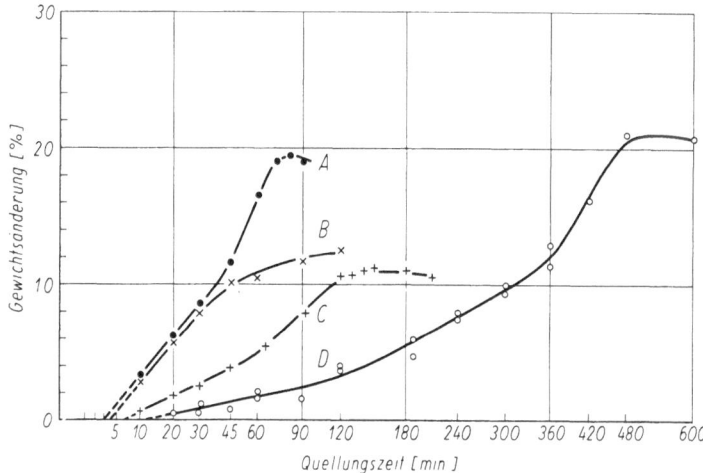

Abb. 2. Quellung verschiedener *EP*-Harzfilme (Schichtdicke 500 μm) in Aceton

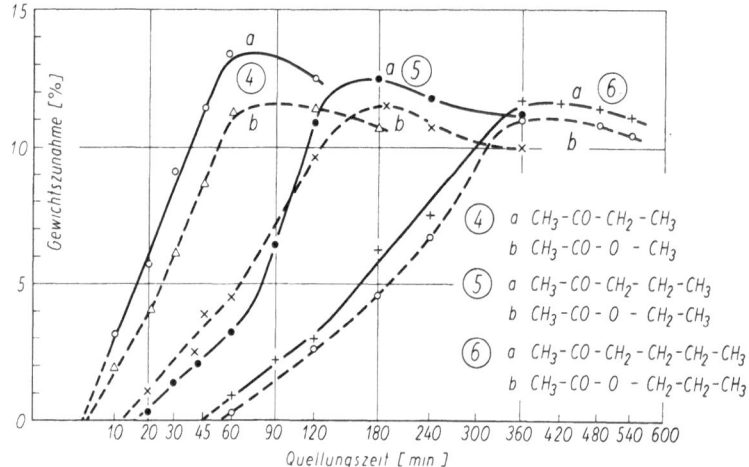

Abb. 3. Quellung der *EP*-Harzfilme *B* (500 μm) in Ketonen und Estern: Abhängigkeit von der Konstitution

2. Durchgeführte Versuche

Als Versuchsmaterialien dienten handelsübliche, pigmentierte Epoxidharzbeschichtungsstoffe (Tab. 1), aus denen mit einem Filmziehgerät freie Filme mit einer Dicke von 500 μm hergestellt wurden. Für einige Vergleichsversuche wurden auch unpigmentierte Beschichtungsstoffe mit den gleichen *EP*-Harzbindemitteln eingesetzt. Alle Quellungsversuche wurden bei 23 °C durchgeführt. Die Gewichtsänderungen wurden bei der Quellung der Filme in flüssigen Quellmedien gravimetrisch in der üblichen Weise verfolgt. Die Längenänderung der Filme wurde mikroskopisch gemessen, wobei zur Vermeidung einer Verfälschung der Meßwerte durch Aufwölbung der Filme diese in einer schmalen Glasküvette (lichte Innenweite etwa 1 mm) mit dem Qellmedium gelagert waren. Die Dickenänderungen wurden mit Hilfe der Längenmeßeinrichtung einer Thermomechanischen Analyse-Apparatur (TMA) in Abhängigkeit von der Quellungszeit verfolgt.

Auf Einzelheiten der Versuchsausführung (2) soll hier nicht eingegangen werden.

3. Versuchsergebnisse

Der Vergleich der Gewichtsänderung mit der Dickenänderung bei der Quellung eines normal vernetzten *EP*-Harzes in zwei verschiedenen homologen Ketonen (Abb. 4) zeigt zunächst natürlich, daß Gewichts- und Dickenänderung ziemlich gleichzeitig beginnen. Das Maximum in den Gewichtsänderungskurven ist dadurch bedingt, daß durch stark polare Quellmedien lösliche Anteile aus dem Polymeren (nicht durch Vernetzung eingebaute Bindemittel, Modifizierungsmittel) herausgelöst werden (2). Zeitlich vor diesen Maxima

Tab. 1. Kennwerte der verwendeten Epoxidharzbeschichtungsstoffe

Bezeichnung	Bindemittel	Härter	Gew.-Verhältnis Epoxidharz:Härter[1])	Pigment Bindemittel-Ver-hältnis[2])
A	Flüssigharze + reaktive Verdünner	Mod. Polyamine	1:0,57	0,87:1
B	Flüssigharz	aliphat. Amine + Polyaminoamide	1:0,53	1,23:1
C	Flüssigharze + Spezialteer	aromat. Polyamin-härter	1:0,43	0,83:1
D	Flüssigharze	mod. Polyamine	1:0,4	0,14:1

[1]) bezogen auf reine Harze und Härter.
[2]) bezogen auf gehärtete Filme.

zeigen aber die Dickenänderungskurven ein wesentlich stärker ausgeprägtes Maximum, dem ein ausgeprägtes Minimum, d.h. eine Dickenschrumpfung des Films folgt. Die Herauslösung von Filmbestandteilen äußert sich auch bei den Dickenänderungskurven danach in einem 2. schwächeren Maximum.

Die weitere Hinzunahme der Längenänderungskurve in Abbildung 5 demonstriert, daß die Längenänderung der Filme erst mit starker zeitlicher Verzögerung auftritt. Sie wird erst nach dem ersten Dickenquellungsmaximum meßbar, geht dann aber ziemlich rasch weiter.

Dieser Zusammenhang wird noch deutlicher bestätigt bei einem anderen *EP*-Harz-Film (Abb. 6), bei dem das Quellungsmaximum der Dickenänderung noch wesentlich stärker ausgeprägt ist und mit der Zeit $t_{1/2c_s}$ zum Erreichen der halben Sättigungsquellung zu-

sammenfällt. Auch die Längenänderungskurven zeigen ein schwaches Maximum von den Herauslösungserscheinungen.

Bei der weiteren Behandlung der Ergebnisse muß die Lage des jeweiligen Erweichungsbereichs berücksichtigt werden, um das Verhalten der Beschichtung bei den durch die Quellung entstehenden Spannungen zu verstehen. Die normal vernetzten *EP*-Harzfilme sind dadurch gekennzeichnet, daß ihr Glasumwandlungsbereich T_g oberhalb Raumtemperatur liegt. Werden die Filme mit einem Härterüberschuß vernetzt, so wirkt der überschüssige Härter als Weichmacher, der Glasumwandlungsbereich wird im vorliegenden Fall nahezu bis auf Raumtemperatur erniedrigt (Tab. 2). Bei der Quellung macht sich die weichmachende Wirkung des Härterüberschusses in der Weise bemerkbar, daß Längen-

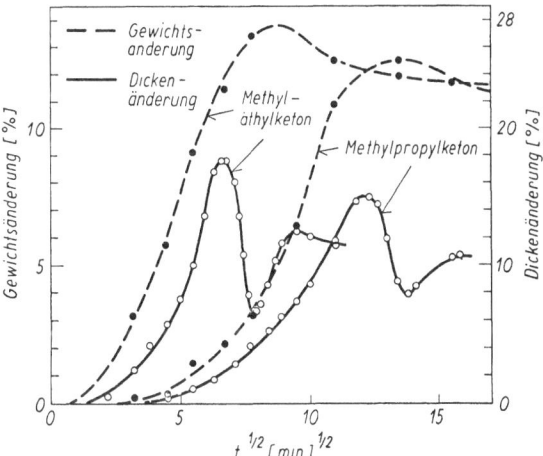

Abb. 4. Gewichts- und Dickenänderung bei normal vernetztem *EP*-Harz B (500 μm)

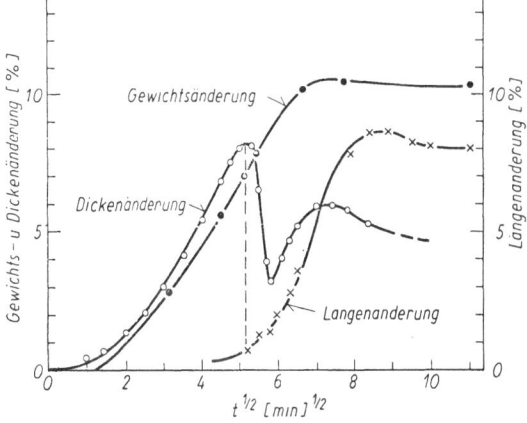

Abb. 5. Gewichts-, Dicken- und Längenänderung bei normal vernetztem *EP*-Harz B (500 μm) in Aceton

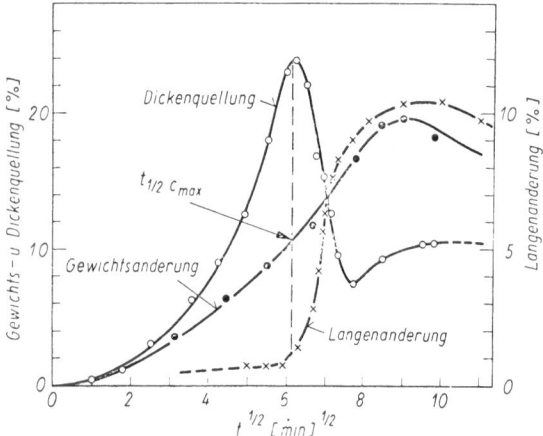

Abb. 6. Gewichts-, Dicken- und Längenänderung bei normal vernetztem *EP*-Harz *A* (500 μm) in Aceton

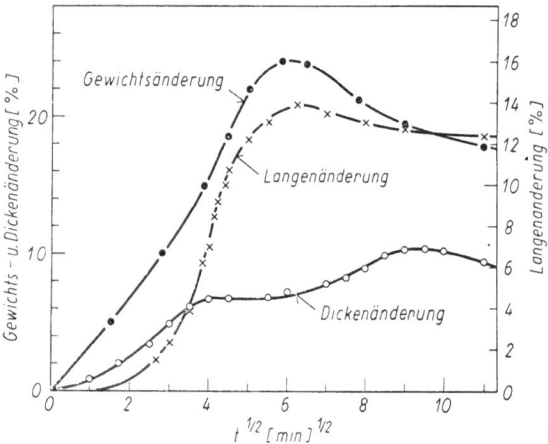

Abb. 7. Gewichts-, Dicken- und Längenänderung bei *EP*-Harz *A* (500 μm), mit 50% Härterüberschuß vernetzt und weichgemacht, in Aceton

änderung und Dickenänderung mit ganz wesentlich verringerter Verzögerung, also fast gleichzeitig, wirksam werden (Abb. 7).

Außerdem ist bei der Dickenänderungskurve das Maximum aus den Abbildungen 4 bis 6 zur Schulter degeneriert bzw. nur noch sehr schwach ausgeprägt (Abb. 8).

Auch durch Untervernetzung (Abb. 9) kann der Film so weich bleiben, daß die Dickenänderungskurve nahezu „normales" Quell-

Tab. 2. Glasumwandlungstemperaturen T_g (°C) der untersuchten Epoxidharzbeschichtungen

Versuchs-material	Harz-Härter Äquivalent[2])	bestimmt durch DTA[1])	TMA[1])
EP-Harz *A*	1:1	43	42
	1:1,5	20	26
	1:0,5	—	2 (6, 8)[3])
EP-Harz *B*	1:1	—	37
EP-Harz *C*	1:1	—	40
	1:1,5	—	28
	1:0,5	—	4 (8, 23)[3])
EP-Harz *D*	1:1	—	59

[1]) Aufheizgeschwindigkeit bei der Differential-thermoanalyse (DTA): 10 K/min, bei der Thermo-mechanischen Analyse (TMA): 5 K/min.

[2]) Es bedeuten: 1:1   = normal vernetzt,
1:1,5 = mit 50% Härterüberschuß
vernetzt,
1:0,5 = mit 50% Härterdefizit vernetzt.

[3]) Härtungszeit 5,14 und 21 Tage, in der Reihen-folge der Angabe.

verhalten andeutet. Der T_g-Wert lag in diesem Fall bei 8 °C.

Erfahrungsgemäß tritt jedoch bei solchen untervernetzten Filmen, die noch freie, reaktionsfähige Epoxygruppen enthalten, nach einer gewissen Zeit, die je nach der Reaktions-fähigkeit der Harz-Härter-Kombination und den sterischen Bedingungen wenige Tage bis zu mehreren Wochen betragen kann, eine Nachhärtungsreaktion ein, die sich u.a. in einer plötzlichen Zunahme der mechanischen Härte und des Glasumwandlungsbereiches bemerkbar macht (2). In diesem Falle zeigt dann auch die Dickenänderungskurve wieder

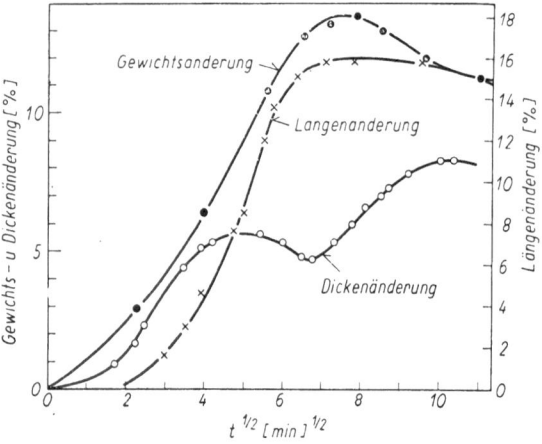

Abb. 8. Gewichts-, Dicken- und Längenänderung bei *EP*-Harz *C* (500 μm), mit 50% Härterüberschuß vernetzt und weichgemacht, in Aceton

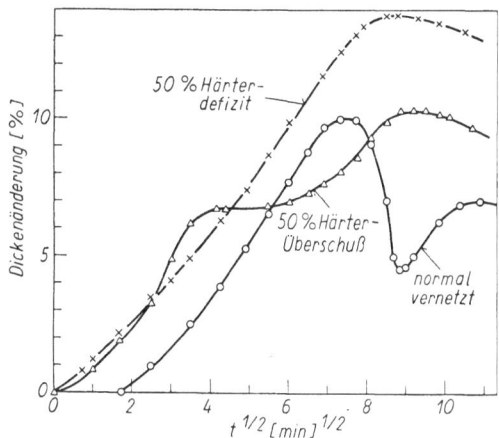

Abb. 9. Dickenänderung unterschiedlich vernetzter *EP*-Harzfilme *A* (500 µm) bei der Quellung in Aceton

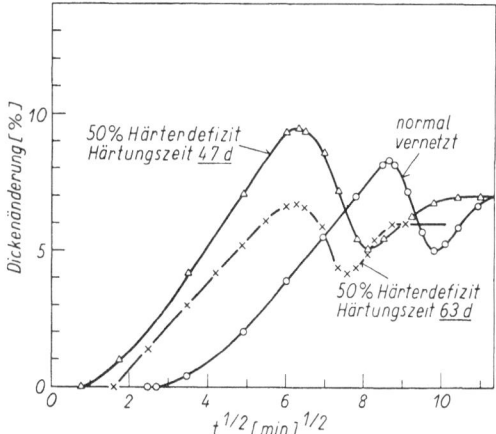

Abb. 10. Dickenänderung bei normal- und untervernetztem *EP*-Harzfilm *A* (500 µm) bei der Quellung in Aceton

den von den normal vernetzten Harzen her bekannten Sprung (Abb. 10).

4. Diskussion der Ergebnisse

Durch Vergleich des unterschiedlichen Verhaltens normal vernetzter harter *EP*-Harzfilme mit dem der weichgemachten bzw. untervernetzten weichen Filme lassen sich die Quellanomalien, die sich besonders prägnant in dem Sprung bei den Dickenänderungskurven *normal* vernetzter Filme äußern, in einfacher Weise folgendermaßen deuten:

Beim Quellen bildet sich im Film zunächst ein Konzentrationsgefälle von außen nach innen aus; während ein je nach der Quellungs-

dauer mehr oder weniger dicker innerer Kern sich noch nahezu ungequollen und bei normal vernetzten Filmen im glasig-amorphen Zustand ($T_g \geq 30$ °C) befindet, sind die Außenschichten gequollen und weich. Für solche maximal gequollenen Zonen wurden T_g-Werte von ≤ -25 °C ermittelt, es tritt also durch die Quellung eine erhebliche Verringerung des T_g ein. Bei normal vernetzten Epoxidharzfilmen zeigt der Vergleich der Dicken- und Längenänderungskurven im Gegensatz zu denen weichgemachter bzw. untervernetzter Filme, daß sich die Quellung zunächst nur in einer *ein*dimensionalen Volumenänderung senkrecht zur Fläche äußert. In dem ursprünglich isotropen Polymeren werden also in den Oberflächenschichten Druckspannungen verursacht, die u. U. auf der Oberfläche der Filme das Auftreten struktureller Unregelmäßigkeiten mit dem Aussehen von Vakuolen und Falten zur Folge haben können (Abb. 11a bis f). Makroskopisch macht sich das auch in einem Faltungs- oder Kräuseleffekt der Oberfläche bemerkbar. Auch wenn die äußerste Oberflächenschicht so stark erweicht ist, daß dort die Spannungen entlastet werden, so ist doch in tieferen Schichten ein Übergangsgebiet vorhanden, in dem die Erweichung noch nicht soweit fortgeschritten ist, also die Spannungen erhalten bleiben. Durch die Druckspannungen in der Oberflächen- bzw. Zwischenschicht steht der Film*kern* unter einer Zugspannung, die mit zunehmender Quellung anwächst, bis die Zerreißspannung erreicht wird und der Kern reißt. Die Zug- und Druckspannungen werden dann momentan entlastet, der gesamte Film dehnt sich spontan in der Länge aus, und unter momentaner Konstanthaltung des Volumens muß die Dickenquellung zurückgehen, was nachgewiesen wird durch den Sprung in der Dickenänderungskurve.

Im Gegensatz dazu kann der insgesamt weichere Kern weichgemachter oder untervernetzter Epoxidharzfilme praktisch kaum Spannungen aufnehmen; Spannungen aus gequollenen Oberflächenschichten haben sofort auch eine meßbare Dehnung des weicheren Filmkerns zur Folge, daher werden Längenänderungen bei diesen Filmen viel unmittelbarer meßbar. Eine Bestätigung für das Reißen des Kerns normal vernetzter Filme lieferten Quellungsversuche an *un*pigmentierten *EP*-

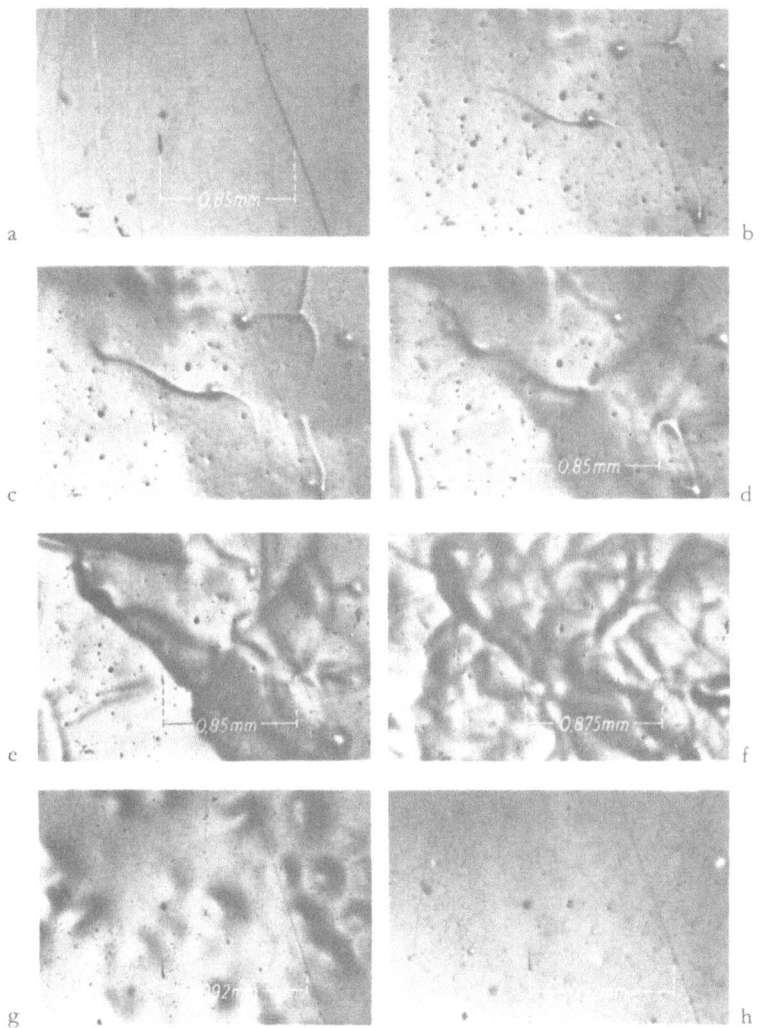

Abb. 11. Verschiedene Phasen der Quellung in Aceton von *EP*-Harzfilm *D* (400 μm). a) ungequollen b) 2h gequollen, c) 3h gequollen, d) 4h gequollen, e) 4,25h gequollen, f) 4,5h gequollen, g) 5,5h gequollen, h) 16h gequollen

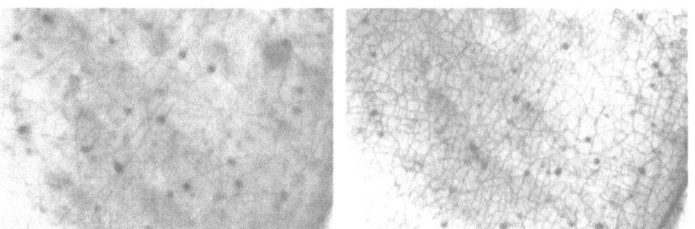

Abb. 12. Quellungsrisse bei der Acetonquellung eines unpigmentierten *EP*-Harzes, links 1h gequollen, rechts 1,3h gequollen

Harzfilmen *A*: Der Beginn kleiner Dimensionsänderungen etwa nach Ablauf der Halbwertszeit $t_{1/2c_s}$ bis zum Erreichen der halben Sättigungsquellung (etwa 45 min) war verbunden mit dem Auftreten von zunächst mehr oder weniger isolierten Rissen im inneren Kern des transparenten Films etwa 150–200 μm unter der Filmoberfläche (Abb. 12a), die sich schnell zu einem feinen Rißnetzwerk in zwei Ebenen verdichteten (Abb. 12b). Solche

„Quellungsrisse" im Kern wurden schon von *Hermans* (9) bei der Quellung von Zellulosefasern in Wasser und von *Wapler* (10) bei der Quellung von Plexiglas in Methacrylsäuremethylester berichtet.

Als Gesamteffekt aus Druck- und Zugspannungen ergibt sich in frühen Quellungsstadien gleichzeitig, daß die Oberflächenschichten etwas komprimiert sind, also eine dichtere Struktur haben als vor der Quellung ohne Einwirkung von Druckspannungen. Wenn man die *EP*-Harze als Beschichtungen auf einem starren Untergrund fixiert und somit eine Längenänderung ohne Zerstörung der Haftung unmöglich macht, kann man zeigen, daß durch diese Fixierung des Polymeren und somit durch die Komprimierung der Oberfläche bei der Quellung die Diffusionskoeffizienten im Vergleich zu den an freien Filmen gemessenen Weiten um bis zu einer Zehnerpotenz reduziert werden können (2). Durch die Komprimierung der Oberflächenschichten sind also sowohl die Sättigungskonzentration c_s als auch die Diffusionskoeffizienten kleiner als in einer spannungsfrei quellenden Probe. Mit der Entlastung der Spannungen ist also eine Zunahme des Diffusionskoeffizienten zu erwarten. Außerdem ist nach dem Aufbrechen molekularer Bindungen im Netzwerk und dem Auftreten von sichtbaren oder unsichtbaren Rissen im Filmkern eine verstärkte Diffusion auch infolge der Kapillarwirkung der Risse bzw. Kerbstellen zu erwarten.

Wenn der Film einmal durchgequollen war und dabei Quellungsrisse aufgetreten sind, so müßte sich bei einer Wiederholung der Quellung nach vollständiger Entquellung der Film vollkommen anders verhalten, da die Auswirkung der Quellungsrisse bei vernetzten Polymeren irreversibel ist.

Tatsächlich fehlt bei der Dickenänderungskurve (Abb. 13) eines vorgequollenen, vollständig extrahierten und dann völlig entquollenen *EP*-Harzfilms der sofortige starke Anstieg aus der eindimensionalen Dickenquellung, der Verlauf der Kurve ist ziemlich stetig, nahezu „normal" bis zum Erreichen der Sättigungsquellung, deren Wert mit dem bei der ersten Quellung etwa übereinstimmt. Der flachere Anstieg dieser Wiederholungskurve zeigt in diesem Fall also ganz klar, daß sich wegen der irreversiblen Strukturänderungen

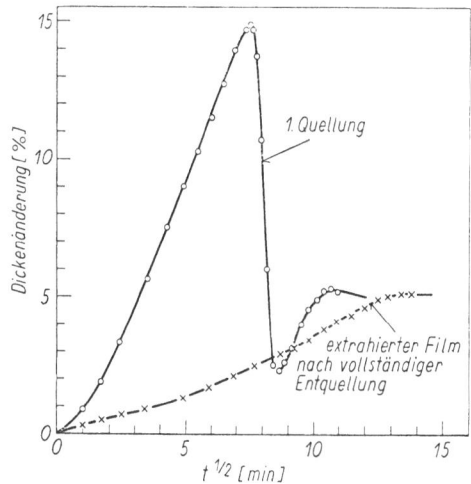

Abb. 13. Dickenänderung in Aceton nach verschiedener Vorbehandlung von *EP*-Harzfilm *A* (500 μm)

im Kern keine Spannungen mehr aufbauen und sich die Quellung dementsprechend sofort in allen drei Dimensionen auswirkt.

5. Schlußbemerkungen

Durch Vergleich der Längen- und Dickenänderungskurven bei der Quellung normal vernetzter *EP*-Harze in stark polaren Medien konnte bewiesen werden, daß die „Anomalität" gravimetrischer Quellungskurven darauf zurückzuführen ist, daß die Quellung erst eindimensional als Dickenänderung erfolgt, wobei sich in den gequollenen Oberflächen- und Zwischenschichten Druckspannungen aufbauen, die in einem bestimmten Stadium das Reißen des weniger gequollenen, harten Filmkerns zur Folge haben. Erst danach findet eine spontane Längenänderung statt. In weichgemachten oder untervernetzten Filmen, deren Glasumwandlungsbereich sich im Bereich der Raumtemperatur oder darunter befindet, können sich Druckspannungen in der beschriebenen Weise nicht oder nicht so stark aufbauen; derartige Filme verhalten sich daher relativ „normal", d.h. dem $\sqrt{t}$-Gesetz der Diffusion entsprechend. Gleiches gilt für normal vernetzte *EP*-Harzfilme, bei denen durch Vorquellung der Filmkern irreversibel verändert wurde. Die Ergebnisse erscheinen aus einem praktischen Gesichtspunkt heraus von Bedeutung, weil Anomalität im Quellverhalten als gleichbedeutend mit Unbeständigkeit einer Beschichtung mit dem entsprechenden Reaktionsharz gegenüber der Einwirkung des betreffenden Mediums anzusehen ist.

Für die Durchführung der Arbeiten wurden von der Deutschen Forschungsgemeinschaft finanzielle Mittel bewilligt, für die hier besonders gedankt sei. Für die sorgfältige Durchführung der Versuche sei Frau Chem.-Ing. (grad.) *R. Reimann* sowie Herrn Chem.-Ing. (grad.) *B. Heinze* der beste Dank ausgesprochen.

Literatur

1) *Sickfeld, J.*, Farbe und Lack **79**, 1141–52 (1973).
2) *Sickfeld, J.*, Farbe und Lack **81**, 1113–25 (1975).
3) *Crank, J., G. S. Park*, Diffusion in Polymers, S. 142 ff (London–New York 1968).
4) *Drechsel, P.*, et al., J. Polymer Sci. **10**, 241 (1953).
5) *Mandelkern, L., F. A. Long*, J. Polymer Sci. **6**, 457 (1951).
6) *Park, G. S.*, Trans. Faraday Soc. **48**, 11 (1951)
7) *Long, F. A., R. J. Kokes*, J. Am. Chem. Soc. **79**, 2232 (1953).
8) *Angerer, G.*, Kolloid-Z. **245**, 369–381 (1971).
9) *Hermans, P. H.*, A Contribution to the Physics of Cellulose Fiber, S. 23 (Amsterdam 1946).
10) *Wapler, D.*, Farbe u. Lack **56**, 333–338, 442–446 (1950).

Anschrift des Verfassers:

Dr. *Jürgen Sickfeld*
Bundesanstalt für Materialprüfung (BAM)
Unter den Eichen 87
D-1000 Berlin 45

Progr. Colloid & Polymer Sci. **62**, 125–130 (1977)
© 1977 Dr. Dietrich Steinkopff Verlag GmbH & Co. KG, Darmstadt
ISSN 0340-255 X

Vorgetragen auf der Frühjahrstagung des Fachausschusses Physik
der Hochpolymeren in der Deutschen Physikalischen Gesellschaft
in Bad Nauheim vom 29. März bis 2. April 1976

Physikalisch-Technische Bundesanstalt, Braunschweig

Vergleich der Spannungsrelaxation nach Deformationen verschiedener Art und Größe

D. Krieger

Mit 4 Abbildungen und 1 Tabelle

(Eingegangen am 25. Mai 1976)

1. Abweichungen vom linearen viskoelastischen Materialverhalten

Streng linear viskoelastisches Verhalten eines Materials ist gleichbedeutend mit der Gültigkeit des Boltzmannschen Superpositionsprinzips (1, 2). Es sagt für den Fall der Spannungsrelaxation folgendes aus: Wenn die zeitabhängigen Deformationen $\varepsilon'(t)$ und $\varepsilon''(t)$ einzeln die Spannungen $\sigma'(t)$ und $\sigma''(t)$ ergeben, so ruft die Summe der beiden Deformationen $\varepsilon'(t) + \varepsilon''(t)$ die Spannung $\sigma'(t) + \sigma''(t)$ hervor. Die Größen ε', ε'' und σ', σ'' sind als Tensoren aufzufassen. Insbesondere ist dann die Schubspannung $\sigma_{23}(t)$ proportional zu einer vorangegangenen einmaligen Schubverformung ε_{23}, und der zeitabhängige Schubmodul

$$G(t) = \sigma_{23}(t)/2\varepsilon_{23} \qquad [1]$$

ist von der Verformung unabhängig. Die durch [1] definierte Größe wird im folgenden auch dann Schubmodul genannt, wenn sie von der Verformung abhängt. Das gleiche gilt ganz analog für den zeitabhängigen Youngschen Elastizitätsmodul

$$E(t) = \sigma_{33}(t)/\varepsilon_{33} . \qquad [2]$$

Hierbei ist ε_{33} eine einmalige Längsdeformation (Dehnung oder Stauchung).

Bei reinen Schubverformungen bleibt das Volumen eines Probekörpers konstant, bei Längsdeformationen hingegen ändert sich das Volumen, sofern die Poissonsche Querkontraktionszahl $\mu < 0,5$ ist. Mit dieser Volumenänderung ist eine Änderung des freien Volumens verknüpft. Sofern die Längsdeformation ε_{33} im Intervall $-10^{-2} \leq \varepsilon_{33} \leq 10^{-2}$ liegt,

d.h. 1% Dehnung bzw. 1% Stauchung nicht übersteigt, ergibt sich nach *Ferry* und *Stratton* (3) die folgende Änderung der Relaxationszeiten:

$$\ln \frac{\tau_i'}{\tau_i} = - \frac{\dfrac{B \cdot \varepsilon_{33}}{f}}{\dfrac{f}{\dfrac{\beta_f}{\beta}(1-2\mu)} + \varepsilon_{33}} \qquad [3]$$

B ist eine Konstante der Größenordnung 1, $f = v_f/v$ der Quotient aus freiem Volumen und Gesamtvolumen, $\beta = -1/v \cdot (\partial v/\partial p)_T$ die Kompressibilität des Materials und $\beta_f = -1/v \cdot (\partial v_f/\partial p)_T$ die Kompressibilität des freien Volumens bezogen auf das Gesamtvolumen.

Sofern die elastizitätstheoretische Beziehung $\beta \cdot E = 3(1-2\mu)$ anwendbar ist, folgt aus [3]:

$$\ln \frac{\tau_i'}{\tau_i} = - \frac{\dfrac{B \cdot \varepsilon_{33}}{f}}{\dfrac{3f}{\beta_f \cdot E} + \varepsilon_{33}}$$

Häufig kann im Nenner ε_{33} gegenüber dem ersten Summanden vernachlässigt werden:

$$\ln \frac{\tau_i'}{\tau_i} = -c \cdot E \cdot \varepsilon_{33} \qquad [4]$$

mit $c = B\beta_f/3f^2$.

Mit Literaturwerten für Polymethylmethacrylat (1,4) wird $c = 0,08$ mm²/N. Die Änderung der Relaxationszeiten führt zu einer Abweichung vom linearen viskoelastischen Verhalten. Zu dem der Längsdeformation proportionalen Spannungsanteil tritt ein kleiner Anteil hinzu, der dem Quadrat der Längsdeformation proportional ist, also ein Effekt 2. Ordnung.

Um die Beziehung [4] experimentell zu überprüfen, muß der nichtlineare Spannungsanteil, der auf die Änderung des Volumens bei Längsdeformationen zurückzuführen ist, von anderen nichtlinearen Anteilen getrennt werden, auf deren Existenz bereits aus früheren Messungen der Spannungsrelaxation nach Dehnungen und Stauchungen (5) geschlossen werden konnte. Daher wurden, wie bereits von *Ferry* und *Stratton* (3) vorgeschlagen, Vergleichsmessungen der Spannungsrelaxation nach Schubverformungen hinzugezogen.

2. Messungen

Für die Längsdeformationen ε_{33} wurden Werte von 1% Stauchung bis 1% Dehnung gewählt, d.h. es war $-10^{-2} \leq \varepsilon_{33} \leq 10^{-2}$. Um die erforderlichen Werte der Schubverformung für Vergleichsmessungen festzulegen, muß der Längsdeformation ε_{33} eine Schubverformung ε'_{23} zugeordnet werden können. Diese Zuordnung erfolgte durch das Fließkriterium von *R. v. Mises* (6), das bei vielen Materialien den Eintritt des plastischen Fließens beschreibt. Zwei Deformationen sind danach miteinander vergleichbar, wenn die Größe

$$S = \sqrt{\frac{1}{6}[(\varepsilon_{22} - \varepsilon_{33})^2 + (\varepsilon_{33} - \varepsilon_{11})^2 + (\varepsilon_{11} - \varepsilon_{22})^2] + \varepsilon_{23}^2 + \varepsilon_{31}^2 + \varepsilon_{12}^2}$$

den gleichen Wert hat. S ist bei einer reinen Schubverformung gleich deren Betrag. Bei Annahme einer mittleren Poissonschen Querkontraktionszahl $\mu = 0{,}39$ folgt

$$\frac{|\varepsilon'_{23}|}{|\varepsilon_{33}|} = \frac{1 + \mu}{\sqrt{3}} = 0{,}80 \ . \qquad [5]$$

Damit ist eine eindeutige Zuordnung gegeben. Demnach waren Schubverformungen bis zu einem Betrag von $|\varepsilon'_{23}| = 0{,}8$ erforderlich. Es ist anzumerken, daß in der Literatur vielfach auch die Größe $\gamma = 2\,\varepsilon_{23}$ als Schubverformung (Scherung) bezeichnet wird.

Um die gewünschten Schubverformungen und Längsdeformationen zu erzeugen, wurden

Rohrproben tordiert bzw. gedehnt oder gestaucht. Als Probenmaterial wurde Polymethylmethacrylat (PMMA) gewählt, das in Form von Rohren aus Plexiglas XT (Hersteller: Röhm GmbH, Darmstadt) zur Verfügung stand. Die Rohre hatten einen Außendurchmesser von 13 mm und eine Wandstärke von 1,5 mm. In der Apparatur für Torsionen und Dehnungen betrug die Meßlänge 120 mm, ein Teil der Dehnungen und die Stauchungen wurden in einer zweiten Apparatur bei einer Meßlänge von nur 80 mm ausgeführt, so daß eine Ausknickgefahr nicht bestand. Aus den gleichen Gründen wie bei früheren Untersuchungen (5) wurden mehrere Messungen an ein und derselben Probe durchgeführt. Die Meßtemperatur betrug 375,3 K (102,2 °C), lag also im Temperaturbereich des Glasüberganges.

In Anlehnung an die übliche Reihenfolge bei Zylinderkoordinaten r, φ, z werden die radiale Richtung senkrecht zur Rohrwandung

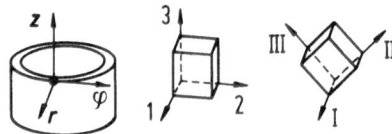

Abb. 1. Links: Volumenelement in der Wandung einer Rohrprobe. Mitte: dasselbe, stark vergrößert. Rechts: Hauptachsenrichtungen bei reiner Torsion.

durch den Index 1, die Umfangsrichtung durch 2 und die Längsrichtung durch 3 gekennzeichnet (Abb. 1, links und Mitte).

$$\varepsilon = \begin{pmatrix} \varepsilon_{11} & 0 & 0 \\ 0 & \varepsilon_{22} & \varepsilon_{23} \\ 0 & \varepsilon_{23} & \varepsilon_{33} \end{pmatrix}$$

sei der Deformationstensor. Die Längsdeformation ε_{33} und die Schubverformung ε_{23} sind durch die apparativen Bedingungen vorgegeben, die Umfangsdehnung ε_{22} und die Wandstärkenänderung ε_{11} stellen Freiheitsgrade dar. Die übrigen Tensorkomponenten verschwinden aus Symmetriegründen. Beim Spannungstensor

$$\sigma = \begin{pmatrix} 0 & 0 & 0 \\ 0 & 0 & \sigma_{23} \\ 0 & \sigma_{23} & \sigma_{33} \end{pmatrix}$$

sind nur die Längsspannung σ_{33} und die Schubspannung σ_{23} von Null verschieden. Die Normalspannungen in Umfangsrichtung und in Richtung der Wanddicke verschwinden, weil hier keinerlei Behinderung für eine Dehnung vorliegt. Die übrigen Tensorkomponenten verschwinden aus Symmetriegründen. Bei einer einfachen Längsdeformation sind die Richtungen von r, φ, z, d.h. die 1, 2, 3-Richtung zugleich auch Hauptachsenrichtungen I, II, III. Für den Fall einer reinen Schubverformung bei Torsion liegen die Hauptachsen II, III unter 45° zur q- und z-Richtung (Abb. 1, rechts), und es ist bei Beschränkung auf kleine Deformationen $\varepsilon_{II} = \varepsilon_{23}$ und $\varepsilon_{III} = -\varepsilon_{23}$. Das gleiche gilt für die Spannungen.

3. Versuchsergebnisse

Bei einfachen Torsionsuntersuchungen war deutlich ein Längsdruck zu beobachten, der etwa dem Quadrat des Verdrehwinkels proportional war. Bei Versuchsbeginn wird den Proben Energie als mechanische Arbeit zugeführt, die zu einer abschätzbaren geringen Wärmedehnung führen könnte (7). Der beobachtete Effekt war jedoch wesentlich größer und steht im Einklang mit dem Poynting-Effekt und dem Weissenberg-Effekt und ist theoretisch zu erklären (8, 9, 10).

Zur Darstellung der eigentlichen Meßergebnisse sind die durch die Beziehungen [1] und [2] definierten zeitabhängigen Moduln geeignet. Sie hängen zwar außerdem von der Deformation als Parameter ab, doch ist diese Abhängigkeit im logarithmischen Maßstab nur so stark, daß die Übersichtlichkeit gewahrt bleibt (Abb. 2 und 3). Der Elastizitätsmodul $E(t)$ und der Schubmodul $G(t)$ seien für den Grenzfall sehr kleiner Deformationen mit $E_0(t)$ bzw. $G_0(t)$ bezeichnet und werden durch die oberen Kurven eines jeden Kurvenpaares in Abbildung 2 wiedergegeben. Im Falle Hookescher Elastizität würden E_0 und G_0 durch die Beziehung

$$E_0 \doteq 2 \, G_0 \, (1 + \mu) \qquad [6]$$

miteinander verknüpft sein. Der Zusammenhang zwischen den zeitabhängigen viskoelastischen Moduln ist zwar wesentlich komplizierter (11), doch ist die einfache Beziehung [6] als Näherung durchaus brauchbar. Aus

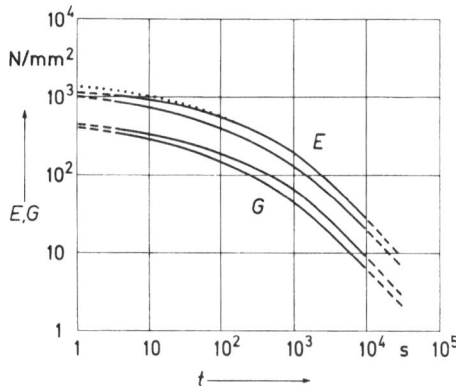

Abb. 2. Gemessener Verlauf des zeitabhängigen Elastizitätsmoduls $E(t)$ (oberes Kurvenpaar) und des Schubmoduls $G(t)$ (unteres Kurvenpaar) nach Deformationen verschiedener Größe. Oberste (ausgezogene) Kurve: $E_0(t)$. Dritte Kurve von oben: $G_0(t)$. Punktiert: $3G_0(t)$. Zweite Kurve von oben: $E(t)$ bei $\varepsilon_{33} = 10^{-2}$. Unterste Kurve: $G(t)$ bei $\varepsilon_{23} = 0,8 \cdot 10^{-2}$.

dem Schubmodul G_0 ergibt sich danach bei konstantem Volumen ($\mu = 0,5$) ein hypothetischer Elastizitätsmodul mit dem Wert $3 \, G_0$ (Abb. 2, punktierter Kurvenzweig). Umgekehrt erhält man aus den gemessenen Moduln $E_0(t)$ und $G_0(t)$ bei $t = 3$ s den Wert $\mu = 0,33$ und für $t \geqq 10^3$ s den Wert $\mu = 0,5$. Ein solches Verhalten findet sich in der Literatur durch direkte Messungen belegt (12, 13). Die unteren Kurven eines jeden Kurvenpaares in Abbildung 2 zeigen $E(t)$ bei der Dehnung $\varepsilon_{33} = 10^{-2}$ und $G(t)$ bei der Schubverformung $\varepsilon_{23} = 0,8 \cdot 10^{-2}$. In Abbildung 3 sind

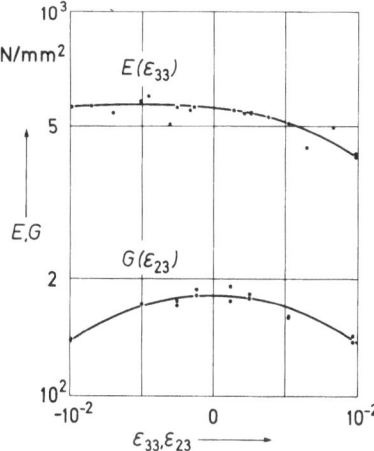

Abb. 3. Werte von E und G (logarithmischer Maßstab) nach $t = 100$ s in Abhängigkeit von der Längsdeformation ε_{33} bzw. der Schubverformung ε_{23} (linearer Maßstab)

die Werte von E und G nach $t = 100$ s unmittelbar über den Parametern ε_{33} bzw. ε_{23} aufgetragen. Bei der Torsion führten beide Verdrehrichtungen zum gleichen Ergebnis. Der symmetrische Verlauf von $G(\varepsilon_{23})$ läßt auf eine gute Isotropie des Probenmaterials schließen. Abbildung 3 gibt auch Hinweise auf den Verlauf von $E(t)$ und $G(t)$ zu anderen Werten der Parameter ε_{33} bzw. ε_{23}. Insbesondere weicht $E(t)$ bei Stauchungen bis zu 1% nur geringfügig von $E_0(t)$ ab.

Die Trennung des allgemeinen nichtlinearen Spannungsanteils, der auch bei Schubverformungen endlicher Größe auftritt, von dem nichtlinearen Anteil, der nach *Ferry* und *Stratton* (3) auf die Änderung des Volumens bei Längsdeformationen zurückzuführen ist, soll am Beispiel der Meßkurve $E(t)$ nach der Dehnung $\varepsilon_{33} = 10^{-2}$ gezeigt werden. Gemäß [5] ist dieser Dehnung die Schubverformung $\varepsilon_{23} = 0{,}8 \cdot 10^{-2}$ zuzuordnen. Die zugehörige Kurve $G(t)$ ist in Abbildung 2 ebenfalls eingezeichnet. Ausgangspunkt für die „nichtlinearen Korrekturen" sind jeweils die Modulfunktionen $E_0(t)$ und $G_0(t)$ (Grenzfall kleiner Deformationen). Es wird angenommen, daß der allgemeine nichtlineare Spannungsanteil nach der Dehnung $\varepsilon_{33} = 10^{-2}$ allein zu einer hypothetischen Modulfunktion $E_1(t)$ führt, die mit Rücksicht auf die Beziehung [6]

$$E_1(t) = E_0(t) \cdot \frac{G(t)}{G_0(t)}$$

ist. Besonders augenfällig werden die Abweichungen gegenüber der Kurve $E_0(t)$, wenn der Logarithmus des Quotienten der zu vergleichenden Modulfunktionen betrachtet wird. Demgemäß ist in Abbildung 4 die Größe

$$p_1(t) = \ln \frac{E_1(t)}{E_0(t)} = \ln \frac{G(t)}{G_0(t)}$$

als strichpunktierte Kurve dargestellt. Aus der Meßkurve $E(t)$ ergibt sich die ausgezogene Kurve $p(t) = \ln \left(E(t)/E_0(t) \right)$ im unteren Teil der Abbildung 4. Der nichtlineare Spannungsanteil, der auf die Änderung des Volumens bei der Dehnung zurückzuführen ist, müßte dann den Unterschied zwischen $E(t)$ und $E_1(t)$ hervorrufen. Er wird durch die ausgezogene Kurve $p_2(t) = \ln \left(E(t)/E_1(t) \right)$

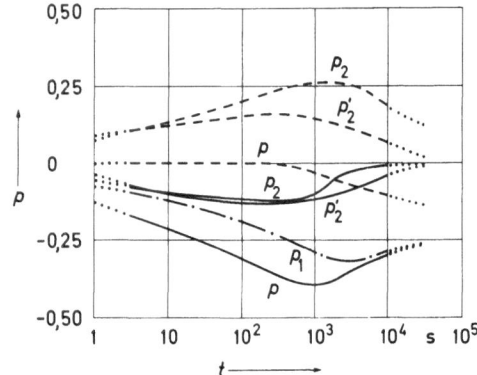

Abb. 4. Ausgezogene Kurven: Gesamte Abweichung $p(t)$ vom linearen viskoelastischen Verhalten und volumenabhängiger Anteil $p_2(t)$ (gemessen) und $p_2'(t)$ (berechnet) für die Dehnung $\varepsilon_{33} = 10^{-2}$. Gestrichelte Kurven: die gleichen Größen für die Stauchung $\varepsilon_{33} = -10^{-2}$. Strichpunktierte Kurve: volumenunabhängiger Anteil $p_1(t)$ gemeinsam für die angegebene Dehnung und Stauchung

dargestellt. Aus den Definitionen folgt sofort:

$$p(t) = p_1(t) + p_2(t).$$

Zum Vergleich soll nun die Änderung der Modulfunktion bestimmt werden, die sich aus der Beziehung [4] ergibt. Dabei wird wiederum die experimentelle Kurve $E_0(t)$ für den Grenzfall kleiner Längsdeformationen zugrunde gelegt. Der Modulfunktion $E_0(t)$ ist ein bestimmtes Relaxationszeitenspektrum zugeordnet. Wenn bei einer größeren Deformation ε_{33} allein die Volumenänderung einen Einfluß hat, kann man durch Anwendung der Beziehung [4] aus der Funktion $E_0(t)$ eine hypothetische Funktion $E_2(t')$ konstruieren. Zum Zeitpunkt $t = t' = 0$ sei $E_2(0) = E_0(0)$. Bei der folgenden Betrachtung werden auf beiden Kurven Punkte mit gleichem E-Wert miteinander verglichen, so daß gilt: $E_2(t') = E_0(t) = E$. Bei $E_0(t)$ sei für die Moduländerung dE die Zeit dt erforderlich. Dann besagt die Beziehung [4], daß bei $E_2(t')$ für die gleiche Moduländerung dE die Zeit $dt' = e^{-c\,\varepsilon_{33}E} dt$ erforderlich ist. Dabei wird der augenblickliche Modul $E = E_0(t) = E_2(t')$ zugrunde gelegt, weil sich während des Relaxationsprozesses mit der Querkontraktionszahl μ das Volumen und die Relaxationszeiten des Spektrums ändern. Somit ergibt sich die gesuchte Modulfunktion $E_2(t')$ durch die Zuordnung

$$t_1' = \int_0^{t_1} e^{-c\,\varepsilon_{33}\,E_0(t)}dt; \quad E_2(t_1') = E_0(t_1) \ . \quad [7]$$

Nachdem $E_2(t)$ durch numerische Integration aus $E_0(t)$ gewonnen ist, läßt sich weiter als Maß für den volumenabhängigen nichtlinearen Spannungsanteil die Funktion $p_2'(t) = \ln\,(E_2(t)/E_0(t))$ bestimmen. Die ausgezogene Kurve in Abbildung 4 gilt für den Wert $\varepsilon_{33} = 10^{-2}$ unter Zugrundelegung von $c = 0,08\,\mathrm{mm^2/N}$. Sie stimmt mit der auf anderem Wege gewonnenen ausgezogenen Kurve $p_2(t)$ gut überein.

Die gestrichelten Kurven $p(t)$, $p_2(t)$ und $p_2'(t)$ geben die gleichen Größen für die Stauchung $\varepsilon_{33} = -10^{-2}$ wieder. Die strichpunktierte Kurve $p_1(t)$ gilt unverändert auch für diese Stauchung. Die Übereinstimmung zwischen $p_2(t)$ und $p_2'(t)$ ist nicht so gut wie im Falle der Dehnung.

In der folgenden Tabelle sind zu einigen Zeiten t die Zeiten t' aufgeführt, die sich bei der numerischen Integration gemäß Gleichung [7] ergaben. Zu großen Zeiten hin vergrößert sich der absolute Unterschied zwischen t und t' nur noch wenig, und der relative Unterschied wird immer geringer.

Tab. 1. Erläuterungen siehe Text.

t in s	Dehnung $\varepsilon_{33} = 10^{-2}$ t' in s	Stauchung $\varepsilon_{33} = -10^{-2}$ t' in s
1	0,408	2,45
10	4,45	22,5
100	57,5	176
1000	765	1330
10000	9290	10800

Die Überlegungen, die für die Auswertung der Meßergebnisse erforderlich waren, haben gezeigt, daß Messungen der Spannungsrelaxation nach Dehnungen und Stauchungen grundsätzlich allein ausreichend sind, um den volumenabhängigen nichtlinearen Spannungsanteil von dem volumenunabhängigen Anteil zu trennen. Schwierigkeiten bereitet lediglich die zu große Meßunsicherheit. Die Spannungsrelaxation nach Schubverformungen liefert unabhängige Meßergebnisse. Dadurch wird einerseits die Meßunsicherheit vermindert, andererseits werden die Erkenntnisse, die sich aus Relaxationsmessungen nach Dehnungen und Stauchungen gewinnen lassen, bestätigt und vertieft.

Herrn Professor Dr. *J. Meißner*, Zürich, danke ich für wertvolle Diskussionsbemerkungen. Herrn *O. Silbermann* und Herrn *H. G. Unger* danke ich für die präzise Ausführung der Messungen.

Zusammenfassung

Das Volumen eines Probekörpers bleibt bei reinen Schubverformungen konstant, jedoch nicht bei Dehnungen und Stauchungen, sofern die Querkontraktionszahl $\mu < 0,5$ ist. Im Temperaturbereich des Glasüberganges wurde an PMMA die Spannungsrelaxation nach Dehnungen, Stauchungen und Schubverformungen verschiedener Größe gemessen. Der Vergleich der Ergebnisse gibt Aufschluß über den Einfluß des Volumens auf die Abweichung vom linearen viskoelastischen Verhalten.

Summary

Stress relaxation after various forms and degrees of deformation was studied. The volume of a test specimen remains constant under shear deformation and varies under uniaxial deformation if Poisson's ratio μ is less than 0.5. The time-dependent stress relaxation modulus was measured after uniaxial deformation and shear deformation of various degrees. Measurements were carried out on poly(methyl methacrylate) samples in the glass transition temperature range. The results were compared and give information about the deviation from the exactly linear viscoelastic behaviour.

Literatur

1) *Ferry, J. D.*, Viscoelastic Properties of Polymers, 2nd ed. (New York–London–Sydney–Toronto 1970).

2) *Becker, G. W., J. Meißner, H. Oberst, H. Thurn*, Elastische und viskose Eigenschaften von Werkstoffen (Berlin–Köln–Frankfurt/Main 1963).

3) *Ferry, J. D., R. A. Stratton*, Kolloid-Z. **171**, 107 (1960).

4) *Hellwege, K.-H., W. Knappe, P. Lehmann*, Kolloid-Z. u. Z. Polymere **183**, 110 (1962).

5) *Krieger, D.*, Kolloid-Z. u. Z. Polymere **250**, 1131 (1972).

6) *Prager, W., P. G. Hodge* jr., Theorie ideal plastischer Körper (Wien 1954).

7) *Wunderlich, B., H. Baur*, Adv. Polymer Sci. **7**, 151 (1970).

8) *Rivlin, R. S.*, in: *F. R. Eirich*, Rheology, Vol. 1 p. 351 (New York 1956).

9) *Reiner, M.*, Rheologie in elementarer Darstellung (München 1968).

10) *Murnaghan, F. D.*, Finite Deformation of an Elastic Solid (New York–London 1951).

11) *Schwarzl, F. R.*, Kolloid-Z. **148**, 47 (1956).

12) *Theocaris, P. S., Chr. Hadjijoseph*, Kolloid-Z. u. Z. Polymere **202**, 133 (1965).

13) *Vogel, K.*, PTB-Mitt. **77**, 301 (1967).

Anschrift des Verfassers:

Dr. *D. Krieger*
Physikalisch-Technische Bundesanstalt
Abteilung 5
Bundesallee 100
D-3300 Braunschweig

Progr. Colloid & Polymer Sci. **62**, 131–140 (1977)
© 1977 Dr. Dietrich Steinkopff Verlag GmbH & Co. KG, Darmstadt
ISSN 0340-255 X

Vorgetragen auf der Frühjahrstagung des Fachausschusses Physik
der Hochpolymeren in der Deutschen Physikalischen Gesellschaft
in Bad Nauheim vom 29. März bis 2. April 1976

*Physikalisch-Chemisches Institut der Technischen Universität Clausthal und Fachbereich Chemie der
Universität Kaiserslautern*

Gleichstromleitfähigkeit und Polarisationsströme des Polystyrols

J. Fuhrmann, R. Lamour und *G. Rehage*

Mit 12 Abbildungen und 1 Tabelle

(Eingegangen am 5. Juni 1976)

Einleitung

Das Verhalten polymerer Dielektrika in starken, statischen elektrischen Feldern ist gekennzeichnet durch kleine Ströme mit einer ausgeprägten Zeitabhängigkeit (Polarisationsströme) und einer bei hohen Feldstärken wachsenden Leitfähigkeit. Die zeitabhängigen Polarisationsströme bestehen aus zwei Anteilen, nämlich dem dielektrischen Polarisationsteilstrom im engeren Sinne und einem zweiten Teilstrom, der auf einer Verschiebung intrinsischer Ladungsträger und der Injektion von Excessladungsträgern an den Elektroden sowie dem Transport dieser Excessladungsträger im Polymervolumen beruht (1).

Unter Gleichstromleitfähigkeit verstehen wir daher im folgenden die spezifische Leitfähigkeit, die dem stationären Ladungstransport zuzuordnen ist und die gemessen werden kann, nachdem beide Anteile des zeitabhängigen Polarisationsstroms abgeklungen sind.

Bei Polystyrol ist das permanente Dipolmoment der Monomereinheit klein, darüber hinaus ist das ataktische Material amorph. Heterogenitäten, die Anlaß zu Maxwell-Wagner-Sillars-Polarisation geben könnten, sind im isotropen Polystyrol nicht zu erwarten. Daher ist der dielektrische Polarisationsstrom klein im Vergleich zu dem zweiten Anteil des Polarisationsstroms, der durch Injektion bzw. Verschiebung von Excessladungsträgern bzw. intrinsischen Ladungsträgern hervorgerufen wird.

Wenn man für Polystyrol Goldelektroden verwendet, die man während der Untersuchungen auf negativen Werten des elektrischen Potentials bzw. auf Nullpotential hält, dann wirken die Goldelektroden als injizierende Elektroden, und der Ladungstransport im Polystyrolvolumen wird nicht durch die Kinetik der Ladungsträgerinjektion am Gold-Polymerkontakt verdeckt. Wegen der Elektrostriktion des Polystyrols (1, 2, 3) ist es wesentlich, die Proben möglichst wenig durch das Elektrodenmaterial mechanisch zu fesseln. Deswegen wurden aufgedrückte Blattgoldelektroden verwendet.

Gemessen wurden nicht nur die Polarisationsströme, sondern auch die stationären Ströme. Die Untersuchung der stationären Ströme gibt Informationen über die thermische Aktivierungsenergie und die charakteristischen Übergänge der Strom-Spannungsfunktionen. Die Lade- und Entladeexperimente und die Analyse der entsprechenden Polarisationsströme liefern Aussagen über zeitabhängige Effekte.

Proben und experimenteller Aufbau

Das verwendete Polystyrol lag in Form von stark anisotropen Folien vor*). Es wurde mehrmals in absolutem Toluol gelöst und in absolutem Methanol ausgefällt. In einem Vakuumtrockenschrank wurden dann aus einer 0,5%-igen Toluol-Lösung Folien von 15–50 μm Dicke auf Quecksilber hergestellt. Die so gegossenen Folien hatten einen Durchmesser von 160 mm, aus ihnen wurden kreisrunde Probenstücke von 16 mm Durchmesser ausgestanzt. Diese Proben können als weitgehend isotrop betrachtet werden.

---

*) Den Norddeutschen Seekabelwerken Nordenham danken wir für die zur Verfügung gestellten Proben.

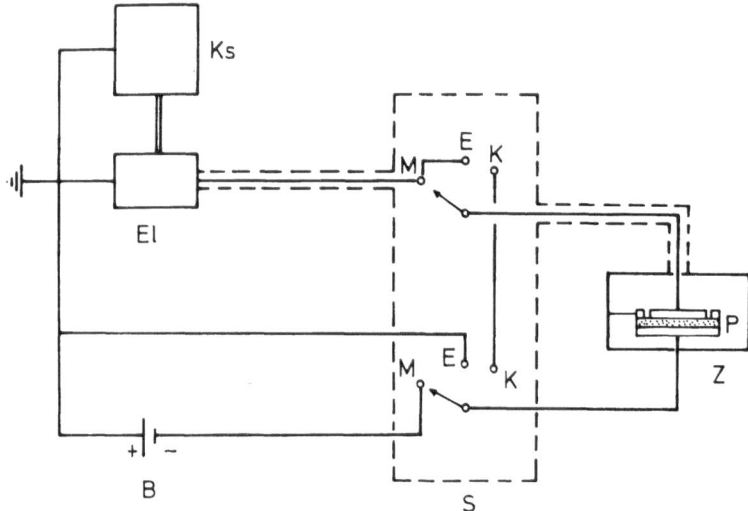

Abb. 1. Meßanordnung zur Untersuchung der Polarisationsströme und der Gleichstromleitfähigkeit (schematisch). *B* Spannungsquelle, *El* Elektrometer, *Ks* Kompensationsschreiber, *S* Schalter, *Z* Zelle, *P* Probe, *M* Ladevorgang, *E* Entladevorgang, *K* Kurzschluß

Zur Aufnahme der Lade- und Entladeströme wurde eine Plattenkondensatoranordnung mit Polystyrol als Dielektrikum benutzt (Abb. 1). Die zylinderförmigen Messingelektroden sind zur Vermeidung von Oberflächenströmen mit geerdeten Schutzringelektroden versehen. Um die mechanische Fesselung der Probe so gering wie möglich zu halten, stand die mit Blattgold kontaktierte Probe während der Messung lediglich unter dem Eigengewicht der Meßelektrode ($P = 1,47 \times 10^3$ Pa).

Als elektrische Zuleitungen dienen Koaxialkabel, die sehr sorgfältig abgeschirmt wurden, um Ströme bis 10^{-14} A möglichst rauscharm messen zu können. Als Spannungsquelle diente für niedrige Spannung eine Trockenbatterie, für höhere ein Spannungskonstanter (Philips PE 4831). Die Ströme wurden von einem Keithley Elektrometer (Typ 602 D) gemessen und über einen Kompensationsschreiber (Philips PR 2212) registriert. Über einen 2-poligen 3-Positionsschalter (vgl. Abb. 1) kann die Probe über das Elektrometer geladen (Stellung M) und entladen werden (Stellung E).

Die über einen Ölthermostaten geregelte Temperatur wurde mit einem Widerstandsthermometer gemessen, dessen Fühler sich in einer Vertiefung der oberen Elektrode befand. Probenhalterung, Schutzring und Widerstandsthermometer waren mit Teflon gegenüber den Elektroden isoliert. Eine Öldiffusionspumpe gewährleistete ein Vakuum von $1,33 \times 10^{-3}$ Pa.

Der Einfluß der Schutzringelektroden lag bei unseren Messungen innerhalb der Meßgenauigkeit.

Die Frage nach der wirksamen Kontaktfläche an den Blattgold-Polystyrolgrenzflächen haben wir geprüft, indem wir den Andruck der Elektroden im Bereich von $1,47 \times 10^3$ Pa (Eigengewicht der angrenzenden Messingelektrode) bis $9,81 \times 10^4$ Pa variiert haben, ohne daß ein Einfluß auf die Leitfähigkeit feststellbar war.

Die Reproduzierbarkeit der stationären Ströme

blieb bei der gleichen Meßprobe innerhalb der Meßgenauigkeit. Bei unterschiedlichen Proben aus dem gleichen Film konnten Differenzen bis $\pm 10\%$ auftreten.

Stationärer Strom und spezifische Leitfähigkeit

Bei allen Ladeexperimenten konnte stets Stationarität des Ladestroms erreicht werden. Es zeigte sich, daß die Zeit zur Einstellung eines zeitunabhängigen Stroms mit abnehmender Temperatur und Feldstärke zunimmt (Abbn. 2 und 3). Die Messungen wurden alle unterhalb der Einfriertemperatur von Polystyrol ($T_g \approx 100$ °C) durchgeführt. Der untersuchte Temperaturbereich lag zwischen 28 und 88 °C. Die untere Grenze der gemessenen Ströme ist durch die Empfindlichkeit des Elektrometers, die obere durch die Gefahr des elektrischen Durchschlags gegeben. Entsprechend wurde auch die Variation der Feldstärke und der Probendicke eingeschränkt. Die Leitfähigkeit wurde im Feldstärkebereich von 2 bis $200 \cdot 10^5$ Vm^{-1} an Proben von 15, 24, 38 und 50 μm gemessen. Sowohl bei den Lade- als auch bei den Entladeexperimenten konnten die Messungen erst eine Minute nach An- bzw. Abschalten des Feldes gewonnen werden, da in diesem Zeitintervall die Aufladung des Elektrometereingangs bedingt durch den Ein- bzw. Ausschaltimpuls, abgeklungen war.

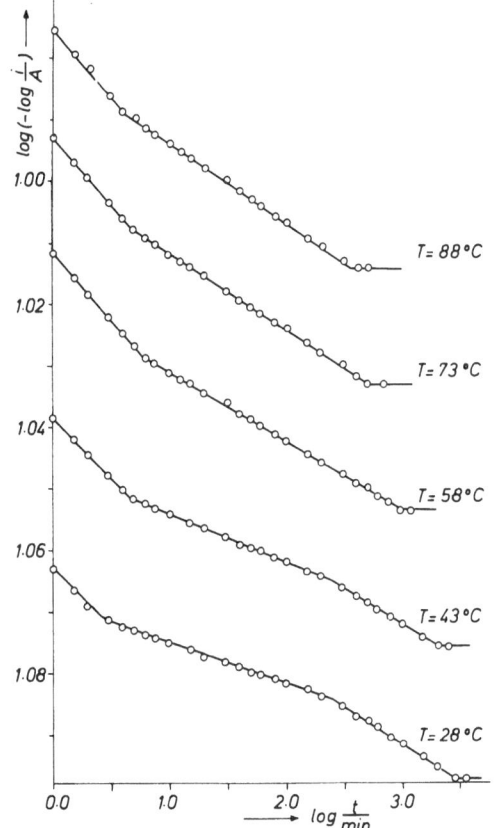

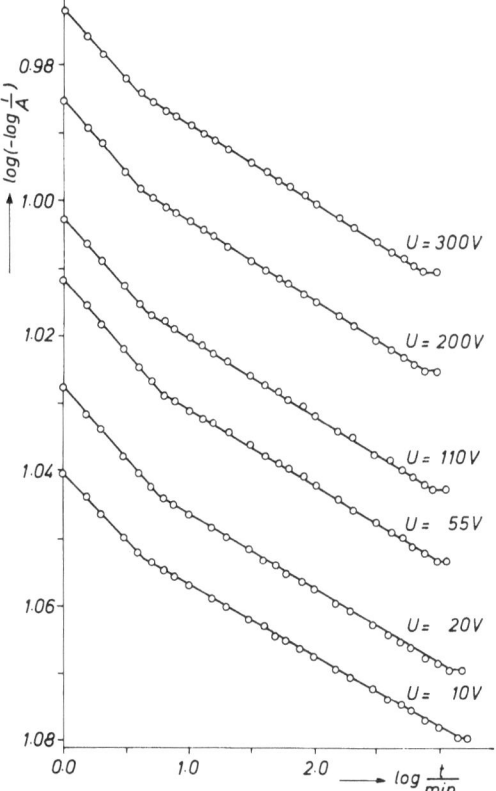

Abb. 2. Zeitabhängigkeit des Ladestroms von Polystyrol (Temperatur als Parameter), Probendicke $d = 50~\mu$m, Ladefeldstärke $E = 1,1 \times 10^5$ Vm^{-1}

Abb. 3. Zeitabhängigkeit des Ladestroms von Polystyrol (Spannung als Parameter), Probendicke $d = 50~\mu$m, Temperatur $T = 58$ °C

Trägt man die nach dem Ablauf der zeitabhängigen Polarisationsströme gemessenen stationären Ladeströme i_∞ logarithmisch gegen den Logarithmus der angelegten Spannung U auf, so erhält man Kurvenscharen (Abb. 4) mit der Probendicke und der Temperatur als Parameter. Die durch den Knick in der log i_∞/log$U$-Funktion definierte Spannung bezeichnet den Übergang vom ohmschen in den überohmschen Bereich (4). Im ohmschen Bereich, unterhalb der Knickspannung, ist die Steigung mit $m \approx 0,9$ in guter Näherung unabhängig von der Probendicke und der Temperatur. Im überohmschen Bereich nimmt die Steigung bei konstant gehaltener Probendicke mit steigender Temperatur zu.

Berechnet man aus der Gleichung

$$\sigma = \frac{i_\infty d}{UF}~\text{Sm}^{-1} \qquad [1]$$

mit d und F als Probendicke bzw. Elektroden-

fläche, mit i_∞ und U als stationärer Strom bzw. angelegte Spannung die spezifische Leitfähigkeit σ und trägt sie logarithmisch gegen den Logarithmus der Feldstärke auf, so zeigt sich, daß der Übergang vom ohmschen in den überohmschen Bereich unabhängig von der Temperatur und der Probendicke ist. Die Knickfeldstärke liegt bei ca. $2,8 \times 10^6$ Vm^{-1} (Abb. 5).

Die spezifische Leitfähigkeit steigt mit der Probendicke und nimmt bis zur Knickfeldstärke leicht mit zunehmender Feldstärke ab. Im überohmschen Bereich wird der stationäre Strom raumladungskontrolliert. Nach der Childschen Gleichung für raumladungskontrollierte Ströme sollte im überohmschen Bereich die Stromstärke proportional dem Quadrat der angelegten Spannung zunehmen (4). In Tabelle 1 sind die Exponenten der Spannung

$$i \sim U^m$$

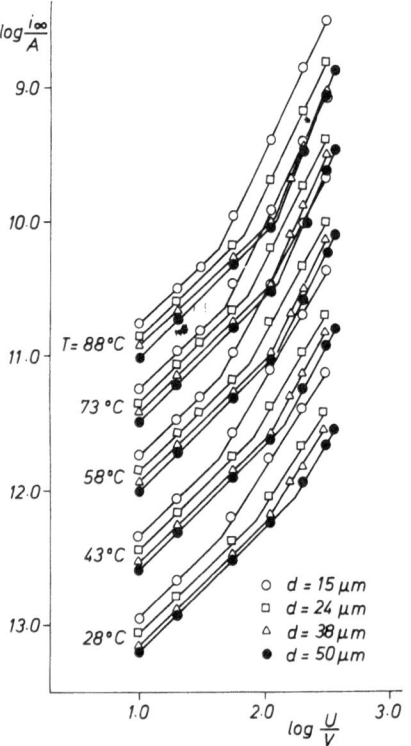

Abb. 4. Stationäre Ladeströme in Abhängigkeit von der Spannung (Temperatur und Probendicke als Parameter)

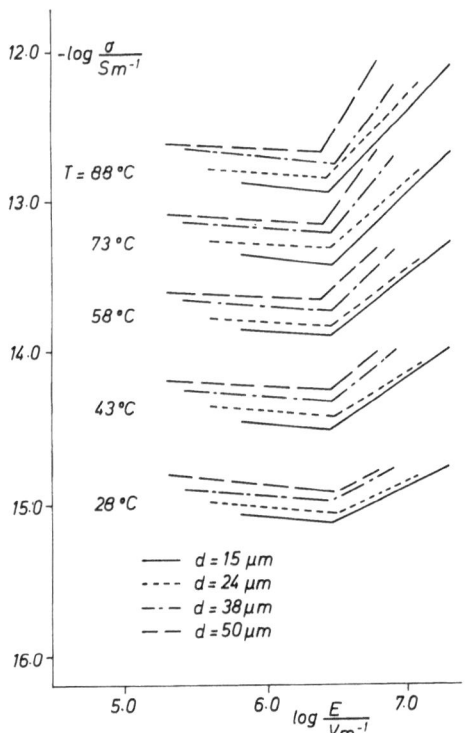

Abb. 5. Feldstärkeabhängigkeit der spezifischen Leitfähigkeit von Polystyrol (Probendicke als Parameter)

des ohmschen und des überohmschen Bereichs für die untersuchten Probendicken und Temperaturen angegeben.

Tab. 1. Steigung $m = \left(\dfrac{\Delta \log i_\infty}{\Delta \log U}\right)_{T,\,d}$ der Strom-Spannungsfunktion in Abbildung 4 für die untersuchten Probendicken und Temperaturen. $o =$ ohmscher Bereich, $\ddot{u} =$ überohmscher Bereich

	$d=15\ \mu m$		$d=24\ \mu m$		$d=38\ \mu m$		$d=50\ \mu m$	
	o	$\ddot{u}$	o	$\ddot{u}$	o	$\ddot{u}$	o	$\ddot{u}$
$T=28\ °C$	0,91	1,45	0,91	1,42	0,93	1,42	0,93	1,60
$T=43\ °C$	0,91	1,63	0,94	1,55	0,93	1,73	0,94	1,78
$T=58\ °C$	0,91	1,75	0,91	1,72	0,93	1,92	0,95	1,88
$T=73\ °C$	0,90	1,92	0,94	1,80	0,93	2,20	0,94	2,14
$T=88\ °C$	0,90	2,00	0,92	1,92	0,90	2,40	0,94	2,35

Die Temperaturabhängigkeit der spezifischen Leitfähigkeit kann man mit einer thermischen Aktivierungsenergie E_a beschreiben, die man nach der Gleichung

$$\sigma = \sigma_\infty \exp\left(-\frac{E_a}{kT}\right) \qquad [2]$$

unter der Benutzung der Gl. [1] aus der log $i_\infty / \dfrac{1}{T}$-Auftragung (Abb. 6) bestimmen kann.

Hierin bedeuten σ die spezifische Leitfähigkeit, σ_∞ die spezifische Leitfähigkeit bei unendlicher Temperatur, k die Boltzmann-Konstante und T die absolute Temperatur. Die log $i_\infty / \dfrac{1}{T}$ — Funktionen verlaufen bis zur Knickfeldstärke parallel, was eine Feldstärkeunabhängigkeit der thermischen Aktivierungsenergie bedeutet. Im überohmschen Bereich hingegen ist eine deutliche Feldstärkeabhängigkeit festzustellen.

Der Zusammenhang zwischen thermischer Aktivierungsenergie und Feldstärke mit der Probendicke als Parameter ist in Abbildung 7 dargestellt. Die Beträge der Aktivierungsenergie liegen zwischen 0,8 eV und 1,0 eV und zeigen eine gute Übereinstimmung mit anderen Literaturwerten (5).

Polarisationsströme während des Ladens

Die Zeitfunktion des Ladestroms setzt sich in der ln $(-\ln i)/$ln t-Auftragung abschnitts-

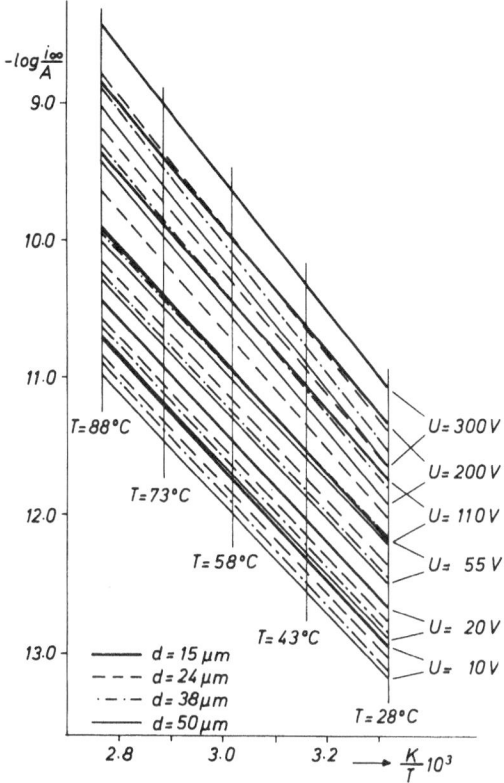

Abb. 6. Arrhenius-Auftragung der stationären Ladeströme von Polystyrol (Spannung und Probendicke
als Parameter)

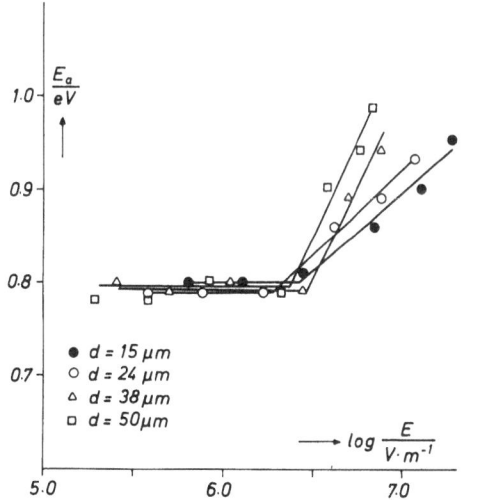

Abb. 7. Feldstärkeabhängigkeit der thermischen Aktivierungsenergie E_a von Polystyrol für verschiedene
Probendicken

weise aus linearen Teilstücken zusammen
(Abbn. 2 und 3), die der Funktion

$$\ln(-\ln i) = \ln \frac{1}{K} - (n-1)\ln t; \text{ mit } n > 1,$$

[3]

bzw.

$$i(t) = \exp.\left(-\frac{t}{K \cdot t^n}\right)$$ [4]

gehorchen. Hierin bedeuten K eine Konstante
und $(n-1)$ die Steigung des linearen Bereichs.

Die Strom-Zeitfunktionen in Abbildung 2
mit der Temperatur als Parameter zeigen eine
weitere Besonderheit: Während die Steigung
der geraden Abschnitte mit zunehmender Zeit
abnimmt, tritt vor Erreichen der Stationarität
in den Kurven für $T = 28$ °C und 43 °C eine
Steigungszunahme auf. Es hat sich in allen
Experimenten gezeigt, daß diese „Anomalien"
stets für Temperaturen $T < 58$ °C und Feldstärke $E < 2{,}8 \cdot 10^6$ Vm^{-1}, d.h. unterhalb der
Temperatur des β-Maximums des Polystyrols
und unterhalb der Knickfeldstärke auftreten.

**Polarisationsströme während des
Entladens**

Schließt man, nachdem im Ladeexperiment
ein stationärer Ladestrom erreicht war, zum
Entladen über Erde kurz, so resultiert ein
Entladestrom mit zwei linearen Bereichen in
der ln i/t-Auftragung (Abb. 8).

Der Entladevorgang wurde bei 5×10^{-15} A,
der unteren Erfassungsgrenze des Elektrometers, abgebrochen. Je niedriger die bei dem
Ladeexperiment angewandte Spannung ist,
desto kleiner wird der Übergang zwischen den
beiden linearen Bereichen der Entladestromfunktion. Im Gegensatz zum Zeitgesetz des
Ladestroms (Gln. [3] und [4]) ergibt sich beim
Entladen für einen linearen Bereich das
Zeitgesetz

$$\ln i = -at + c$$ [5]

$$i(t) = C \exp(-at).$$ [6]

Worin a die Steigung und c der Achsenab-
schnitt eines linearen Bereichs bedeuten.

Für die Diskussion der Zeitabhängigkeit
des Entladestroms nehmen wir an, daß ge-
trappte Ladungsträger in lokalisierten Haftstellen verschiedener energetischer Tiefe E_K
sitzen. Die Ausheizwahrscheinlichkeit ν_K für
die Haftstellenart K der Tiefe E_K beträgt nach
Bässler, Becker und *Riehl* (6):

$$\nu_K = \nu_0 \exp\left(-\frac{E_K}{kT}\right),$$ [7]

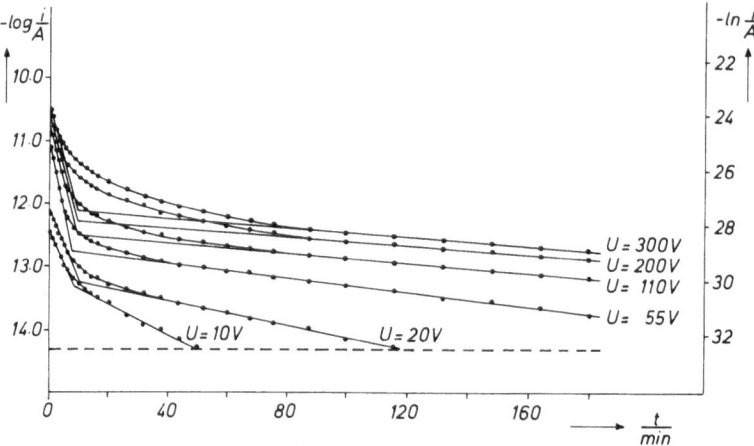

Abb. 8. Entladestromfunktion von Polystyrol bei $T = 28\,°C$ und einer Probendicke von $d = 15\,\mu m$. Der Parameter U ist die zuvor angelegte Spannung im Ladeexperiment.

die zugehörige Relaxationszeit ist:

$$\tau_k = \frac{1}{\nu_k}\,. \qquad [8]$$

Der durch das Ausheizen von Ladungsträgern aus den Haftzentren resultierende Strom hat das Zeitgesetz (6):

$$i(t) = C \exp\left(-\frac{t}{\tau}\right). \qquad [9]$$

Für den energetischen Abstand zweier Haftstellensorten ergibt sich aus Gln. [7] und [8]:

$$\Delta E = \Delta E_{(K+1),\,K} = E_{K+1} - E_K$$

$$= kT \ln \frac{\tau_{K+1}}{\tau_K}\,. \qquad [10]$$

Aus den Entladestromfunktionen werden nach Gl. [9] bzw. Gl. [5] die Relaxationszeiten berechnet. Vergleicht man die Gleichungen [6] und [9], so kann man die Relaxationszeit für die Entladeströme definieren als

$$a \equiv \frac{1}{\tau_K}\,. \qquad [11]$$

τ_K sei die Relaxationszeit für den ersten linearen Abschnitt, τ_{K+1} die Zeitkonstante für den zweiten Abschnitt. Abbildung 9 zeigt τ_K in Abhängigkeit von der Ladefeldstärke mit der Temperatur als Parameter. In erster Näherung können wir τ_K als unabhängig von Feldstärke und Temperatur ansehen. τ_{K+1} hingegen zeigt eine ·deutliche Feldstärkeabhängigkeit (Abb. 10). Je größer die Spannung

des Ladeexperiments, desto größer ist τ_{K+1} des zugehörigen Entladeexperiments.

Trägt man τ_{K+1} gegen die Temperatur auf mit der Spannung des Ladeexperiments als Parameter (Abb. 11), so erscheint bei $T = 51\,°C$ ein Knick in der τ_{K+1}/T-Funktion, der mit wachsender Spannung immer ausgeprägter wird.

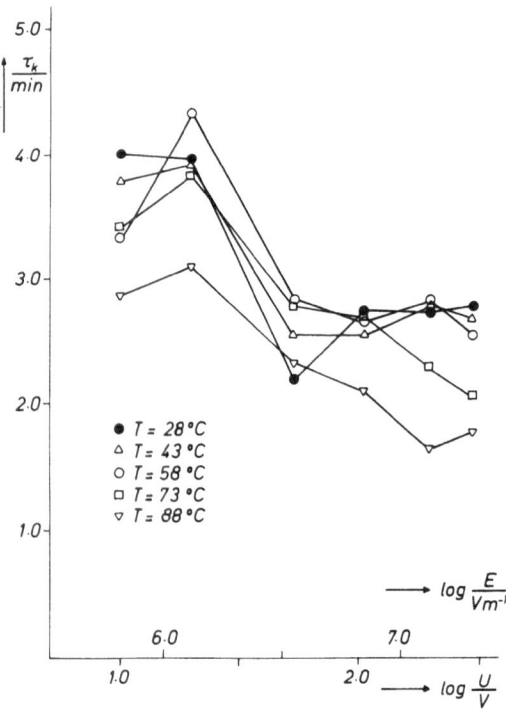

Abb. 9. Relaxationszeit τ_K (vgl. Gln. [8] und [9]) von Polystyrol in Abhängigkeit von der Ladefeldstärke mit der Temperatur als Parameter. Probendicke $d = 15\,\mu m$

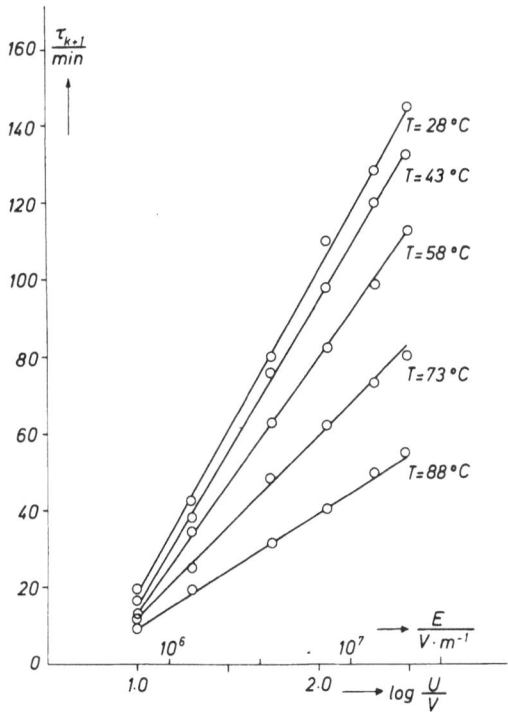

Abb. 10. Relaxationszeit τ_{K+1} von Polystyrol in Abhängigkeit von der Ladefeldstärke mit der Temperatur als Parameter. Probendicke $d = 15 \ \mu$m

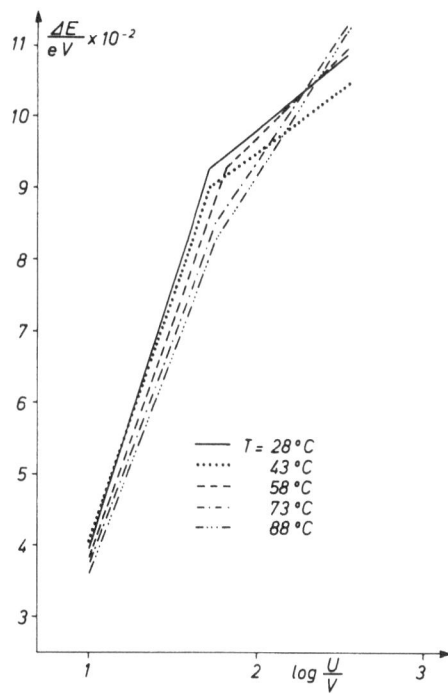

Abb. 12. Energetischer Abstand der Haftstellensorten K und $K + 1$ von Polystyrol in Abhängigkeit von der Ladespannung mit der Temperatur als Parameter

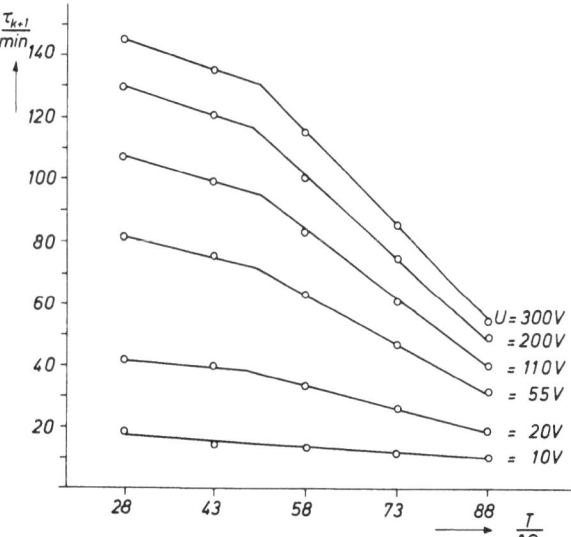

Abb. 11. Relaxationszeit τ_{K+1} von Polystyrol in Abhängigkeit von der Temperatur mit der Ladespannung als Parameter. Probendicke $d = 15 \ \mu$m

Berechnet man nach Gl. [10] den energetischen Abstand der beiden Haftstellensorten K und $K + 1$ und trägt die Werte gegen den Logarithmus der Ladespannung auf, so ergibt sich folgendes Verhalten (Abb. 12): ΔE

wächst linear mit $\log U$ und zeigt bei einer Feldstärke $E = 3,5 \times 10^6 \ \mathrm{Vm^{-1}}$ ein Abknicken. Dieser Wert liegt oberhalb der Knickfeldstärke von $2,8 \times 10^6 \ \mathrm{Vm^{-1}}$ und stimmt näherungsweise mit der Feldstärke $(3,2 \cdot 10^6 \ \mathrm{Vm^{-1}})$ überein, bei der eine spontane Änderung der Elektrostriktion auftritt, die als eine kooperative Orientierungsänderung gedeutet wird (2).

Diskussion

Untersuchungen der elektrostatischen Aufladung von Polystyrol beim Kontakt mit Stahl zeigen, daß sich Polystyrol beim Kontaktieren negativ gegen Stahl auflädt, d.h. es treten Elektronen an der Kontaktfläche in das Polystyrol über (1). Das bedeutet: der elektrisch neutrale Zustand des Polymeren geht durch den Polymer-Metallkontakt verloren, und zwar aufgrund der an der Grenzfläche injizierten Elektronen (Excesselektronen). Solange man den kontaktierenden Stahl auf negativem elektrischem Potential hält, bildet sich an der Metall-Polystyrolgrenzfläche eine Anreicherungsrandschicht von Excesselektronen (1). Mit wachsender Kontaktdauer nimmt die negative Aufladung des Polystyrols unter den genannten Versuchsbedingungen zu, d. h. die Kinetik der elektrostatischen Aufladung mit Excesselektronen wird durch die Besetzung von Akzeptorniveaus im Polystyrolvolumen kontrolliert (8). Erst wenn man das kontaktierende Metall auf positive Werte des elektrischen Potentials bringt, werden zusätzlich Defektelektronen in das Polystyrol injiziert (1).

Da die Elektronenaustrittsarbeiten von Gold und Stahl nahezu übereinstimmen, kann man die mit Stahl gewonnenen Ergebnisse auf Gold übertragen und daher bei der Diskussion der Polarisationsströme und der Gleichstromleitfähigkeit davon ausgehen, daß Goldelektroden ausschließlich Excesselektronen in Polystyrol injizieren und daß sich Anreicherungsrandschichten von Excesselektronen an den Elektroden ausbilden, solange man die Elektroden nicht auf positives elektrisches Potential bringt. In den hier vorliegenden Untersuchungen wurden die Goldelektroden nicht im positiven elektrischen Potentialbereich belastet, so daß keine Defektelektronen zu den Polarisationsströmen bzw. zum Leitungsmechanismus beitragen. Wegen des geringen Dipolmoments des Polystyrols sehen wir in dem von uns untersuchten Temperaturbereich den Anteil des Polarisationsstroms, der auf Orientierungspolarisation beruht, als vernachlässigbar klein an.

Die Ladestromfunktionen geben daher unter den von uns gewählten Versuchsbedingungen die Platzwechselkinetik ausschließlich von Excesselektronen im Polymervolumen wieder. D. h. die Kinetik des Aufladens einer Polystyrolprobe im elektrischen Feld wird unter den von uns gewählten Versuchsbedingungen kontrolliert durch das Eindringen von Excesselektronen in das Polymervolumen. Erst wenn dieser Polarisationsstrom des Ladevorgangs abgeklungen ist und damit der stationäre Zustand erreicht ist, liegt die stationäre Excessladungsträgerdichte im Polystyrol vor, die dann für den stationären Ladungstransport verantwortlich ist.

Während des sich an den stationären Ladungstransport anschließenden Entladens beim Kurzschließen der Elektroden über ein Elektrometer kann man die Platzwechselkinetik der Excessladungsträger messen und mit der während des Ladens gemessenen Platzwechsel-

kinetik vergleichen. Nach Gl. [8] sind die Zeitkonstanten bzw. Relaxationszeiten identisch mit den reziproken Ausheizwahrscheinlichkeiten für die Excesselektronen aus Haftstellen, deren energetische Lage durch Gl. [7] gegeben ist. Der Vergleich der Relaxationszeiten des Entladens Gl. [11] mit der des Ladens Gl. [4] ergibt, daß lediglich die Relaxationszeiten des Entladens Zeitkonstanten im engeren Sinn sind, wohingegen die Relaxationszeiten des Ladens Zeitfunktionen des Typs

$$\tau = at^n \qquad [12]$$

sind. Die Polarisationsströme des Ladens und des Entladens zeigen jeweils abschnittsweise unterschiedliche Relaxationszeiten, die nach Gl. [7] bzw. Gl. [10] durch unterschiedliche energetische Lagen der zugehörigen Haftstellen hervorgerufen werden. Daraus ist der Schluß zu ziehen, daß Zeitfunktionen des Typs der Gl. [12] durch eine Zeitfunktion des energetischen Abstands zweier Haftstellenarten charakterisiert sind.

Die daraus resultierende Zeitfunktion des energetischen Abstands hängt ursächlich mit der Änderung des Ordnungszustands im starken elektrischen Feld zusammen (3), wodurch nahegelegt wird, daß mindestens eine der beteiligten Haftstellenarten intermolekular bedingt ist. Die Abhängigkeit der Zeitkonstanten des Entladens als Funktion der Temperatur und der zuvor angelegten Spannung zeigt uns, welche der beiden Haftstellenarten energetisch absinkt. Die Feldstärkeabhängigkeit von τ_{K+1} (vgl. Abb. 10) ergibt nach Gl. [10], daß die energetische Lage der zugehörigen Haftstellenart mit zunehmender Ladefeldstärke absinkt. Da τ_K in guter Näherung unabhängig von der Ladefeldstärke ist, gibt Abbildung 12 den energetischen Abstand der feldstärkeabhängigen Haftstellenart $K+1$ relativ zu der Haftstellenart K an.

Aus der Temperaturabhängigkeit von τ_{K+1} folgt analog der temperaturabhängige energetische Abstand der Haftstellenart $K+1$ relativ zur Haftstellenart K, deren zugehörige Relaxationszeit τ_K in guter Näherung temperaturunabhängig ist. Die temperatur- und feldstärkeabhängige Haftstellenart $K+1$ ist die energetisch tiefer liegende.

Die nahordnungsabhängige Haftstellenart $K+1$ kann mit den Phenylseitengruppen des

Polystyrols in ursächlichem Zusammenhang gesehen werden, wenn man den Knick im linearen Temperaturverlauf dieser Relaxationszeit (vgl. Abb. 11) mit der β-Temperatur, d. h. mit dem Auftauen der Seitengruppenbeweglichkeit mit steigender Temperatur und der damit verbundenen Änderung der energetischen Lage bzw. der Nahordnung deutet (3).

Die aus der im vorangehenden gegebenen Analyse der Polarisationsströme folgenden Aussagen über die energetische Lage der beide Haftstellenarten relativ zueinander sind im Zusammenhang mit der Diskussion über die thermische Aktivierungsenergie der stationären Leitfähigkeit wichtig, denn die thermische Aktivierungsenergie (ca. 0,8 eV) der Leitfähigkeit ist um eine Größenordnung größer als der feldstärke- und temperaturabhängige, energetische Abstand (ca. 0,06 eV) der beiden Haftstellenarten.

Gestützt auf Feldeffektmessungen (1, 7) an Polystyrol, aus denen ein mittlerer Abstand zweier diskreter Akzeptorniveaus von 0,7 eV folgt, ergibt sich daher ein Drei-Energieniveau-Schema für Polystyrol. Die energetischen Abstände der drei diskreten Niveaus betragen ca. 0,7 eV und ca. 0,06 eV, wobei die beiden unteren, ca. 0,06 eV voneinander energetisch entfernt liegenden Akzeptorniveaus aus den Polarisationsströmen der Entladeexperimente nachgewiesen wurden. Diese beiden unteren Niveaus können wegen ihres geringen energetischen Abstands durch Feldeffektmessungen nicht als diskrete Haftstellenarten getrennt aufgelöst werden. Analog zu den Feldeffektmessungen interpretieren wir die thermische Aktivierungsenergie der spezifischen Leitfähigkeit. Denn auch die thermische Aktivierungsenergie der spezifischen Leitfähigkeit ist kaum beeinflußt durch den vergleichsweise geringen energetischen Abstand der beiden unteren Niveaus relativ zueinander. Gestützt auf die Feldeffektuntersuchungen an Polystyrol kann man die thermische Aktivierungsenergie der spezifischen Leitfähigkeit identifizieren mit dem mittleren Abstand des oberen diskreten Akzeptorniveaus relativ zu den beiden unteren.

Der Arbeitsgemeinschaft Industrieller Forschungsvereinigungen e. V. und der Max-Buchner-Forschungsstiftung danken wir für die finanzielle Unterstützung des Forschungsvorhabens, in dessen Verlauf die vorliegende Arbeit durchgeführt werden konnte.

Zusammenfassung

Polarisationsströme und Volumenleitfähigkeit von Polystyrol werden in einer Plattenkondensatoranordnung mit Goldelektroden im Feldstärkebereich von 2 bis $200 \cdot 10^5$ Vm^{-1} und im Temperaturbereich von 28 °C bis 88 °C unter Vakuumbedingungen $P \sim 10^{-3}$ Pa untersucht. Die gemessenen Ströme werden durch Platzwechselmechanismen von Excessladungsträgern kontrolliert. Die Kinetik des Polarisationsstroms beim Laden unterscheidet sich von der beim Entladen. Den Polarisationsströmen werden Relaxationszeiten zugeordnet. Die Zeitfunktion des Ladevorgangs wird durch eine Zeitfunktion des energetischen Abstandes zweier Haftstellenarten K und $K+1$ charakterisiert. Die energetisch tiefer liegende Haftstellenart $K+1$ hängt ursächlich mit der Änderung des Ordnungszustandes des Polystyrols zusammen. Die Temperatur- und Feldstärkenabhängigkeit der beiden Haftstellenarten K und $K+1$ ergibt, daß $K+1$ mit den Phenylseitengruppen des Polystyrols korreliert ist.

Durch Vergleich der thermischen Aktivierungsenergie der stationären Leitfähigkeit mit dem feldstärke- und temperaturabhängigen Abstand von K und $K+1$ und unter Berücksichtigung von Feldeffektmessungen läßt sich ein Drei-Energieniveau-Schema für lokalisierte Elektronenniveaus innerhalb der Bandlücke des Polystyrols postulieren.

Summary

Polarization currents and bulk conductivity of polystyrene are investigated in a plate condenser under a field-strength from 2 to $200 \cdot 10^5$ Vm^{-1} and in a temperature range from 28 °C to 88 °C. The contactmaterial is leaf gold. It is shown, that the measured currents are controlled by place exchanges of excess carriers, for which the kinetics of the polarization currents during the charging process is different from the kinetics of discharging. Relaxation times are assigned to the polarization currents.

Comparing the relaxation times of the charging process with that of the discharging process, which is accomplished after reaching a stationary excess carrier density, it is shown, that the time function of the loading process is characterized by a time function of the energetic distance between two traps. The time function of the charging process is connected with the change of the state of order. The temperature and field-strength dependence of the two traps is correlated with the phenyl groups in polystyrene.

Comparing thermal activation energy of the steady state conductivity with the energetic difference between the two trap sites a third trap site is postulated. It can be shown by contact-electrification and field-effect investigations that these three energy-levels are situated in the bandgap of polystyrene.

Literatur

1) *Fuhrmann, J.*, Colloid & Polymer Sci. **254**, 129–138 (1976).

2) *Fuhrmann, J.*, Kolloid-Z. u. Z. Polymere **250**, 1075–1080 (1972).

3) *Fuhrmann, J., R. Lamour, G. Rehage*, Dechema-Monographien, Band 72, S. 321 (Weinheim 1974).

4) *Seanor, D. A.*, Electrical Properties of Polymers, S. 1–26 (1972).

5) *Adamec, V.*, Kolloid-Z. u. Z. Polymere **237**, 219 (1969).

6) *Bässler, H., G. Becker, N. Riehl*, Phys. stat. sol. **15**, 347 (1966).

7) *Fuhrmann, J., R. Hofmann*, Colloid & Polymer Sci., in Vorbereitung.

8) *Fuhrmann, J., J. Kürschner*, Colloid & Polymer Sci., in Vorbereitung.

Für die Verfasser:

Prof. Dr. *J. Fuhrmann*
Fachbereich Chemie der Universität
Postfach 3049
D-6750 Kaiserslautern

Prof. Dr. *G. Rehage*
Physikalisch-Chemisches Institut
der Technischen Universität Clausthal
Adolf-Roiner-Straße 24
D-3392 Clausthal-Zellerfeld

Progr. Colloid & Polymer Sci. **62**, 141–148 (1977)
© 1977 Dr. Dietrich Steinkopff Verlag GmbH & Co. KG, Darmstadt
ISSN 0340-255 X

Lectures during the conference of Fachausschuss "Physik
der Hochpolymeren" of Deutsche Physikalische Gesellschaft
in Bad Nauheim March 29–April 2, 1976

Siemens AG, Forschungslaboratorien Erlangen (Germany)

Anomalous "photocurrent" transients in polyethylene: A thermal effect*)

B. Andreß, P. Fischer, and *P. Röhl*

With 8 figures

(Received June 9, 1976)

1. Introduction

Various photoeffects in polyethylene have been reported to date. Several authors (1–5) have observed the effect, frequently called anomalous, that current transients are registered when polyethylene, sandwiched between transparent electrodes, is illuminated with light in the ultraviolet to infrared region, and that pulses of opposite polarity occur when the illumination ceases. Furthermore, current pulses have been observed in other materials (6) and under different experimental conditions (7). Explanations have so far not been entirely satisfactory, thermal effects having been considered but then discarded for various reasons. In what follows we report experiments indicating that the effect is indeed thermal in origin and that it represents a probe with which a previously injected space charge may be determined non-destructively in the case of shorted samples. Theoretical considerations substantiate the explanation proposed.

2. Experimental

The experimental arrangement to measure the current pulses has been described previously (5). Several improvements have been made since, incorporation of a dual-beam oscilloscope (Tektronix 556), a fast rise current amplifier (Keithley 427) and a radiometer (Laser Precision Corp. RK 3230). The time constant in the case of irradiation with constant light, now a 250 W halogen-quartz lamp, is reduced to 15 μs

(10–90 % rise). In the case of illumination with a xenon flash, incorporation of the current amplifier is not necessary and the time constant of the circuit is 200 ns.

Samples of LDPE[1]) were prepared as described previously (5). In addition, films ranging in thickness from 50 to 1000 μm were investigated with various electrodes such as steel backed carbonpaper, SnO_2/quartz, evaporated metal (Al, Au, Sn) and steel backed evaporated metal. A filter (Schott RG 665) prevents generation of photoelectrons.

3. Results and discussion

In the previous investigations the time constants of the registering circuits appear in all cases to have been relatively long, so that rise of the light pulse and of the current pulse generally coincided. In the present investigation, with time constants down to 200 ns, it became apparent that the current rise is indeed rapid, but not in all cases, i. e. not for all electrode arrangements, as rapid as the light step, suggesting that perhaps a photocurrent as assumed hitherto might be an inappropriate explanation.

In figure 1 the initial part of an "on" and of an "off" current transient of a sample with semitransparent Sn electrodes is shown, indicating quite clearly that the maximum of the current occurs *after* the light intensity has reached its maximum or has been reduced to zero.

3.1 Current transients in an externally applied field

The lack in synchronism of at least the leading fronts of light and current pulses led

---

*) This work has been supported under the technological program of the Federal Department of Research and Technology of the FRG. The authors alone are responsible for the content.

[1]) Low-density polyethylene.

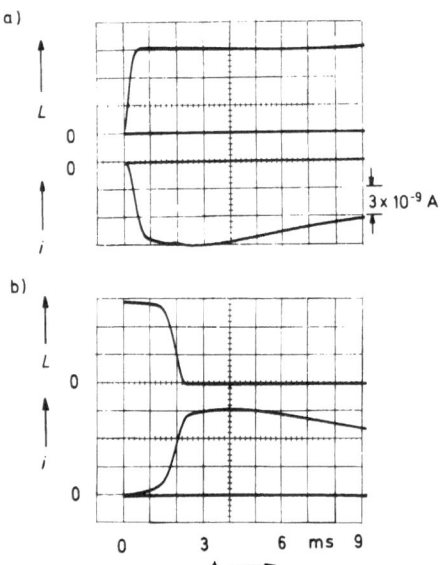

Fig. 1. Light intensity L and current transients i for the cases a) light on, and b) light off, $F_{ext} \neq 0$

us to suspect a thermal effect. To verify this assumption, polyethylene films were prepared in which the semitransparent front electrodes (SnO_2/quartz, Al or Au) were replaced by optically opaque evaporated metal electrodes (Al, Au, Sn). Great care was taken to prevent light from entering the sample anywhere. The result is, that a current transient is observed in these cases also, the polarity (opposite to that of the charging current) being the same as in the case of semitransparent electrodes. On

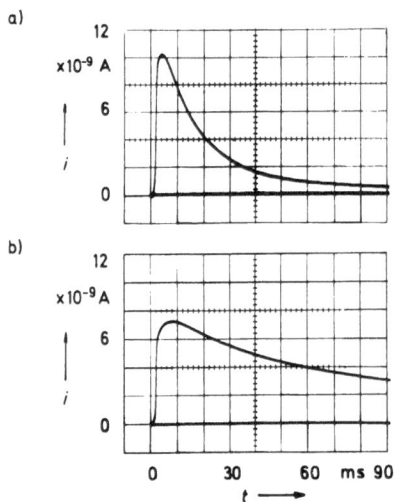

Fig. 2. Influence of the thermal mass of the absorbing electrode on the current transient, $F_{ext} \neq 0$. a) low thermal mass, b) higher thermal mass

turning the illumination off, the expected current pulse with reverse polarity occurs. The pulse amplitude is, however, strongly dependent on the absorptivity of the electrodes. Thus, a strongly absorbing electrode of very thin carbon paper led to pulses with drastically increased amplitude. Lastly, it became apparent, that the pulse shape is altered merely by changing the thermal mass of the electrodes. Figure 2 shows an example of two measurements in which the only difference is the differing thermal mass of the absorbing electrode, the rapidly decaying pulse being from an evaporated, opaque Sn electrode, the slowly decaying pulse resulting when the absorbing electrode is backed by the thermal mass of a quartz slab.

These observations indicate quite clearly that we are not dealing with photoeffects. The current pulses are instead the result of temperature changes of the absorbing or partially absorbing electrodes and corresponding capacitive changes due to thickness variations of the adjacent PE slab being heated. In accordance with this explanation is the strict proportionality between current amplitude and externally applied field strength F_{ext} observed over three decades of F_{ext} (5).

Since the heating of the illuminated films is not uniform, at least for sample thicknesses generally investigated, and especially so in the case of illumination with light pulses of very short duration, a dependence of the current pulse amplitudes upon sample thickness should be observed. A simple capacitance calculation shows that as long as the change in sample thickness is independent of the latter, i.e. at the current maximum only a thin region adjacent to the heating electrode is expanding appreciably, the pulse amplitude should be proportional to l^{-1} for constant F_{ext}, l being the sample thickness. When the slab being appreciably heated becomes comparable with the sample thickness, i.e. for very thin samples or for slow rates of rise of electrode temperature, then the pulse amplitudes should become independent of thickness. Figure 3 shows the experimentally observed dependence of pulse amplitude upon l^{-1} at a constant field strength of 2×10^5 Vcm^{-1} and with a short duration (μs range) light flash. Also shown in figure 3 is the thickness dependence expected from purely thermal considerations elaborated on in 3.3.

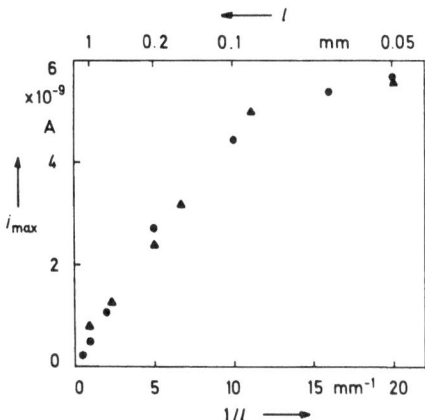

Fig. 3. Dependence of the current pulse amplitude i_{max} on sample thickness l. ▲ observed, ● calculated

3.2 Current transients in zero external field

The current pulses observed in zero external field of a shorted PE film which has been previously polarized are likewise not due to photo-effects, as they also occur with samples into which light cannot possibly enter. They are due also to changes in the geometrical dimensions of the sample, although a capacitive effect is excluded.

The origin of the current transients is to be seen in the space charge injected during polarization. It is generally accepted that upon

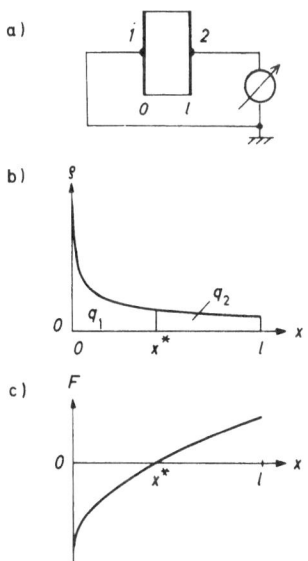

Fig. 4. Schematic representation of zero-field conditions. a) experimental circuit, b) charge distribution, c) field distribution

contact with metallic electrodes electronic charge carriers are injected into PE (8), which, under the action of the applied polarizing field, wander into the PE bulk. This is shown schematically in figure 4b. The lower part, figure 4c, shows the corresponding field distribution after shorting such a sample.

The point x^* of zero field strength within the sample is determined by the condition $F_{ext} = 0$. For a homogeneous space charge distribution it is apparent that x^* will occur at the center of the interelectrode space, while for a monotonously falling distribution as shown, it will lie on the side of higher charge density. The point x^* separates the charges q_1 and q_2, and its motion upon nonlinear expansion of the sample determines the net change in the compensating charges σ_1 and σ_2, that is, it determines the current observed in the external circuit. It is also apparent that heating the sample uniformly, detrapping of charge being neglected, will not result in a current pulse as the zero field point x^* remains fixed with respect to the electrodes.

It is at once seen that a fixed polarity of the current pulse with respect to the polarity of the current pulse originating in the capacitive change ($F_{ext} \neq 0$) or upon sample reversal is not to be expected, but that the amplitude and the sign of the current pulse will be determined by the different possible temperature profiles *and* by the form of the space-charge profile in the sample. This is illustrated with some examples:

Figure 5 shows the experimental arrangements and the resulting current pulses when a sample with optically opaque evaporated metal electrodes on both faces is illuminated with light. The shaded area indicates the regions in which sample expansion occurs preferentially. In the upper arrangement expansion takes place in a slab with high trapped carrier density and results, so to speak, in a homogenization of the charge distribution. There will be a positive charge flow from the left to the right hand electrode and a positive current is registered in the external circuit. In the lower arrangement, the sample has been reversed, expansion occurs preferentially in the region of lower charge density. The charge distribution tends to become less homogeneous. Again a net flow of positive charge must occur from left to right hand electrode and a positive

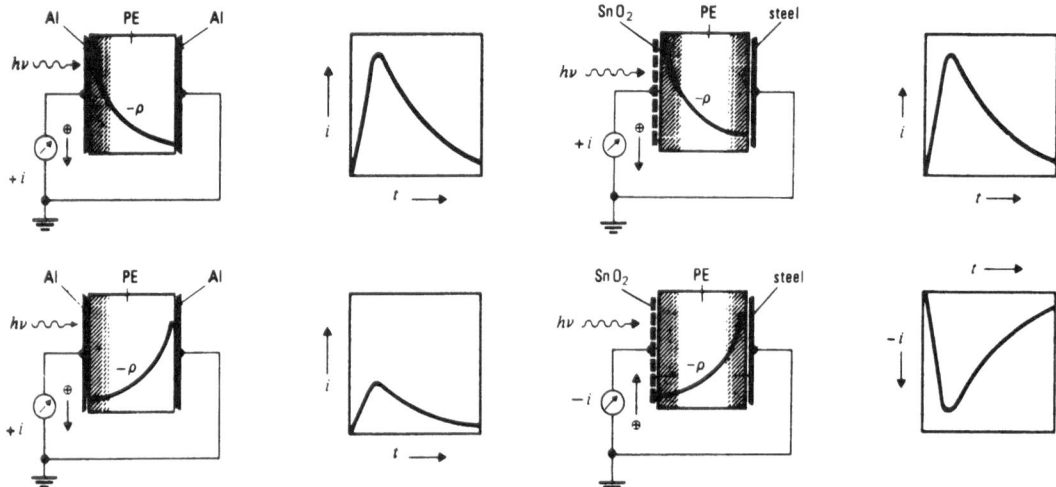

Fig. 5. Current pulses from PE films with optically opaque evaporated metal electrodes

Fig. 6. Current pulses from PE films with symmetrical heating from both electrodes

current of differing amplitude results, as the change in charge distribution is lower than in the first case.

Figure 6 shows a PE film sandwiched between a steel electrode and a transparent SnO_2/quartz electrode. Absorption of light and production of heat occurs at both electrodes (about equally for the electrodes used here). The geometrical expansion will thus occur nearly symmetrically from the two slabs adjacent to the electrodes and the current resulting from expansion of the high charge density slab will dominate. It is seen that in this case reversal of the sample will result in a pulse of identical amplitude and shape but of opposite sign, in accord with experimental observation.

3.3 Theoretical considerations

To treat the thermal expansion of the heated PE slab the following assumptions are made: At the instant the light is turned on or off, the sample is in thermal equilibrium with the surroundings and the temperature profile $f(x)$ within the sample is known. Absorption of energy from the illuminating beam occurs at one or at both electrodes, possibly to differing extents, but no absorption occurs within the sample bulk. Changing the illuminating conditions (light on or off) results primarily in time-dependent temperature changes of the electrodes $\phi_1(t)$ and $\phi_2(t)$ and finally in a change of the temperature profile within the bulk material. According to *Carslaw* and *Jaeger*

(10) the temperature $T(x, t)$ within the sample is given by the general equation

$$T(x, t) = \frac{2}{l} \sum_{n=1}^{\infty} e^{-a_n t} \sin \frac{n\pi x}{l}$$
$$\left\{ \int_0^l f(x') \sin \frac{n\pi x'}{l} \, dx' + \frac{n\kappa\pi}{l} \int_0^t e^{a_n \lambda} \right.$$
$$\left. [\phi_1(\lambda) - (-1)^n \phi_2(\lambda)] d\lambda \right\} \qquad [1]$$

with $a_n = n^2\pi^2\varkappa/l^2$, l being the initial sample thickness and $\varkappa$ the thermal diffusivity.

For the present calculations we furthermore assumed that the temperature of the electrodes increases exponentially towards constant values T_1 and T_2 upon switching on the light, T_1 and T_2 being determined by the conduction, convection, and radiation losses and the energy input by the beam.

We thus have

$$\phi_i(t) = T_i(1 - e^{-\beta t}) \qquad i = 1,2$$
$$f(x) = 0$$

for the light-on case, and

$$\phi_i(t) = T_i e^{-\beta t} \qquad i = 1,2$$
$$f(x) = T_1 + (T_2 - T_1)(x/l)$$

for the light-off case.

The exact time/temperature dependence at the electrodes and hence the temperature profile in the sample is, of course, not known, but for the present calculation to substantiate the assumption of a thermal effect, we consider the exponential dependence to be justified.

The temperature within the sample volume upon starting the illumination is thus

$$T(x, t) = \frac{2\pi\varkappa}{l^2} \sum_{n=1}^{\infty} n(T_1 - (-1)^n T_2)$$

$$[(1 - e^{-a_n t})/a_n - (e^{-\beta t} - e^{-a_n t})$$

$$/(a_n - \beta)] \sin \frac{n\pi x}{l} . \quad [2]$$

Accordingly

$$\frac{\partial T}{\partial t} = \frac{2\pi\varkappa}{l^2} \sum_{n=1}^{\infty} n(T_1$$

$$- (-1)^n T_2) B_n(t) \sin \frac{n\pi x}{l} . \quad [3]$$

with

$$B_n(t) = \frac{\beta}{a_n - \beta} (e^{-\beta t} - e^{-a_n t}) > 0$$

and also

$$\frac{\partial T}{\partial t}\Big|_{\text{light off}} = - \frac{\partial T}{\partial t}\Big|_{\text{light on}} . \quad [4]$$

With the change in temperature the sample thickness also changes, namely

$$l(t) = l + \alpha \int_0^l T(x, t)dx \quad [5]$$

with α being the linear coefficient of expansion.

In the cases to be distinguished, the total expansion of the sample in the case $F_{\text{ext}} \neq 0$, and the spatially *nonlinear* expansion (see [2] and [5]) in the case $F_{\text{ext}} = 0$ lead to the current pulses observed. Since the change in thickness is very small for the experimental conditions discussed ($\Delta l/l < 0.5\%$) we approximate in what follows

$$l(t) \simeq l . \quad [6]$$

3.3.1 External field strength $F_{\text{ext}} \neq 0$

The sample is considered to be an ideal capacitor, i.e. influences of injected space charges are here neglected. As the experiments show, this is perfectly permissible for $F_{\text{ext}} > 10^3$ Vcm^{-1}. For lower field strengths the superposed current contribution discussed in 3.3.2 must be considered.

The capacitive current observed upon changing the illumination conditions is with [5] and [6] given by

$$i(t) = U \cdot dC/dt = - (\varepsilon_r \varepsilon_0 \alpha U A / l^2) \int_0^l \frac{\partial T}{\partial t} dx \quad [7]$$

A being the electrode area and U the applied voltage.

The current transient observed upon switching the light on ($i(t)_{\text{on}}$) and off ($i(t)_{\text{off}}$) is with [3] and [4] given by

$$i(t)_{\text{on}} = - [4\alpha\varkappa\varepsilon_r\varepsilon_0 A U (T_1 + T_2)/l^3] \sum_{n=1}^{\infty} B_{2n-1}(t) \quad [8]$$

and

$$i(t)_{\text{off}} = - i(t)_{\text{on}} .$$

The polarity of $i(t)_{\text{on}}$ and $i(t)_{\text{off}}$, the identical pulse shapes and the linear dependence on the applied voltage are in agreement with experimental observations.

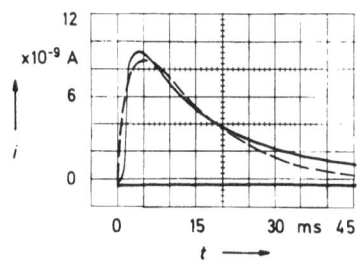

Fig. 7. Representative current transient with applied external field. —— Experimental, ------ Calculated

With eq. [8] the experimentally observed current transients can be described very satisfactorily. Figure 7 shows a representative example, in this case a 74 μm LDPE film, the back electrode ($A = 3$ cm^2) being a steel block, the illuminated opaque front electrode being evaporated Sn. The parameters employed are $U = 3.1$ kV, $\varkappa = 1.74 \times 10^{-3}$ cm^2/s, $\alpha = 2.8 \times 10^{-4}$ K^{-1}, $\varepsilon_r \varepsilon_0 = 2.04 \times 10^{-13}$ F/cm and $\tau = \beta^{-1} = 13 \times 10^{-3}$ s and $(T_1 + T_2) = 5.4$ K, in agreement with the measured temperature rise of the illuminated electrode.

The thickness dependence at constant field strength shown in figure 3 is also represented correctly by eq. [8]. An iterative determination of the current maximum for large sample thickness (l greater than about 100 μm) shows the linear dependence on reciprocal sample thickness found experimentally. For sample thicknesses $l < \pi \sqrt{\varkappa/\beta}$ the current maximum tends towards a constant value

$$\lim_{l \to 0} i_{\max} = - [4\alpha\beta\varepsilon_r\varepsilon_0 A F_{\mathrm{ext}}(T_1 + T_2)/\pi^2] \sum_{n=1}^{\infty} (2n - 1)^{-2} .$$

The reason is to be seen in the fact that for small sample thicknesses the mean time to reach thermal steady-state conditions within the bulk becomes comparable or smaller than the time constant of the temperature rise of the electrodes. At the time of maximum current the temperature rise occurs throughout the sample bulk – in contrast to large sample thicknesses when it occurs mainly in the vicinity of the electrodes –, the change dl/dt is nearly proportional to l, and according to [5] and [7] the current for constant field strengths is nearly independent of sample thickness. The calculated current maxima shown in figure 3 were obtained with $(T_1 + T_2) = 10$ K (semitransparent electrodes, heating of both electrodes) and with $\tau = 28 \times 10^{-3}$ s (larger thermal mass).

3.3.2 External field strength $F_{\mathrm{ext}} = 0$

If the electrodes of a polarized sample are shorted through a suitable measuring device, a capacitive current can, of course, not be registered upon altering the illumination, i.e. the thermal conditions of the sample. The current pulses must be due to a fixed internal space charge. A remnant heterocharge due to oriented dipoles or ion migration say, could of course be responsible for the "on" transient due to heating of the sample, it would, however, not be able to produce an "off" transient when removing the illuminating source.

In the following we assume a space charge whose density is a function of the spatial coordinate x perpendicular to the electrode surfaces and whose carriers are stationary during the time of observation of the current transients. The initial distribution at the time the light is turned on $t = 0$ is $\varrho_0(x)$ and the corresponding field distribution is $F(x, 0)$ as shown in figure 4. The position x^* of zero field strength within the sample $F(x^*, 0) = 0$ is determined by the condition

$$\tilde{F}_0(x^*) = F(t = 0) = \frac{1}{l} \int_0^l \tilde{F}_0(x) dx$$

with the aid of Poisson's equation

$$\tilde{F}_0(x) = \frac{1}{\varepsilon_r \varepsilon_0} \int_0^x \varrho_0(x) dx .$$

Upon switching on the light and heating the sample nonlinearly we have at a time t

$$\tilde{F}(y, t) dy = \tilde{F}_0(x)(1 + \alpha T(x, t)) dx$$

$$F(t) = \int_0^l \tilde{F}_0(x)(1 + \alpha T(x, t)) dx / l(t)$$

and with eq. [6] we obtain

$$\frac{dF(t)}{dt} = \frac{\alpha}{l^2} \left\{ l \int_0^l \tilde{F}_0(x) \frac{\partial T}{\partial t} dx - \int_0^l \tilde{F}_0(x) dx \right. $$
$$\left. \cdot \int_0^l \frac{\partial T}{\partial t} dx \right\} . \tag{9}$$

The position of x^* determines, as already mentioned, the magnitude of the compensating charges $\sigma_1 = -q_1$ and $\sigma_2 = -q_2$ at the electrodes and one obtains

$$\sigma_1(t) = -q_1(t) = -\varepsilon_r\varepsilon_0 F(t)$$

$$\sigma_2(t) = \varepsilon_r\varepsilon_0 F(t) - \int_0^l \varrho_0(x) dx . \tag{10}$$

The current observed in the arrangement shown in figure 4a after a change in the illumination conditions is thus

$$i(t) = -A \frac{d\sigma_2(t)}{dt} = -A\varepsilon_r\varepsilon_0 \frac{dF(t)}{dt} \tag{11}$$

and with eq. [3] results in

$$i(t) = -(2A\alpha\varkappa\pi\varepsilon_r\varepsilon_0/l^4) \sum_{n=1}^{\infty} n(T_1$$
$$- (-1)^n T_2) B_n(t)$$
$$\cdot \left\{ l \int_0^l \bar{F}_0(x) \sin\frac{n\pi x}{l}\, dx - \int_0^l \bar{F}_0(x)\, dx \right.$$
$$\left. \cdot \int_0^l \sin\frac{n\pi x}{l}\, dx \right\} . \qquad [12]$$

Eq. [12] is the most general form of the current-time dependence for the initially mentioned temperature conditions. Because of eq. [4] the "off" transient current is identical with the "on" transient described by eq. [12], except for the polarity.

In the following we consider the application of equation [12] to a space charge distribution

$$\varrho_0(x) \sim x^{m-1}$$

for the special conditions of the homogeneous space charge distribution, i.e. $m = 1$, and for the stationary distribution of carriers under space-charge limited conditions, i.e. $m = 0.5$.

The space charge distribution is

$$\varrho_0(x) = (qm/l)(x/l)^{m-1}$$

with $0 < m \le 1$

the total charge density being q, and thus

$$\bar{F}_0(x) = (q/\varepsilon_r\varepsilon_0)(x/l)^m . \qquad [13]$$

With eq. [12] one obtains the time-dependent current as

$$i(t) = -(2A\alpha\varkappa\pi q/l^2) \sum_{n=1}^{\infty} n\, (T_1 - (-1)^n T_2)$$
$$B_n(t) \left[C_n(m) - \frac{1-(-1)^n}{n\pi(1+m)} \right] \qquad [14]$$

where

$$C_n(m) = \int_0^1 x^m \sin(n\pi x)\, dx .$$

For $m = 1$, the homogeneous space charge distribution, the current is given by

$$i(t) = (2A\alpha\varkappa q/l^2)(T_1 - T_2) \sum_{n=1}^{\infty} B_{2n}(t) . \qquad [15]$$

It is interesting to note, that with this method of a thermal but *nonlinear* expansion of the sample a homogeneously distributed, trapped space charge can be probed with the current transient $i(t)$ and that the sign of the charge carriers can be unambiguously determined. For symmetry reasons the currents are identical except for polarity when either T_1 or $T_2 = 0$ and correspondingly when either T_2 or $T_1 = T$. If both electrodes are heating up equally, i.e. $T_1(t) = T_2(t)$, then no current will be registered in the external circuit.

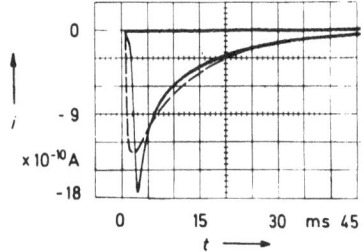

Fig. 8. Representative current transient with zero external field. —— Experimental, ------ Calculated

In order to determine the current resulting from an inhomogeneous space charge distribution with $0 < m < 1$, the Fourier integrals $C_n(m)$ are evaluated by an iterative method described by *Sneddon* (11). Figure 8 shows the agreement between the experimentally observed current transient for the conditions applying to figure 7 and the current calculated with the aid of eq. [14] and by assuming $m = 0.25$, $T_1 = 5.1$ K and $T_2 = 0.3$ K. The agreement is seen to be more than satisfactory, especially since the exact space charge and temperature profiles are not known. A relatively inhomogeneous distribution, i.e. $m = 0,25$, does, however, seem reasonable, as the sample was polarized only shortly and stationary state conditions $(t \to \infty)$ do not yet apply. The total injected charge q lies within the theoretically expected limits under space charge limited conditions, namely $\varepsilon_r\varepsilon_0 F_{\text{ext}} < q \le 2\varepsilon_r\varepsilon_0 F_{\text{ext}}$.

Summarizing the theoretical considerations we note that in view of the assumption made an exact fit of calculated and experimental current profiles cannot be expected, indeed was not intended. The calculations do, however, show that the "light on" and the "light off" transients are identical except for polarity in the field on as well as in the short-circuit case, that the current shapes are different for these two distinguishing cases, that the current pulse form is dependent on the thermal mass and the absorptivity of the electrodes, and that the thickness dependence of the current maxima is correctly described.

4. Summary

The results previously presented by one of us (5) and thought to be due to photoelectric effects in the bulk of the polyethylene investigated, have been shown to be due to changes in the geometrical dimensions of the sample when heated by energy absorbed at the electrodes. Two cases may be distinguished. In the "field on" case the effect is almost purely capacitive, the smaller space charge effect being, in general, not observable. The "field off" case is, however, solely due to the trapped space charge built up during the prior polarization of the sample. Provided the thermal conditions and the resulting geometrical changes are sufficiently exactly known, the analysis of the current impulse resulting from an asymmetrical expansion of the sample can be used to probe the space charge profile within the sample nondestructively. The form of the space charge profile is immaterial, and the method is thus applicable to homogeneous distributions also, i.e. cases in which a measurement of isothermal discharge currents (9), say, will fail. The change in polarization voltage of an unsymmetrically heated electret (12) and pyroelectric currents (13) are similar non-destructive methods.

For low-density polyethylene contacted with a variety of metal electrodes the current transients indicate unambiguously that a negative space charge is trapped within the polymer, in agreement with currently accepted views (8 and others).

We thank Miss *G. Arnold* for help in preparing the samples used in these investigations.

Summary

Current transients observed when PE slabs with various electrode arrangements are illuminated are shown to be thermal in origin. In an externally applied field the current is mainly due to capacitive changes, while in zero external field the current from a previously polarized sample is due to nonlinear expansion of the dielectric and the resulting change in the profile of the immobile charge, i.e. field distribution within the sample. The observation of current transients through non-linear expansion (CTNE) of the dielectric thus allows nondestructive detection of arbitrary space charge profiles.

Zusammenfassung

Die bei Beleuchtung von Polyäthylenschichten beobachteten Stromimpulse sind thermischen Ursprungs. Im angelegten äußeren Feld wird vorwiegend eine kapazitive Änderung beobachtet. Die nach Kurzschließen der Proben beobachteten Ströme sind auf die nichtlineare Änderung der ortsfesten Ladungs-, d.h. der Feldverteilung, im Innern der Probe zurückzuführen. Diese Beobachtung von Stromimpulsen bedingt durch nichtlineare Expansion (CTNE) stellt somit eine zerstörungsfreie Nachweismethode beliebiger Raumladungsverteilungen dar.

Literature

1) *Tanaka, T., Y. Inuishi*, Jap. J. Appl. Phys. **6**, 1371 (1967).
2) *Vermeulen, L. A., H. J. Wintle*, J. Polymer Sci. **8**, 2187 (1970).
3) *Das Gupta, D. K., M. E. Tindell*, J. Phys. D: Appl. Phys. **5**, 1368 (1972).
4) *Mizutani, T., Y. Takai, M. Ieda*, Jap. J. Appl. Phys. **12**, 1553 (1973).
5) *Andreß, B.*, Colloid & Polymer Sci. **252**, 650 (1974).
6) *Ito, D., K. Yoshino, Y. Inuishi*, Jap. J. Appl. Phys. **13**, 1923 (1974).
7) *Beckley, L. M., T. J. Lewis, D. M. Taylor*, Solid State Comm. **10**, 557 (1972).
8) *Davies, D. K.*, J. Phys. D: Appl. Phys. **5**, 162 (1972).
9) *Lindmayer, J.*, J. Appl. Phys. **36**, 196 (1965).
10) *Carslaw, H. S., J. C. Jaeger*, Conduction of Heat in Solids (Oxford 1959).
11) *Sneddon, I. A.*, Fourier Transforms (New York 1951).
12) *Collins, R. E.*, Appl. Phys. Lett. **26**, 675 (1975).
13) *Salomon, R. E., B. K. Oh, M. M. Labes*, J. Appl. Phys. **47**, 1710 (1976).

Authors' address:

B. Andreß, P. Fischer, and *P. Röhl*
Siemens AG,
Forschungslaboratorien
Postfach 3240
D-8520 Erlangen 2

Progr. Colloid & Polymer Sci. **62**, 149–153 (1977)
© 1977 Dr. Dietrich Steinkopff Verlag GmbH & Co. KG, Darmstadt
ISSN 0340-255 X

Lectures during the conference of Fachausschuss ''Physik
der Hochpolymeren'' of Deutsche Physikalische Gesellschaft
in Bad Nauheim March 29–April 2, 1976

Siemens AG, Forschungslaboratorien Erlangen (Germany)

Transient currents in oxidized low-density polyethylene*)

P. Fischer and *P. Röhl*

With 4 figures

(Received June 9, 1976)

1. Introduction

One of the essential parameters of electrical conduction is the mobility of the charge carriers involved. In organic materials classical semiconductor techniques for the measurement of mobility are in general not applicable because of the very low effective mobilities of the charge carriers in these systems. A method which has been employed with some success in organic systems is the time-of-flight measurement of carriers generated near or injected from the electrodes. For the organic high polymers even this method is beset with difficulties.

In the course of dc conductivity measurements of a variety of polyethylenes oxidized low-density polyethylene was investigated, the main aim being a study of the influence of oxidative degradation upon the conduction behavior. Whereas highly cleaned low-density polyethylene showed the commonly observed behavior of a current decreasing monotonously with time upon dc step excitation, the oxidized material showed current maxima in the 10^3 s range. In what follows we report the results of this investigation.

2. Experimental

The polymer employed was a commercial low-density polyethylene ALKATHENE RXDG 33 purified by ether extraction and pressure filtration, and subsequently oxidized in an oxygen atmosphere at 70° C for two months (PE$_{ox}$). The oxidation was performed on 100 μm thick films, so that it may be considered homogeneous and not yet diffusion-controlled inhomogeneous. The C=O concentration was 5×10^{19} cm^{-3} as determined by IR spectroscopy and TSC measurements (1), the starting material (PE$_{clean}$) having a concentration of about 4×10^{17} cm^{-3}. The films with an active electrode area of 20 cm^2 of evaporated Al were measured as previously described (2).

3. Results and discussion

The current registered after a dc step excitation of ultraclean LDPE consists of at least two parts, a dipolar contribution due to orienting dipoles inherent in the polyethylene molecules, and a true conduction current which flows even after the dipolar contribution has subsided. This conduction current is generally considered to be electronic in nature (3–5), the carriers being electrons injected from the cathode as shown especially clearly by the work of *Davies* (6).

In commercial materials of varying purity this electronic conduction may be modified or superposed by additional mechanisms.

The dipolar contribution to the charging and discharging currents of the PE$_{ox}$ films showed the expected behavior in all aspects, i.e. linear dependence on field strength, independence of thickness, increase proportional to the dipole concentration, etc., and will not be discussed any further. The conduction current of the PE$_{ox}$ is for comparable conditions of field strength and temperature approximately 10 to 50 times higher than in PE$_{clean}$. What is more remarkable, however, is the fact that the current passes through quite well-defined maxima in contradistinction to the

---
*) This work has been supported by the Technological Program of the Federal Dept. of Research and Technology of the Federal Republic of Germany. The authors alone are responsible for the content.

monotonously falling current of the PE$_{clean}$. A representative example of a current maximum is shown in figure 1, where for the conditions cited, the maximum in the current occurs after about 30 minutes. The current maxima can be shifted with changes in temperature as well as with changes in the externally applied field strength, an example of which is shown in figure 2. After passing the maximum, the

current decays exponentially presumably towards a constant final value after times longer than 10^5 seconds.

The experiments indicate that the time t_m at which the current maximum occurs is a separable function of temperature and field strength F_{ext}

$$t_m = f(F_{ext}, T) = f_1(F_{ext}) \cdot f_2(T)$$

$$t_m \sim F_{ext}^{-2.1} \exp(E/kT) \qquad [1]$$

with $E \simeq 1$ eV. The current density at the maximum $j(t_m)$ increases slightly more than quadratically with field strength and its temperature dependence can be expressed with an Arrhenius-type equation

$$j(t_m) \sim F_{ext}^{2.5} \exp(-E/kT) \qquad [2]$$

with about the same activation energy $E = 1.1$ eV.

The current maxima in the oxidized LDPE show similarities to the current transients first observed by *Mark* and *Helfrich* in anthracene (7) and by *Many* et al. in iodine crystals (8). They are explained by the build-up of a space charge of injected carriers. The striking difference between these current maxima and the ones observed in PE$_{ox}$ is that in the former materials the maxima occur in the microsecond range, in the case of PE$_{ox}$ after roughly 10^3 s.

Not only the similarity in the appearance of the current transient but also the identical experimental conditions, i.e. step voltage excitation, injecting contact (6), vanishingly small concentration of thermal carriers, would appear to justify a similar analysis.

According to (7, 8) an evaluation of the mobility μ is possible from the current j_∞ for times $t \to \infty$

$$j_\infty = (9/8)\varepsilon_0\varepsilon_r\mu U^2/a^3 \qquad [3]$$

and from the time of the current maximum t_m

$$t_m = 0{,}786\, a^2/(\mu U) \qquad [4]$$

where U is the applied voltage, a the sample thickness and $\varepsilon_0 \cdot \varepsilon_r$ the permittivity of the material.

The equations are exact for the trap-free insulation and a field-independent mobility, and can be extended to the shallow-trap case yielding an effective mobility μ_{eff}.

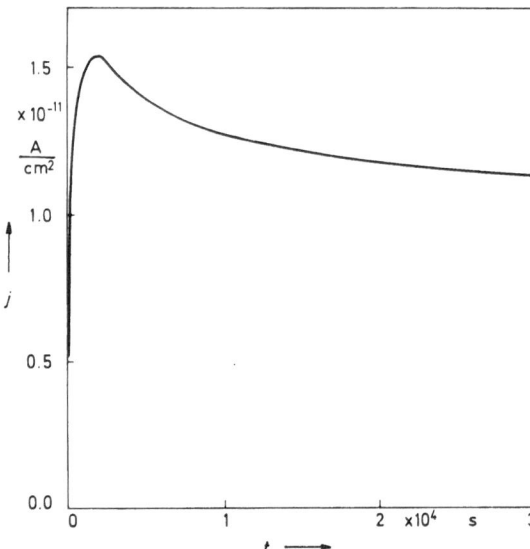

Fig. 1. Conduction current density of a PE$_{ox}$ film ($T = 64$ °C $F_{ext} = 172$ kV/cm)

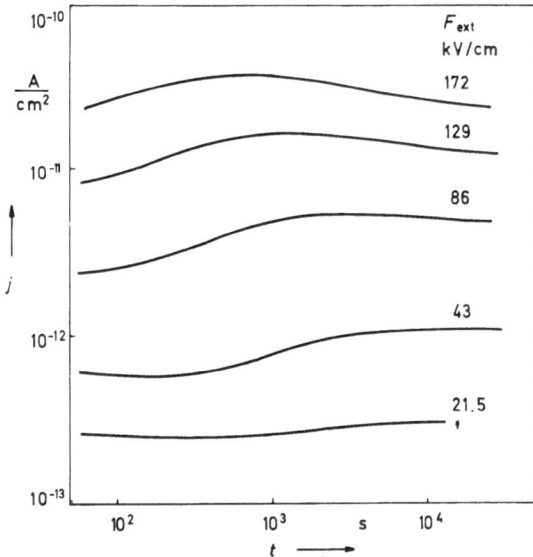

Fig. 2. Time dependence of the conduction current density of PE$_{ox}$ for various field strengths F_{ext}, ($T = 71$ °C)

It is apparent that a calculation of μ_{eff} with these equations can at best yield a rough estimate of this parameter. For a field independent mobility eq. [4] requires that the times of maximum current t_m are inversely proportional to the field strength, while the experimental observation is that $t_m \sim F_{ext}^{-2.1}$.

The current at the maximum $j(t_m)$, being a constant multiple of the current j_∞, should according to [3] be proportional to F_{ext}^2, eq. [2] indicating, however, that the exponent is slightly larger, namely 2.5. A third point is that according to the trap-free and shallow trap solutions, the current should reach a constant value after a time $t \simeq 2t_m$. In this work the current is still decaying after times longer than about $20\ t_m$, an observation which is considered due to deep trapping of charge carriers. The effective mobilities estimated from $j(t \to 0)$, $j(t_m)$ and t_m are summarized in figure 3.

For the field strength range investigated the values range from 2×10^{-11} cm²/Vs to about 7×10^{-11} cm²/Vs at 71 °C, values comparing favorably with most recent mobility estimates of other authors. *Davies* and *Lock* (6, 9) obtain values of 10^{-8} to 10^{-10} cm²/Vs ($T = 70$ °C) from the decay of a surface charge while *Ieda* et al. (10) obtain 10^{-11} cm²/Vs ($T = 20$ °C) for a corona charged sample by the same method. *Wintle* (11) obtains similar values, while *Martin* and *Hirsch* (12), observing the temporal current change of samples charged with a pulsed electron-beam obtain 5×10^{-10} cm²/Vs ($T = 80$ °C). *St. Onge* (13) observes current maxima in PE loaded with 3 % graphite and from them determines μ_{eff} to several 10^{-11} cm²/Vs ($T = 70$ °C). It should however, be mentioned that *Tanaka* and *Calderwood* (14) and *Das Gupta* and *Noon*(15) determine considerably higher values of several 10^{-4} cm²/Vs ($T = 20$ °C) with photocurrent investigations.

An independent estimate also indicates that the effective mobility is in the 10^{-11} cm²/Vs range in these investigations. The maximum possible charge injected into the sample is $q_{max} = 2\varepsilon_0 \varepsilon_r F_{ext}$. Since the charge registered in the circuit, $q(t) = \int_0^t j(t)dt$ becomes larger than q_{max} for times t larger than $t_{tr} \simeq 2 \times 10^3$ s ($T = 71$ °C, $F_{ext} = 172$ kV/cm), charge carriers are not only injected into the material during

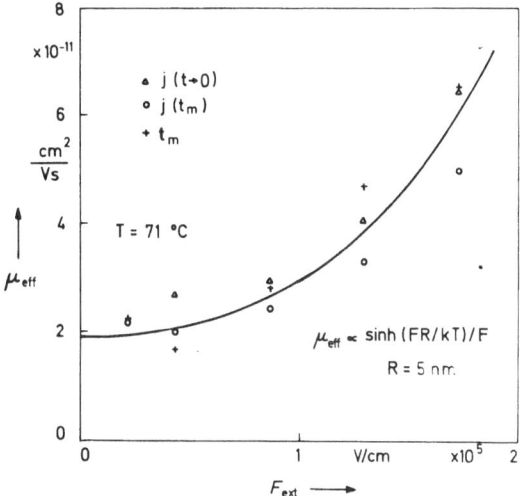

Fig. 3. Effective electron mobilities in PE_{ox} at $T = 71$ °C

the time of observation but some of them must traverse the entire sample in a time $t \le t_{tr}$. With $\mu_{eff} \simeq a^2/(Ut_{tr})$ one obtains $\mu_{eff} \simeq 2.7 \times 10^{-11}$ cm²/Vs for the above conditions. The times t_{tr}, incidentally, agree quite reasonably with the times of maximum current t_m.

Figure 3 appears to indicate that the effective mobility increases with increasing field strength. This observation and the extremely small values of μ_{eff} speak against an interpretation of the conduction mechanism in terms of classical band theory. Instead the assumption of hopping-type conduction is supported (16–18). A simple model calculation yields a sinh-dependence of the mobility on the field strength and with a distance R of hopping sites of 5 nm the field dependence can be reasonably described as shown by the solid line in figure 3.

The conductivity of the oxidized LDPE is increased by 1 to 1.5 decades compared with the unoxidized starting material, the temperature dependence of the conductivity of both materials yielding identical thermal activation energies of 1.1 eV. This confirms the conclusion reached by *Lock* (9), that C=O groups do not represent a deeper type of trap than already present in the pure material. The identical activation energy in both materials does in fact suggest that no new type of trap (deep or shallow) has been introduced, but rather that the concentration of a type of center influencing the conductivity has been increased. It seems reasonable to suggest that the C=O groups represent all, or at least a major fraction, of the localized centers by which the hopping transport of the injected charge carriers occurs. The average distance of carbonyl groups in PE_{ox} is about 3 to 4 nm in approximate agreement with the distance $R = 5$ nm of the simple hopping model employed to describe the apparent field-dependent mobilities of figure 3.

The activation energy E obtained is not identical with the energy barrier which must be overcome in the case of phonon-induced hopping. It should be of the order of kT. Rather the electrons in the shallow traps (hopping sites) interact with deep trapping levels. These trapping levels, lying about 1.1 eV below the hopping levels are frequently considered to be inherent in the polyethylene structure i.e. crystalline/amorphous interfaces (2, 6). A considerable fraction of the charge is trapped in these deep levels and results in the long-lived space-charge in PE and also other electret materials.

In a material like the crystalline/amorphous PE films at hand, there is very probably no long range order to speak of. In fact localized states may be considered distributed throughout the forbidden energy gap. These results and the oxidation studies of *Lock* (9), as well as the frequently observed thermal activation energy of about 1 eV, indicate a preponderance of certain such localized states. A simple energy level diagram of what the density of states $N(E)$ in polyethylene may look like (cf. *Mott* (16), *Lewis* (19), *Davies* and *Loveland* (20)) is given in figure 4.

An interesting aspect of this work is the fact that on a normalized j–t plot the currents at different applied field strengths and temperatures can, at least up to the current maximum, be described by a "master curve" (21). It has been treated theoretically by *Scher* and *Montroll* (22). It is possible that the theoretical background of their small signal case analysis may be applied to the present data, implying that the observed field dependence of the hopping mobility (fig. 3) may be only an apparent one and that we can no longer speak of a drift mobility in a classical sense, because of the statistical nature of the carrier transport. Work along these lines is in progress.

Summary

The currents measured in oxidized low-density polyethylene after a dc step voltage excitation show maxima in the range of minutes to hours for temperatures between 20 °C and 80 °C and for field strengths between 20 and 200 kV/cm. The current maxima are shifted to shorter times by increasing the field strength or the temperature. The transient currents, which are explained by the build-up of an electronic space charge, allow estimation of effective charge carrier mobilities.

Zusammenfassung

Bei Leitfähigkeitsmessungen an oxidiertem Polyäthylen werden bei Temperaturen zwischen 20 °C und 80 °C und im Feldstärkebereich von 20 bis 200 kV/cm Ströme beobachtet, die im Bereich von Minuten bis Stunden ein Maximum durchlaufen. Die Lage des Maximums wird mit zunehmender Feldstärke und Temperatur zu kürzeren Zeiten verschoben. Aus den transienten Strömen, die durch den Aufbau einer elektronischen Raumladung gedeutet werden, lassen sich effektive Ladungsträgerbeweglichkeiten abschätzen.

References

1) *Fischer, P., P. Röhl,* J. Polymer Sci., Polymer Physics Ed., **14**, 531 (1976).
2) *Röhl, P., P. Fischer,* Kolloid Z. u. Z. Polymere **251**, 947 (1973).
3) *Taylor, D. M., T. J. Lewis,* J. Phys. D., Appl. Phys. **4**, 1346 (1971).
4) *Wintle, H. J.,* In: The Radiation Chemistry of Macromolecules (New York 1972).
5) *Kryszewski, M.,* J. Polymer Sci.: Symposium No. **50**, 359 (1975).
6) *Davies, D. K.,* J. Phys. D: Appl. Phys. **5**, 162 (1972).
7) *Helfrich, W., P. Mark,* Z. Phys. **166,** 370 (1962).
8) *Many, A., G. Rakavy,* Phys. Rev. **126**, 1980 (1962).
9) *Lock, P. J.,* Dechema Monogr. **72**, Nr. 1370/ 1409, 87 (1974).
10) *Ieda, M.,* et al., Jap. J. Appl. Phys. **9**, 727 (1970).

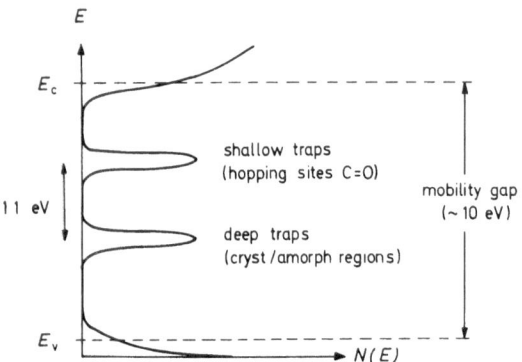

Fig. 4. Energy level scheme of crystalline/amorphous polyethylene

11) *Wintle, H. J.*, J. Appl. Phys. **41**, 4004 (1970).

12) *Hirsch, J., E. H. Martin*, J. Appl. Phys. **43**, 1008 (1972).

13) *St.-Onge, H.*, CEIDP 1974 Annual Rept. National Academy of Sciences, pp. 632–639 (Washington 1975).

14) *Tanaka, T., J. H. Calderwood*, J. Phys. D: Appl. Phys. **7**, 1295 (1974)

15) *Das Gupta, D. K., T. Noon*, J. Phys. D: Appl. Phys. **8**, 1333 (1975).

16) *Mott, N. F., E. A. Davis*, Electronic Processes in Non-Crystalline Materials (Oxford 1971).

17) *Hill, R. M.*, Phil. Mag. **24**, 1307 (1971).

18) *Jonscher, A. K.*, J. Non-Cryst. Solids **8–10**, 293 (1972).

19) *Lewis, T. J.*, IEE Conf. Publication **129**, 261 (1975).

20) *Davies, D. K., R. J. Loveland*, IEE Conf. Publication **129**, 269 (1975).

21) *Scharfe, M. E.*, Phys. Rev. B **2**, 5025 (1970); and other publications.

22) *Scher, H., E. W. Montroll*, Phys. Rev. B **12**, 2455 (1975).

Anschrift der Verfasser:

P. Fischer and *P. Röhl*
Siemens AG,
Forschungslaboratorien,
Postfach 3240
D-8520 Erlangen 2

Progr. Colloid & Polymer Sci. **62**, 154–160 (1977)
© 1977 Dr. Dietrich Steinkopff Verlag GmbH & Co. KG, Darmstadt
ISSN 0340-255 X

Vorgetragen auf der Frühjahrstagung des Fachausschusses Physik
der Hochpolymeren in der Deutschen Physikalischen Gesellschaft
in Bad Nauheim vom 29. März bis 2. April 1976

Bundesanstalt für Materialprüfung (BAM), Berlin, Fachgruppe 3.4 „Sonderprüfungen für organische Stoffe"

Vergleich thermisch stimulierter Ströme
von elektronenbestrahltem und im elektrischen Feld polarisiertem Polyäthylen

A. Hampe

Mit 10 Abbildungen

(Eingegangen am 25. Juni 1976)

1. Einleitung

Wird ein hochpolymerer Stoff in einem elektrischen Feld polarisiert oder mit Elektronen bestrahlt, so fließt nach Abschalten des Feldes oder der Bestrahlung zunächst ein isothermer Depolarisationsstrom. Erfolgt nach Abklingen des isothermen Depolarisationsstromes eine Temperaturerhöhung, so beobachtet man zwischen den Elektroden einen thermisch stimulierten Strom (TSC), der durch die thermisch aktivierte Umlagerung von Dipolen oder durch das ebenfalls thermisch aktivierte Freisetzen von Ladungsträgern aus Haftstellen erklärt werden kann.

Über Messungen der TSC an Polyäthylen wird in einer Reihe von Arbeiten berichtet (1, 2, 3, 4, 5, 6), aber in nur zwei Arbeiten von *Fischer* und *Röhl* (5, 6) wird die Ursache für das Auftreten der verschiedenen TSC-Maxima diskutiert. In der ersten Arbeit (5) werden die an Polyäthylen niedriger Dichte (PE-LD) gemessenen TSC-Maxima bei −170 °C und −135 °C durch Elektronendetrapping erklärt und die Maxima bei −60 °C und −15 °C auf die Relaxation der in die Polyäthylenkette eingebauten Dipole zurückgeführt. Dagegen werden in der zweiten Arbeit nur Dipolumlagerungsprozesse als Ursache für alle Depolarisationserscheinungen angegeben.

In beiden Arbeiten wurden Messungen der TSC nur an im elektrischen Feld polarisierten PE-LD-Proben durchgeführt. In der vorliegenden Arbeit werden neben diesen Messungen auch die TSC von PE-LD-Proben gemessen, die mit Elektronen bestrahlt wurden. Der Vergleich der beiden Meßergebnisse soll zur Aufklärung der Ursachen für die Depolarisationserscheinungen beitragen.

2. Experimentelles

Die Meßapparatur ermöglicht die gleichzeitige Messung der durch Feldpolarisation und Elektronenbestrahlung bewirkten thermisch stimulierten Ströme an je einer Hälfte derselben Probe. Damit wird erreicht, daß die thermische Behandlung beider Probenhälften

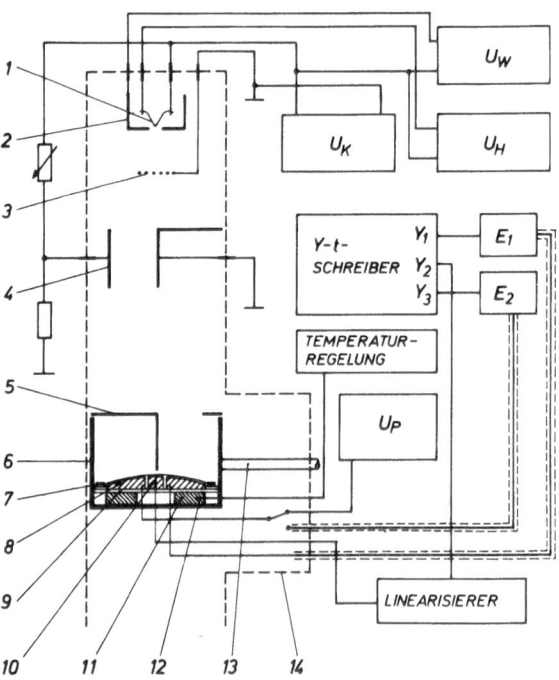

Abb. 1. Apparatur zur Messung thermisch stimulierter Ströme. 1 Kathode, 2 Wehnelt-Elektrode, 3 Anode, 4 Ablenkung, 5 Blende, 6 Meßzelle, 7 Folien-Einspannvorrichtung, 8 Meßelektrode, 9 Isolierung, 10 Thermoelement, 11 Heizung, 12 PT-100-Widerstand, 13 N₂-Kühlung, 14 Hochvakuumrezipient

vor und während des Experimentes bei mehreren aufeinanderfolgenden Messungen für beide Versuche gleich ist.

Als Proben wurden 60 μm dicke PE-LD-Folien ($\varrho = 0{,}92$ bis $0{,}93$ g · cm^{-3}) der Firma Kalle verwendet.

Abbildung 1 zeigt schematisch den Aufbau der Apparatur. Die Meßzelle und das elektronenerzeugende System befinden sich in einem Hochvakuumrezipienten (10^{-3} Pa). Die kreisförmige, mit 4 Ag-Elektroden bedampfte Folie wird auf einer Hälfte (linke Seite der Meßzelle) zwischen zwei der Elektroden im elektrischen Feld polarisiert. Auf der anderen Hälfte wird sie durch eine aufgedampfte Elektrode hindurch mit Elektronen bestrahlt. Wegen der Elektronenbestrahlung kann die Probe nicht, wie üblich, zwischen zwei massive Elektroden gelegt werden. Um dennoch einen guten thermischen Kontakt zu erreichen, wird sie über eine sphärische Fläche gespannt. Diese Fläche wird von zwei massiven Elektroden und einem zur Temperaturmessung dienenden Mittelstück gebildet. Die Spannung für die Feldpolarisation liefert das Hochspannungsgerät U_P, die Elektronenbestrahlung wird durch das aus direkt geheizter Kathode, Wehnelt-Zylinder und gitterförmiger Anode bestehende System bewirkt. Die Energie der Elektronen kann zwischen 0 und 3000 eV variiert werden. Nach *Melcher* (7) ist bei 3000 eV eine mittlere Eindringtiefe der Elektronen von etwa 10 μm zu erwarten. Eine Blende und ein Ablenksystem verhindern Störungen durch Streuelektronen und schirmen die Wärmestrahlung der Kathode ab. Die mit einem Deckel verschließbare Meßzelle kann mit flüssigem Stickstoff auf − 180 °C gekühlt werden. Elektrische Heizelemente und ein Temperaturregler mit Programmgeber ermöglichen Heizraten zwischen 0,3 K min^{-1} und 3 K min^{-1}. Die beiden thermisch stimulierten Ströme werden durch Elektrometer verstärkt und zusammen mit der Temperatur der Probe über der Zeit registriert.

Zur Einspannung der Probe werden zwei verschiedene Vorrichtungen verwendet. In der einen wird die Probe zwischen zwei Messingringen fest eingespannt, beim Abkühlen treten also mechanische Spannungen in der Probe auf. Diese werden bei der zweiten Einspannung vermieden, indem die Probe in federnd aufgehängten Klammern gehalten wird.

Die zeitlichen Abläufe der Messungen zeigt Abbildung 2. Es ist von oben nach unten die Polarisationsspannung U oder die Elektronenenergie E, die Temperatur der Probe und der gemessene Strom I über der Zeit aufgetragen. Die Feldpolarisation wurde entweder bei hoher Temperatur ($\vartheta_{P1} = 20$ °C), während der Abkühlphase und bei niedriger Temperatur ($\vartheta_{P2} = -180$ °C) oder nur bei niedriger Temperatur ($\vartheta_P = -180$ °C) durchgeführt. Die Elektronenbestrahlung erfolgte nur bei niedriger Temperatur ($\vartheta_E = -180$ °C). Die Temperatur wurde erst dann linear erhöht, wenn der isotherme Depolarisationsstrom vernachlässigbar klein war.

3. Ergebnisse

In Abbildung 3 sind die thermisch stimulierten Ströme für die fest (a) und nachgiebig (b) eingespannten PE-LD-Folien als Funktion der Temperatur aufgetragen. Die Diagramme in der ersten Reihe zeigen die TSC an Proben, die bei 20 °C und während des Abkühlens, die Diagramme in der zweiten Reihe die TSC an Proben, die nur bei −180 °C im elektrischen Feld polarisiert wurden. In der 3. Reihe sind (mit einem anderen Maßstab) die Ergebnisse der mit Elektronen bestrahlten Proben dargestellt.

Der TSC-Verlauf der bei 20 °C und während des Abkühlens polarisierten Proben weist drei Maxima bei −120 °C, −25 °C und bei 20 bis 40 °C auf. Für die bei −180 °C polarisierten Proben ergaben sich nur zwei Maxima bei −120 °C und 30 °C. Die an der nachgiebig

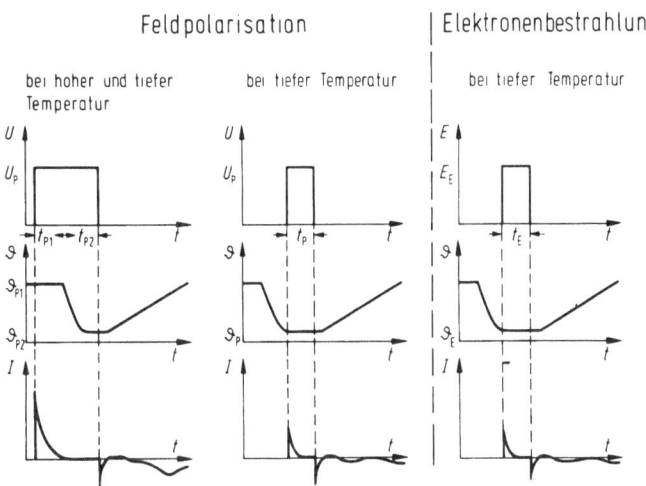

Abb. 2. Zeitliche Abläufe der Messungen thermisch stimulierter Ströme

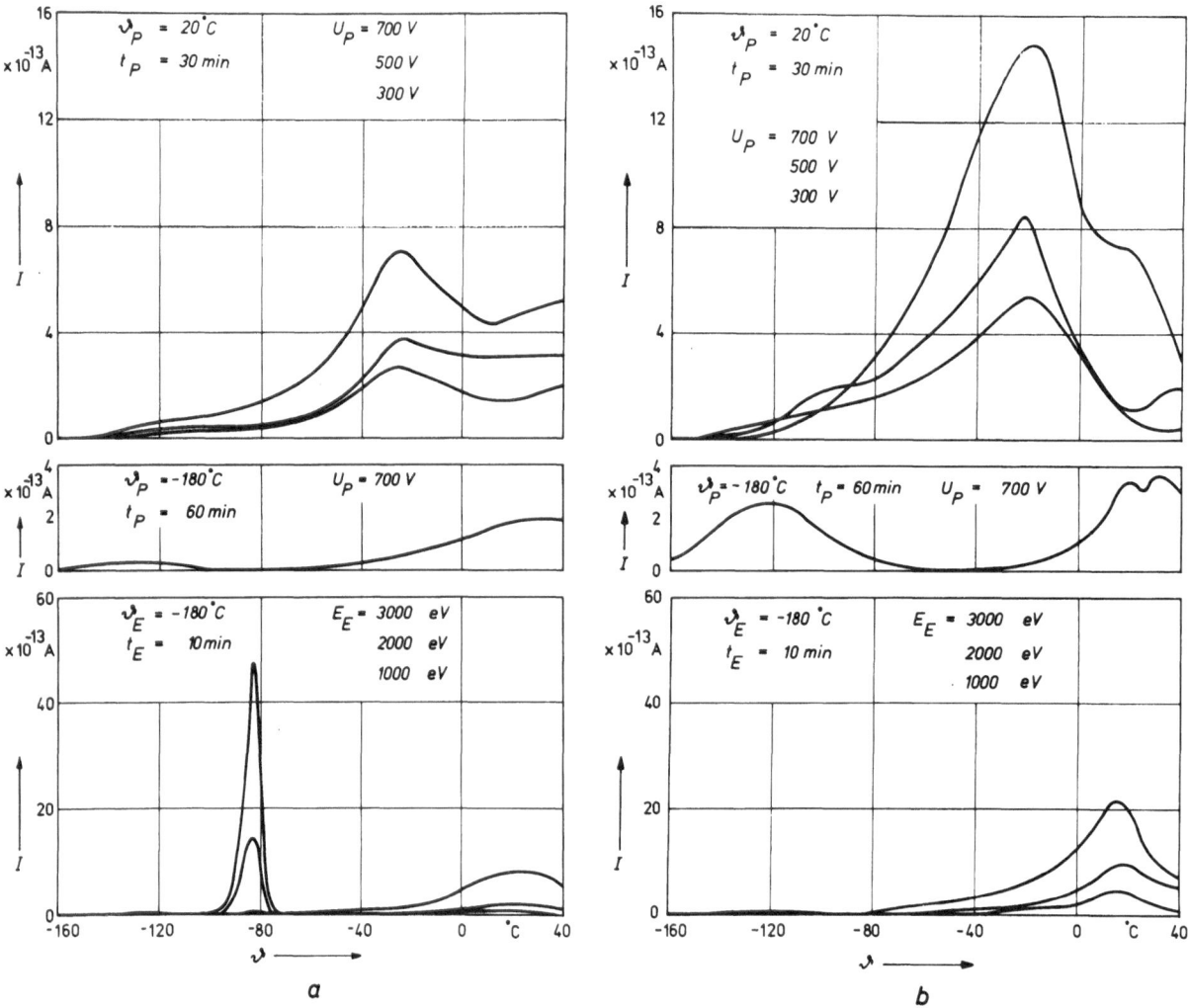

Abb. 3. TSC in fest (a) und nachgiebig (b) eingespannten PE-LD-Folien. Dicke $d = 60$ μm, Heizrate

$$q = \frac{1}{20} \frac{K}{s}$$

eingespannten Probe gemessenen Ströme sind um den Faktor 2 bis 5 höher als die an der fest eingespannten Probe. Das Hauptmaximum liegt bei den fest eingespannten Proben bei $-25\ °C$, bei den nachgiebig eingespannten bei $-20\ °C$.

Die beiden elektronenbestrahlten Proben weisen ebenfalls Maxima bei $-120\ °C$ und etwa 20 °C auf. Nur die fest eingespannte Probe zeigt zusätzlich noch ein sehr scharfes hohes Maximum bei $-83\ °C$. In Abbildung 4 ist die Abhängigkeit dieses Maximums von der Heizrate dargestellt. Mit abnehmender Heizrate verschiebt sich das Maximum zu tieferen Temperaturen. Gleichzeitig nimmt seine Höhe ab. Unregelmäßigkeiten in der Abnahme der

Höhe sind darauf zurückzuführen, daß der Bestrahlungsstrom (ca. 15 μA) nicht stabilisiert war.

In Abbildung 5 ist die Abhängigkeit der thermisch stimulierten Ströme von der Polarisationsdauer dargestellt. Es zeigt sich, daß mit zunehmender Polarisationsdauer die Höhe der Maxima zunimmt. Besonders stark ist die Abhängigkeit der Höhe des $-120\ °C$-Maximums von der Polarisationsdauer bei $-180\ °C$.

4. Diskussion

Nimmt man als einfachsten Fall an, daß sich die Depolarisationserscheinungen als kinetische Reaktionen 1. Ordnung beschreiben lassen und

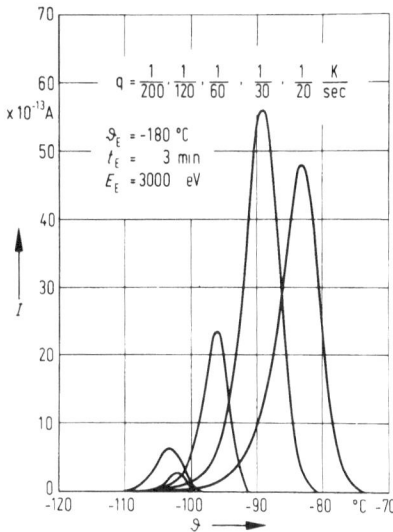

Abb. 4. TSC in elektronenbestrahltem, fest eingespanntem PE-LD bei verschiedenen Heizraten

daß den einzelnen Prozessen nur eine Relaxationszeit zugrunde liegt, so gilt

$$\frac{dn}{dt} = -n \cdot \frac{1}{\tau} \qquad [1]$$

mit

$$\tau = \tau_0 \, e^{\frac{E_a}{kT}} . \qquad [2]$$

Es bedeuten: n die Zahl der orientierten Dipole oder der getrappten Elektronen, t die Zeit, $\frac{1}{\tau} = p$ der Frequenzfaktor, E_a die Aktivierungsenergie, k die Boltzmannkonstante und T die absolute Temperatur.

Für die lineare Aufheizung mit der Rate $\frac{dT}{dt} = q$ folgt

$$\frac{dn}{dT} = -n \frac{p}{q} e^{-\frac{E_a}{kT}} . \qquad [3]$$

Die Umformung von Gleichung [3] in

$$\ln \left(-\frac{\frac{dn}{dT}}{n} \right) = \ln \frac{p}{q} - \frac{E_a}{kT} \qquad [4]$$

stellt eine Gerade dar, wenn $\ln \left(-\frac{dn/dT}{n} \right)$ über $\frac{1}{T}$ aufgetragen wird, und ermöglicht die Bestimmung von E_a und p.

E_a kann auch berechnet werden mittels der von *Rendell* und *Wilkins* (8) für zwei Heizarten q_1 und q_2 und die entsprechenden Temperaturlagen des Maximums T_{m1} und T_{m2} aus Gleichung [3] abgeleiteten Beziehung

$$E_a = \frac{T_{m1} \cdot T_{m2}}{T_{m2} - T_{m1}} \cdot \ln \frac{T_{m1}^2 \cdot q_2}{T_{m2}^2 \cdot q_1} . \qquad [6]$$

Für die Auswertung nach Gleichung [4] wurden aus den gemessenen $I(T)$-Kurven zu einzelnen Wertepaaren I_i und T_i die noch getrappten Ladungen Q_{tri} bestimmt und dann $\ln \frac{I}{Q_{tr}}$ über $\frac{1}{T}$ aufgetragen.

Das Ergebnis der Auswertung für den Depolarisationsprozeß bei -120 °C zeigt

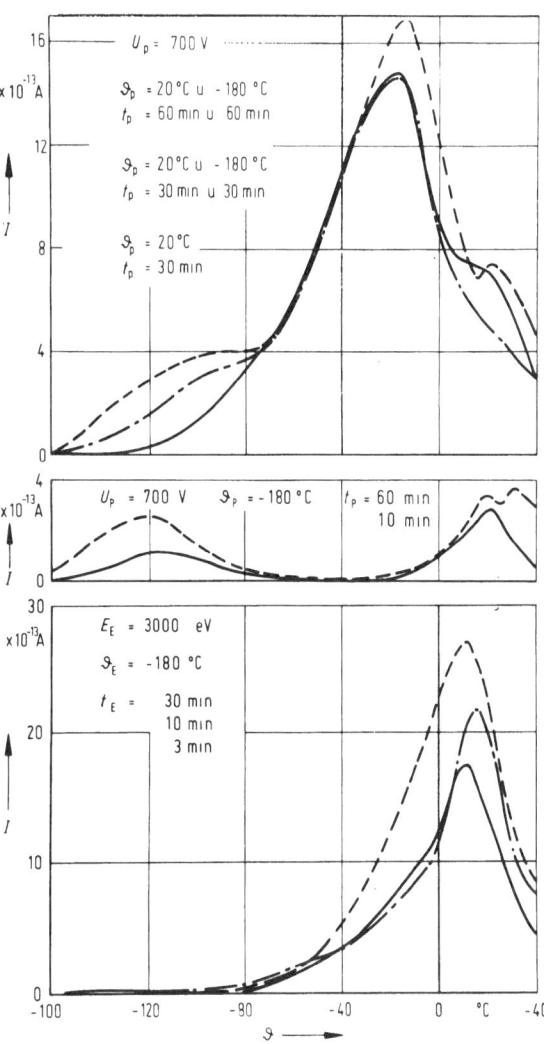

Abb. 5. TSC in nachgiebig eingespanntem PE-LD für verschiedene Polarisationszeiten

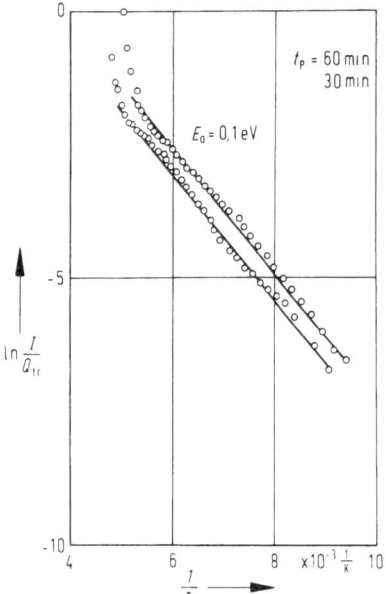

Abb. 6. Auftragung von $\ln \dfrac{I}{Q_{tr}}$ über $\dfrac{1}{T}$ für TSC-Maxima bei $-120\ °C$ ($U_p = 700\ V$, $\vartheta_p = -180\ °C$, nachg. Einsp.)

Abbildung 6. Die recht gut auf einer Geraden liegenden Punkte lassen den Schluß zu, daß der oben genannte Ansatz für die Depolarisation richtig ist. Es ergibt sich allerdings ein sehr kleiner Frequenzfaktor $p = 5$. Die Aktivierungsenergie beträgt 0,1 eV. Dieser Wert ist kleiner als der von *Fischer* und *Röhl* (5) angegebene Wert von 0,12 bis 0,2 eV. Für die Aktivierungsenergie 0,2 eV würde aus der Lage der dem Maximum zugeordneten Punkte bei etwa $6 \cdot 10^{-3}\ K^{-1}$ in Abbildung 6 ein Frequenzfaktor von $5 \cdot 10^5$ folgen.

Für die bei $-180\ °C$ elektronenbestrahlten Proben folgt aus dem Vorzeichen des Depolarisationsstromes, daß er durch Elektronendetrapping erklärt werden muß. Denn eine Orientierung von Dipolen in dem durch die eingeschlossenen Elektronen aufgebauten Feld würde einen Strom mit umgekehrtem Vorzeichen zur Folge haben. Eine Desorientierung von Dipolen, die bei tieferen Temperaturen durch das während der Bestrahlung aufgebaute Feld orientiert wurden, scheidet als Erklärung aus, da die Umlagerung der Dipole unterhalb $-150\ °C$ sehr unwahrscheinlich ist und da das Feld sich beim Aufheizen im interessierenden Bereich kaum ändert.

Aufgrund der kleinen Beweglichkeit der Dipole bei $-180\ °C$ und der nach *Davis* (9)

möglichen Injizierung von Elektronen aus der Elektrode in das Polymer muß das $-120\ °C$-Maximum der bei $-180\ °C$ im elektrischen Feld polarisierten Probe – und damit auch das der bei $20\ °C$ im elektrischen Feld polarisierten Probe – ebenfalls auf einen Detrappingprozeß zurückgeführt werden. Bei letzterer Probe ist allerdings eine zusätzliche Dipolumlagerung nicht auszuschließen.

Für das Maximum bei $-83\ °C$ der fest eingespannten, elektronenbestrahlten und mit den Raten $\dfrac{1}{20}\ Ks^{-1}$, $\dfrac{1}{60}\ Ks^{-1}$ und $\dfrac{1}{200}\ Ks^{-1}$ aufgeheizten Probe zeigt Abbildung 7 die Ergebnisse der Auswertung. Nur bei der höchsten Heizrate ergibt sich eine Gerade und die Aktivierungsenergie 1 eV. Berechnet man die Aktivierungsenergie aus der Verschiebung der Temperaturlage des Maximums bei Änderung der Heizrate entsprechend Gleichung [6], so erhält man den Wert 0,3 eV. Wegen dieser Diskrepanz, der Nichtlinearität bei $\dfrac{1}{60}\ Ks^{-1}$ und $\dfrac{1}{200}\ Ks^{-1}$, und da sich für den Frequenzfaktor ein zu hoher Wert ergibt, gilt der Ansatz [1, 2] für diesen Prozeß nicht, d. h. es handelt sich nicht um eine Reaktion 1. Ordnung.

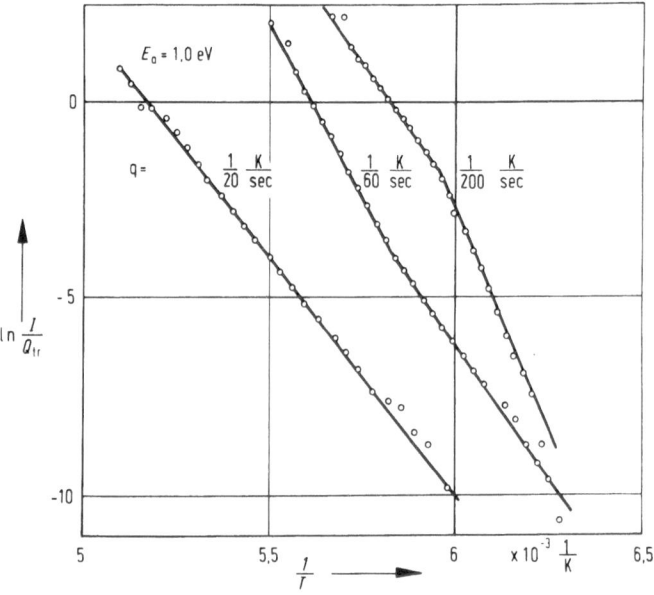

Abb. 7. Auftragung von $\ln \dfrac{I}{Q_{tr}}$ über $\dfrac{1}{T}$ für TSC-Maxima bei $-80\ °C$ ($E_E = 3000\ eV$, $\vartheta_E = -180\ °C$, $t_E = 3\ min$, feste Einsp.)

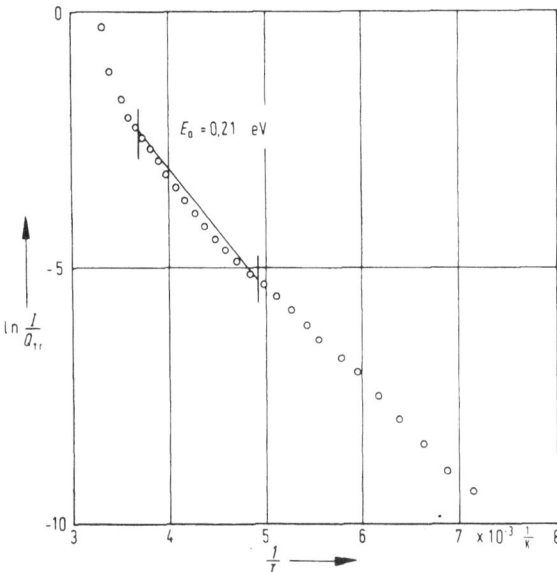

Abb. 8. Auftragung von $\ln \dfrac{I}{Q_{tr}}$ über $\dfrac{1}{T}$ für das TSC-Maximum bei $-20\ °C$ ($U_p = 700\ V$, $\vartheta_p = 20\ °C$, $t_p = 30\ min$, nachg. Einsp.)

In dem Temperaturbereich dieses Maximums gibt es keine niederfrequente mechanische oder dielektrische Relaxation. Nur *Kashiwabara* (10) berichtet über eine ESR-Relaxationserscheinung bei etwa $-75\ °C$ und *Ranicar* und *Fleming* (3) über ein Thermolumineszenzmaximum bei $-80\ °C$. Deshalb wird als Ursache für dieses TSC-Maximum das Elektronendetrapping im Zusammenhang mit Änderungen der mechanischen Spannung in der Probe angenommen.

Das Maximum bei $-25\ °C$ tritt nur bei den feldpolarisierten Proben auf, die bei $20\ °C$ polarisiert wurden. Daraus ist zu schließen, daß die Ursache hierfür die Dipolorientierung ist. Da dieses Maximum überlagert ist durch die Maxima bei $-120\ °C$ und $20\ °C$, ist die Auswertung nach Gleichung [4] nur in dem in Abbildung 8 angezeigten Bereich einigermaßen zuverlässig. Aber auch hier ergibt sich keine Gerade, d. h. der Ansatz ist nicht richtig.

Bei allen Messungen tritt das Maximum im Bereich $15\ °C$ bis $40\ °C$ auf. Es wurden die sehr ausgeprägten Maxima der nachgiebig eingespannten, elektronenbestrahlten Proben ausgewertet. Abbildung 9 zeigt die Ergebnisse; die Aktivierungsenergie beträgt $0{,}22$ bis $0{,}27$ eV. Für alle drei Proben ergeben sich die gleichen charakteristischen Abweichungen von der Geraden. Berechnet man aus der Geraden die der Gleichung [3] entsprechende Kurve und vergleicht sie mit der den Punkten zugeordneten Meßkurve – in Abbildung 10 ist dies für die Gerade (durchgezogene Kurve) und Punktreihe (strichpunktierte Kurve) des mittleren Diagramms aus Abbildung 9 geschehen –, so erhält man als Differenz zwischen beiden eine Kurve mit einem Minimum bei etwa $-10\ °C$ und einem Maximum bei $+20\ °C$ (gestrichelte Linie). Unter der Annahme, daß der Depolarisationsprozeß bei etwa $20\ °C$ durch Elektronendetrapping bewirkt wird, kann das Minimum der gestrichelten Kurve in Abbildung 10 erklärt werden durch eine vom elektrischen Feld der eingeschlossenen Ladungsträger hervorgerufene und in diesem Temperaturbereich mögliche Dipolorien-

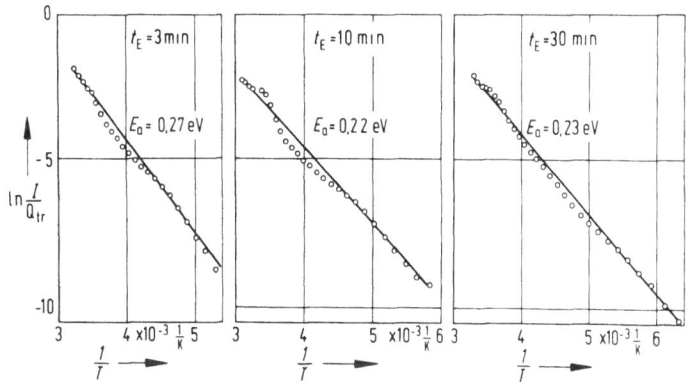

Abb. 9. Auftragung von $\ln \dfrac{I}{Q_{tr}}$ über $\dfrac{1}{T}$ für TSC-Maxima bei $15\ °C$ ($E_E = 3000\ eV$, $\vartheta_E = -180\ °C$, nachg. Einsp.)

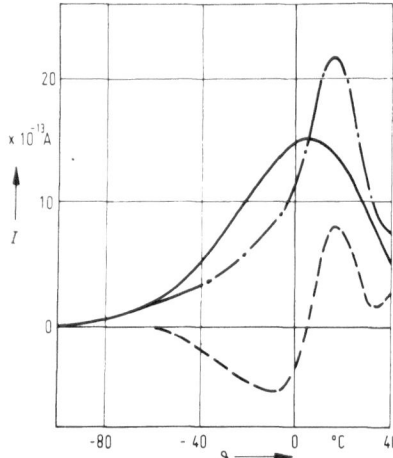

aktivierte Freisetzen von Elektronen aus Haftstellen angesehen. Das Maximum bei − 20 °C wird durch einen Dipolumlagerungsprozeß erklärt.

Summary

PE-LD-samples, to one half irradiated with electrons and to the other half polarised in an electric field, show TSC-maxima at temperatures of − 120 °C, − 80 °C, − 20 °C and 20 °C. The mechanical clamping of the samples has an influence on the TSC-maxima.

The maxima at − 120 °C, − 80 °C and 20 °C are explained by thermally activated detrapping of electrons, the maximum at − 20 °C by dipol desorientation.

Abb. 10. Zerlegung des gemessenen TSC-Verlaufs (− · −) in Elektronenanteil (−) und Dipolanteil (---)

tierung im PE. Bei höheren Temperaturen wird durch das Freisetzen der Elektronen aus den Haftstellen das elektrische Feld abgebaut, und die Dipolorientierung verschwindet wieder, was durch das Maximum bei etwa 20 °C angezeigt wird. Diese Deutung bestätigt auch die Erklärung des Maximums bei − 20 °C durch einen Dipolorientierungsprozeß.

Zusammenfassung

An PE-LD-Folien, die auf einer Hälfte mit Elektronen bestrahlt und auf der anderen Hälfte im elektrischen Feld polarisiert worden waren, ergaben Messungen der thermisch stimulierten Ströme im Temperaturbereich − 180 °C bis 40 °C Maxima bei etwa − 120 °C, − 80 °C, − 20 °C und 20 °C. Es zeigte sich, daß die Art der mechanischen Einspannung der Folien einen Einfluß auf die Strommaxima hat.

Als Ursache für das Auftreten der Maxima bei − 120 °C, − 80 °C und 20 °C wird das thermisch

Literatur

1) *Takamatsu, T., E. Fukada*, Polym. J. 1, 101 (1970).
2) *Hedvig, P.*, Vortrag in International Microsymposion on Polarisation and Conduction in Insulating Polymers, Bratislava 1972.
3) *Ranicar, J. H., R. J. Fleming*, J. Polym. Sci. B 10, 1979 (1972).
4) *Perlman, M. M., S. Unger*, J. Phys. D: Appl. Phys. **5**, 2115 (1972).
5) *Fischer, P., P. Röhl*, Kolloid-Z. Z. Polymere **251**, 941 (1973).
6) *Fischer, P., P. Röhl*, Colloid & Polymer Sci. **254**, 198 (1976).
7) *Melcher, H.*, Transmission und Absorption (Berlin 1970).
8) *Rendell, J. T., M. H. F. Wilkins*, Proc. Roy. Soc. USA **184**, 347, 366, 390 (1945).
9) *Davies, D. K.*, Brit. J. Appl. Phys. (J. Phys. D) **2**, 1533 (1969).
10) *Kashiwabara, H.*, Japan, J. Appl. Phys. **3**, 384 (1964).

Anschrift des Verfassers:

Dr. *A. Hampe*
Bundesanstalt für Materialprüfung (BAM),
Fachgruppe 3.4 „Sonderprüfungen für organische Stoffe"
Unter den Eichen 87
D-1000 Berlin 45

Für die Schriftleitung verantwortlich: Prof. Dr. F. H. Müller, Marburg-Marbach
und Prof. Dr. A. Weiss, München
Dr. Dietrich Steinkopff Verlag GmbH & Co. KG, Saalbaustraße 12, Postfach 11 1008, 6100 Darmstadt 11
Herstellung: Meister Druck, 3500 Kassel